国家信息技术紧缺人才培养工程指定教材

物联网技术与应用系列丛书

物联网系统开发及应用实战

陈　勇　罗俊海
宋晓宁　王卫东　等编著

东南大学出版社
SOUTHEAST UNIVERSITY PRESS
·南京·

图书在版编目(CIP)数据

物联网系统开发及应用实战/陈勇等编著.
—南京:东南大学出版社,2014.3
物联网技术与应用系列丛书
ISBN 978-7-5641-4752-5

Ⅰ.①物… Ⅱ.①陈… Ⅲ.①互联网络-应用
②智能技术-应用 Ⅳ.①TP393.4 ②TP18

中国版本图书馆 CIP 数据核字(2014)第 631183 号

物联网系统开发及应用实战

出版发行 东南大学出版社
出 版 人 江建中
社　　址 南京市四牌楼 2 号
邮　　编 210096

经　　销 全国各地新华书店
印　　刷 南京玉河印刷厂
开　　本 787 mm×1092 mm　1/16
印　　张 17.25
字　　数 441 千字
书　　号 ISBN 978-7-5641-4752-5
版　　次 2014 年 3 月第 1 版
印　　次 2014 年 3 月第 1 次印刷
定　　价 43.00 元

序

物联网是继计算机、互联网与移动通信网之后的第三次信息产业革命。我国在物联网发展方面起步较早，技术和标准发展与国际基本同步，加上国家的大力支持，为发展物联网产业提供了非常好的契机。

集成电路是电子信息产业的核心技术。通过“十年磨一剑”，目前国内集成电路产业已经在设计、制造等多个领域取得了长足进步。

尽管如此，目前在物联网和集成电路这两个战略新兴产业，充斥的仍然大多都是国外芯片和无线协议、无线模块。研发突破国产芯片和自主物联网协议等核心技术，并大力推广普及，通过一段时间的高校教学和市场培育，使得国产技术逐步获得认可并最终广泛应用于我国战略新兴产业，这无疑是必须迈出的一步，也无疑是值得期待的。

作为一个全新产业和蓝海市场，物联网人才的培养应以产业需求、市场需求为导向，快速培育一大批适应企业实际需要和产业发展需求的专业人才。而最能使读者融入物联网系统开发和实际应用、并尽快成为满足企业需求的人才的书籍，应不仅能使读者获得专业知识，更能锻炼其动手能力、开发能力和创造能力。因此，除了介绍物联网架构和芯片、无线模块和应用软件等技术，应将重点放在逐步教会读者如何进行物联网系统开发和应用实战，提供循序渐进、结合实际应用的学习指导和解决方案。

该书最大的特色在于与配套的龙芯物联网实验箱结合，集成了国家工业和信息化部“国家信息技术紧缺人才培养工程(NITE)”权威认证。龙芯物联网实验箱是NITE项目在物联网和软件领域的指定实验箱，包括基础教学实验箱、应用开发实验箱、在线教学平台、NITE培训认证。其核心是龙芯物联网网关，荣获工信部“中国芯”评选——“最具创新应用产品奖”，其应用实验箱的智能家居、智能农业套件，先后获2012、2013年3项工信部物联网年度解决方案(每领域仅1～2项)。该书主要阐述龙芯嵌入式技术、ZigBee技术、C-MAC自主无线通信组网协议及超远距离无线模块、龙芯网关的异构网络融合、传感器节点的通用化平台化设计、物联网在线教学开发平台等关键技术，并结合智能农业、智能家居等物联网具体应用，培养读者和初学者的产品开发和项目开发的动手能力。

著者陈勇等人致力于国产龙芯SOC芯片的产业化推广和物联网核心技术研发、产业化，对物联网的发展和应用有较为深刻的认识和理解。参与该书编写的十多位专家，目前均从事芯片、软件和物联网方向的教学、研究与开发工作，有较丰富的理论与实践经验。该书的内容循序渐进，层层深入，有助于读者全面、正确地认识和理解物联网系统开发和实际应用。该书对致力于物联网研究与产品开发的技术和管理人员、制定物联网产业政策与发展规划的政府工作人员，以及长期从事物联网教学和科研的广大师生，均具有很好的参考价值。

权以为序。并期待自主知识产权的国产芯片和无线通信技术，能逐步成为物联网等战略新兴产业的坚实基础和核心竞争力！

胡伟武（龙芯 CPU 芯片总设计师）

2014 年 1 月　　北京

前　言

在微电子技术、计算机技术迅速发展的推动下，在各种应用需求的牵引下，无线通信和网络技术获得了长足的发展。物联网产业应运而生，被称之为继计算机、互联网和无线通信之后，世界信息产业的第三次浪潮。作为我国战略新兴产业的核心领域，物联网也已经在国民经济发展中发挥重要作用。

新技术发展需要大批专业技术人才。著者在与众多高校师生和企业的交流中，也越来越感觉到物联网作为战略新兴产业，对人才有全新的特别的需求，与传统的理工科教学培养有较大差别。为适应物联网产业对人才的实际需求，改变目前部分高校、培训机构的物联网教学脱离实战、学生缺乏实际动手开发产品并参与项目经验的现状。著者继《物联网技术概论及产业应用——第三次信息产业浪潮》之后，结合指导学生沿循做基础实验到开发产品、项目研发的全过程，再次编写了《物联网系统开发及应用实战》一书。本书内容力求体现前瞻性、创新性、实用性的原则，力求将物联网实际应用与教学培训相结合，使教材更贴近物联网产业发展和企业实际需要。

本书最大的特色在于与配套的龙芯物联网实验箱结合，集成了国家工业和信息化部“国家信息技术紧缺人才培养工程(NITE)”权威认证。龙芯物联网实验箱是 NITE 项目在物联网和软件领域的指定实验箱，包括基础教学实验箱、应用开发实验箱、在线教学平台、NITE 培训认证。其核心是龙芯物联网网关，荣获工信部“中国芯”评选——“最具创新应用产品奖”，其应用实验箱的智能家居、智能农业套件，先后获 2012、2013 年三项工信部物联网年度解决方案(每领域仅 1～2 项)。本书将阐述龙芯嵌入式技术、ZigBee 技术、C-MAC 自主无线通信组网协议及超远距离无线模块、龙芯网关的异构网络融合、传感器节点的通用化平台化设计、物联网在线教学开发平台等关键技术，并结合智能农业、家居等物联网具体应用，培养学生产品和项目开发的动手能力。

本书包括 5 部分共 17 章的内容，较为全面的介绍了物联网领域涉及的无线通信技术基础、ZigBee 开发、物联网硬件基础(龙芯 SOC 芯片、C-MAC 无线模块)、龙芯物联网教学实验箱和面向各种行业应用的物联网开发实战。

第 1 章介绍无线通信技术种类：蓝牙技术、Wi-Fi 技术、IrDA 技术、NFC 技术、UWB 技术 ZigBee 技术等。第 2、3 章重点介绍 ZigBee 开发、Z-STACK 开发指南等。第 4～6 章，介绍龙芯 SOC 芯片系列及应用开发。包括龙芯 1B/1C 处理器、龙芯 1B 通用核心板和龙芯嵌入式开发板。第 7 和 8 章，介绍开发工具和开发环境搭建。第 9～11 章，详细介绍龙芯物联网实验箱所包括的 C-MAC 无线模块与龙芯 1B 开发板、CC2530 和 C-MAC 设计等，如整体机构与功能、系统组成的主要功能、C-MAC 协议系统硬件、C-MAC 协议的设计。同时介绍 CC2530 芯片的学习和使用。通过查看 CC2530 的数据手册，了解 CC2530 的特性与功能。了解电源时钟、I/O、定时器、串口、ADC、看门狗等模块，并结合实验例程和具体的代码分析，对各个模块进行深入的学习，使初学者能够对 CC2530 芯片有较深入的了解，并对该芯片具有一定的编程能力，为后续深入学习 ZigBee 通信与组网奠定基础。第 12 章详细介绍龙芯物联网实验箱所包括的 ZigBee 硬件模块，如 LED 模块、PLC 模块、RFID

模块、温湿度模块、光强检测模块、空气质量检测模块、门磁报警模块和亮度调制模块。采用的硬件模块，一是基于CC2530单片机实现ZigBee无线组网通信功能的多功能开发板，二是基于龙芯1B处理器的上位机控制平台。为了充分利用硬件资源，方便学生理解、学习，并逐渐由易到难、自主开发相关产品，我们采取通用底板＋不同功能的扩展板分别设计的方式。通用底板用于实现一些通用的功能，集成了单片机、串口、无线天线和电源等模块，是程序功能实现与调试的核心，并引出了一些端口到插座，供扩展板统一使用。扩展板根据不同的需求，分别设计成LED模块等8个模块。每个扩展模块遵循一定协议使用由底板引出的端口，最终连接到I/O控制端，统一编程控制。第13～16章介绍龙芯物联网实验箱包括CC2530开发基础实验、ZigBee组网通信实验、物联网实验箱各功能模块的实现和龙芯开发板硬件平台，以及基于C-MAC协议和无线模块建立的相关物联网实验例程。该实验箱通过龙芯物联网网关控制8个不同的终端节点功能模块，在网关上位机软件上显示相应的实验数据。并且可以通过在线的物联网教学平台网站，添加相应的传感器设备，即在网页上远程看到实验数据。第17章，针对智能家居、农业和医疗等行业应用，介绍物联网具体应用实例和开发实战。龙渊开发的物联网系统平台是为了推广龙芯SOC芯片和自主物联网协议C-MAC，而开发的一个通用的物联网系统，涵盖物联网从感知层、网络层(传输层)到应用层的关键技术。包括物联网基站/网关、ZIGBEE协议及模块、自主物联网协议C-MAC及模块、各种应用传感器、移动管理终端、应用平台软件、行业解决方案等3大层次、10大类、21个产品。平台可满足物联网各类应用需要，广泛应用在智能农业、家居安防、矿山、智能交通(物流)、物联网教学等行业。

本书由陈勇和罗俊海、宋晓宁、王卫东、朱玉全、覃章健、尹云飞等编著，陈勇主审。本书相关工作得到了龙芯中科技术有限公司胡伟武老师(龙芯CPU芯片总设计师)和嵌入式事业部杜安利总经理的大力支持，胡伟武老师亲自为本书作序。本书作为“国家信息技术紧缺人才工程(NITE)”的指定教材，也得到了国家工业和信息化部软件和集成电路促进中心各位领导和专家的指导和支持。本书还得到了国家自然科学基金(No. 61001086)、江苏省自然科学基金 (No. BK2012700)、中央高校基本科研业务基金(No. ZYGX2011X004)、江苏省双创人才计划、南京市321人才计划、南京市科技发展计划等众多项目的资助。

祁云嵩、刘传清、徐大专、郭宇、王志坚、闫崇京、王进、乔崇、吴少校、吕敬彩、崔燕、叶华、徐钊、石南、高尚、陈士勇、赵明宏、柳冰心、孟凡伟、殷英、朱颖、施峰磊、李传园、张天才、李毅、萧玉贤、王林强、王德伟、赵燕等同事和合作伙伴，或参与了本书部分内容的撰写，或提出了相当中肯的意见和建议。在编写过程中，还得到了陈悦老师和倪静、蔡济杨、李涛、高欢斌、邹仕华、邹仁乾、曹赞和任宵等同学的支持和帮助。在此，特别向南京龙渊微电子科技有限公司、江苏龙睿物联网科技有限公司、北京龙渊物联科技有限公司、深圳云智慧之光科技有限公司，以及电子科技大学、江苏科技大学、江苏大学、南京邮电大学、南京航空航天大学、南京工程学院、南京信息工程大学、河海大学、重庆大学等16所高校院所相关同仁，以及所列参考文献的作者深表谢意。

随着物联网技术的飞速发展，物联网的实际应用也正在快速普及推广。在编撰过程中，尽管我们力求精益求精，及时吸纳最新的物联网研究成果及技术，并与实际应用紧密结合。但囿于时间所限，错误与不妥之处在所难免，恳请广大读者不吝赐教，批评斧正。

编　者

2014年1月

目　录

第一部分　绪论

1　无线通信

1.1　前言

人类社会的发展离不开通信，自从有了电报、电话后，人们在异地间的通信交往，就不再依赖于书信往来，极大地促进了人类社会的发展和进步。

第三次科技革命，是人类文明史上继蒸汽技术革命和电力技术革命之后科技领域里的又一次重大飞跃。它以原子能、电子计算机、空间技术和生物工程的发明和应用为主要标志，涉及信息技术、新能源技术、新材料技术、生物技术、空间技术和海洋技术等诸多领域的一场信息控制技术革命。自20世纪80年代以来，在微电子技术、计算机技术迅速发展的推动下，在人们应用需求的牵引下，无线通信和网络技术获得了长足的发展。

1.2　无处不在的无线网络

自20世纪90年代开始，无线网络技术逐渐进入了我们的工作和生活，从GSM到Bluetooth，从无线ATM到无线局域网，它们以不同的方式、不同的数据速率，在不同的距离上为我们实现网络连接，实现信息的及时传递，深刻地影响着我们工作和生活的方式，使我们摆脱了电线的束缚，从而能够在移动中自由地实现信息的交换。一方面，GSM能使我们随时与大洋彼岸的亲朋通话，无线局域网能使我们方便地接入因特网，GPS能使我们随时了解身处何地。但另一方面，我们仍然要为在家庭里面安装一个传感器或开关的布线而烦恼，仍然要连接导线躺在床上才能进行心电图之类的检查，仍然要为生产车间里蜘蛛网一样的信号线而困惑，仍然要为在野外安装大量传感器的供电而绞尽脑汁。也就是说，在实际应用中仍然存在着一些现有无线网络技术无法或不能很好工作的场合，我们需要一种短距离、低数据传输速率、低成本、低功耗的无线网络技术。在这种情况下，ZigBee技术应运而生。ZigBee联盟成立于2001年8月。2002年，英国Invensys公司、日本Mitsubishi公司、美国Motorola公司及荷兰Philips公司等共同加盟ZigBee联盟，旨在建立一种低成本、低功耗、低数据传输速率、短距离的无线网络技术标准。

ZigBee名称来源于蜜蜂的舞蹈，一群蜜蜂通过跳ZigZag形状的舞蹈交换各种信息，蜂群里蜜蜂数量众多，所需食物不多，与设计初衷十分吻合，故命名为ZigBee。ZigBee技术一经出现就受到了众多芯片生产厂商、软件开发商、原始设备制造商(OEM厂商)和系统集成厂商的注意。

目前ZigBee联盟已拥有100多家成员，他们纷纷推出实现部分物理层协议的芯片、协议软件、功能部件和应用产品。人们相信，ZigBee技术在实现个域网(PAN)、家庭自动化、智能建筑、汽车、工业自动化、水电气的综合抄表系统、智能交通系统、环境和健康监测、现代农业、电子玩具等具有十分广阔的前景。可以预见,由于短距离无线网络技术具有电磁干扰小、传输稳定、安全性高、成本低、功耗低等特点,传统的有线网络技术的优势相对于新兴的无线技术而言将不再明显,而无线连接的方便、易用变成消费者更迫切的需求,短距离信号传输的无线化将是大势所趋。图 1.1 是一种 ZigBee 无线模块。

图 1.1 ZigBee 模块

1.3 无线通信技术种类

1.3.1 蓝牙技术

蓝牙技术(也叫 Bluetooth)是近几年出现的广受业界关注的近距离无线连接技术。它是一种无线数据与语音通信的开放性全球规范,它以低成本的短距离无线连接为基础,可为固定的或移动的终端设备提供廉价的接入服务。

蓝牙技术是一种无线数据与语音通信的开放性全球规范,其实质内容是为固定设备或移动设备之间的通信环境建立通用的近距离无线接口,是将通信技术与计算机技术进一步结合起来,使各种设备在没有电线或电缆相互连接的情况下,能在近距离范围内实现相互通信或操作。其传输频段为全球公众通用的 2.4 GHz ISM 频段,提供 1 Mbps 的传输速率和 10 m 的传输距离。

蓝牙技术诞生于 1994 年,Ericsson 当时决定开发一种低功耗、低成本的无线接口,以建立手机及其附件间的通信。该技术还陆续获得 PC 行业业界巨头的支持。1998 年,蓝牙技术协议由 Ericsson、IBM、Intel、NOKIA、Toshiba 等 5 家公司达成一致。

蓝牙协议的标准版本为 802.15.1,由蓝牙小组(SIG)负责开发。802.15.1 的最初标准基于蓝牙 1.1 实现,后者已构建到现行很多蓝牙设备中。新版 802.15.1a 基本等同于蓝牙 1.2 标准,具备一定的 QoS 特性,并完整保持后向兼容性。

但蓝牙技术遭遇的最大的障碍是过于昂贵。突出表现在芯片大小和价格难以下调、抗干扰能力不强、传输距离太短、信息安全问题等。这就使得许多用户不愿意花大价钱来购买这种无线设备。因此,业内专家认为,蓝牙的市场前景取决于蓝牙价格和基于蓝牙的应用是否能达到一定的规模。

1.3.2 Wi-Fi 技术

Wi-Fi(Wireless Fidelity,无线高保真)也是一种无线通信协议,正式名称是 IEEE802.11b,与蓝牙一样,同属于短距离无线通信技术。Wi-Fi 速率最高可达 11 Mb/s。虽然在数据安全性方面比蓝牙技术要差一些,但在电波的覆盖范围方面却略胜一筹,可达 100 m 左右。

Wi-Fi 是以太网的一种无线扩展，理论上只要用户位于一个接入点四周的一定区域内，就能以最高约 11 Mb/s 的速度接入 Web。但实际上，如果有多个用户同时通过一个点接入，带宽被多个用户分享，Wi-Fi 的连接速度一般将只有几百 Kb/s 的信号不受墙壁阻隔，但在建筑物内的有效传输距离小于户外。

WLAN 未来最具潜力的应用将主要在 SOHO、家庭无线网络以及不便安装电缆的建筑物或场所。目前这一技术的用户主要来自机场、酒店、商场等公共热点场所。Wi-Fi 技术可将 Wi-Fi 与基于 XML 或 Java 的 Web 服务融合起来，可以大幅度减少企业的成本。例如企业选择在每一层楼或每一个部门配备 802.11b 的接入点，而不是采用电缆线把整幢建筑物连接起来。这样一来，可以节省大量铺设电缆所需花费的资金。

最初的 IEEE802.11 规范是在 1997 年提出的，称为 802.11b，主要目的是提供 WLAN 接入，也是目前 WLAN 的主要技术标准，它的工作频率也是 2.4 GHz，与无绳电话、蓝牙等许多不需频率使用许可证的无线设备共享同一频段。随着 Wi-Fi 协议新版本如 802.11a 和 802.11g 的先后推出，Wi-Fi 的应用将越来越广泛。速度更快的 802.11g 使用与 802.11b 相同的正交频分多路复用调制技术。它工作在 2.4 GHz 频段，速率达 54 Mb/s。根据最近国际消费电子产品的发展趋势判断，802.11g 将有可能被大多数无线网络产品制造商选择作为产品标准。

微软推出的桌面操作系统 Windows XP 和嵌入式操作系统 Windows CE 都包含了对 Wi-Fi 的支持。其中，Windows CE 同时还包含对 Wi-Fi 的竞争对手蓝牙等其他无线通信技术的支持。由于投资 802.11b 的费用降低，许多厂商介入这一领域。Intel 推出了集成 WLAN 技术的笔记本电脑芯片组，不用外接无线网卡，就可实现无线上网。

1.3.3 IrDA 技术

红外线数据协会 IrDA(Infrared Data Association)成立于 1993 年，起初，采用 IrDA 标准的无线设备仅能在 1 m 范围内以 115.2 Kb/s 的速率传输数据，很快发展到可以以 4 Mb/s 以及 16 Mb/s 的速率传输数据。

IrDA 是一种利用红外线进行点对点通信的技术，是第一个实现无线个人局域网(PAN)的技术。目前它的软硬件技术都很成熟，已在小型移动设备上广泛使用，如 PDA、手机。事实上，当今每一个出厂的 PDA 及许多手机、笔记本电脑、打印机等产品都支持 IrDA。

IrDA 的主要优点是无需申请频率的使用权，因而红外通信成本低廉。并且还具有移动通信所需的体积小、功耗低、连接方便、简单易用的特点。此外，红外线发射角度较小，传输上安全性高。

IrDA 的不足在于它是一种视距传输，两个相互通信的设备之间必须对准，中间不能被其他物体阻隔，因而该技术只能用于 2 台(非多台)设备之间的连接。而蓝牙就没有此限制，且不受墙壁的阻隔。IrDA 目前的研究方向是如何解决视距传输问题及提高数据传输率。

1.3.4 NFC 技术

NFC(Near Field Communication，近距离无线传输)是由 Philips、NOKIA 和 Sony 主推的一种类似于 RFID(非接触式射频识别)的短距离无线通信技术标准。和 RFID 不同，NFC 采用了双向的识别和连接。在 20 cm 距离内工作于 13.56 MHz 的频率范围。

NFC 最初仅仅是遥控识别和网络技术的合并，但现在已发展成无线连接技术。它能快速自动地建立无线网络，为蜂窝设备、蓝牙设备、Wi-Fi 设备提供一个“虚拟连接”，使电子设备可以在短距离范围进行通信。NFC 的短距离交互大大简化了整个认证识别过程，使电子设备间互相访问更直接、更安全和更清楚，不用再听到各种电子杂音。

NFC通过在单一设备上组合所有的身份识别应用和服务，帮助解决记忆多个密码的麻烦，同时也保证了数据的安全保护。有了NFC，多个设备如数码相机、PDA、机顶盒、电脑、手机等之间的无线互连，彼此交换数据或服务都将有可能实现。

此外NFC还可以将其他类型无线通信(如Wi-Fi和蓝牙)“加速”，实现更快和更远距离的数据传输。每个电子设备都有自己的专用应用菜单，而NFC可以创建快速安全的连接，而无需在众多接口的菜单中进行选择。与知名的蓝牙等短距离无线通信标准不同的是，NFC的作用距离进一步缩短且不像蓝牙那样需要有对应的加密设备。

同样，构建Wi-Fi家族无线网络需要多台具有无线网卡的电脑、打印机和其他设备。除此之外，还得有一定技术的专业人员才能胜任这一工作。而NFC被置入接入点之后，只要将其中两个靠近就可以实现交流，比配置Wi-Fi连接容易得多。

NFC有三种应用类型：

设备连接。除了无线局域网，NFC也可以简化蓝牙连接。比如，手提电脑用户如果想在机场上网，他只需要走近一个Wi-Fi热点即可实现。

实时预定。比如，海报或展览信息背后贴有特定芯片，利用含NFC协议的手机或PDA，便能取得详细信息，或是立即联机使用信用卡进行票券购买。而且，这些芯片无需独立的能源。

移动商务。飞利浦Mifare技术支持了世界上几个大型交通系统及在银行业为客户提供Visa卡等各种服务。索尼的FeliCa非接触智能卡技术产品在中国香港及深圳、新加坡、日本的市场占有率非常高，主要应用在交通及金融机构。

总而言之，这项新技术正在改写无线网络连接的游戏规则，但NFC的目标并非是完全取代蓝牙、Wi-Fi等其他无线技术，而是在不同的场合、不同的领域起到相互补充的作用。所以如今后来居上的NFC发展态势相当迅速！

1.3.5 UWB技术

超宽带技术UWB(Ultra Wideband)是一种无线载波通信技术，它不采用正弦载波，而是利用纳秒级的非正弦波窄脉冲传输数据，因此其所占的频谱范围很宽。

UWB可在非常宽的带宽上传输信号，美国FCC对UWB的规定为：在3.1～10.6 GHz频段中占用500 MHz以上的带宽。由于UWB可以利用低功耗、低复杂度发射/接收机实现高速数据传输，在近年来得到了迅速发展。它在非常宽的频谱范围内采用低功率脉冲传送数据而不会对常规窄带无线通信系统造成大的干扰，并可充分利用频谱资源。基于UWB技术而构建的高速率数据收发机有着广泛的用途。

UWB技术具有系统复杂度低，发射信号功率谱密度低，对信道衰落不敏感，低截获能力，定位精度高等优点，尤其适用于室内等密集多径场所的高速无线接入，非常适于建立一个高效的无线局域网或无线个域网(WPAN)。

UWB主要应用在小范围、高分辨率、能够穿透墙壁、地面和身体的雷达和图像系统中。除此之外，这种新技术适用于对速率要求非常高(大于100 Mb/s)的LANs或PANs。

UWB最具特色的应用将是视频消费娱乐方面的无线个人局域网(PANs)。现有的无线通信方式，802.11b和蓝牙的速率太慢，不适合传输视频数据；54 Mb/s速率的802.11a标准可以处理视频数据，但费用昂贵。而UWB有可能在10 m范围内，支持高达110 Mb/s的数据传输率，不需要压缩数据，可以快速、简单、经济地完成视频数据处理。

具有一定相容性和高速、低成本、低功耗的优点使得UWB较适合家庭无线消费市场的需求：UWB 尤其适合近距离内高速传送大量多媒体数据以及可以穿透障碍物的突出优点，让很多商业公司将其看作是一种很有前途的无线通信技术，应用于诸如将视频信号从机顶盒无线传送到数字电视等家庭场合。当然，UWB 未来的前途还要取决于各种无线方案的技术发展、成本、用户使用习惯和市场成熟度等多方面的因素。

1.3.6 ZigBee 技术

ZigBee 主要应用在短距离范围之内并且数据传输速率不高的各种电子设备之间。ZigBee 名字来源于蜂群使用的赖以生存和发展的通信方式，蜜蜂通过跳 ZigZag 形状的舞蹈来分享新发现的食物源的位置、距离和方向等信息。

2002 年下半年，Invensys、Mitsubishi、Motorola 以及 Philips 半导体公司四大巨头共同宣布加盟 ZigBee 联盟，以研发名为 ZigBee 的下一代无线通信标准。到目前为止，该联盟大约已有 27 家成员企业。所有这些公司都参加了负责开发 ZigBee 物理和媒体控制层技术标准的 IEEE802.15.4 工作组。

ZigBee 联盟负责制定网络层以上协议。目前，标准制定工作已完成。ZigBee 协议比蓝牙、高速率个人区域网或 802.11x 无线局域网更简单实用。

ZigBee 可以说是蓝牙的同族兄弟，它使用 2.4 GHz 波段，采用跳频技术。与蓝牙相比，ZigBee 更简单、速率更慢、功率及费用也更低。它的基本速率是 250 Kb/s，当降低到 28 Kb/s 时，传输范围可扩大到 134 m，并获得更高的可靠性。另外，它可与 254 个节点联网。可以比蓝牙更好地支持游戏、消费电子、仪器和家庭自动化应用。人们期望能在工业监控、传感器网络、家庭监控、安全系统和玩具等领域拓展 ZigBee 的应用。

1.4 小结

目前无线通信技术，比如蓝牙、Wi-Fi、红外数据传输（IrDA 超宽频（UltraWideBand）、NFC、WiMedia、GPS、DECT、无线 1394 和专用无线系统等）等技术得到了广泛的使用。另外新型的通信技术正在崛起，比如 ZigBee。它以其独特的优点，正日益挑战当前技术。可以预料，假以时日，ZigBee 技术必将带来通信技术的改革。

第二部分　ZigBee 开发指南

2　ZigBee 概述

ZigBee 是一种低速短距离传输的无线网络协定，底层是采用 IEEE802.15.4 标准规范的媒体存取层与实体层。主要特色有低速、低耗电、低成本、支援大量网络节点、支援多种网络拓扑、低复杂度、快速、可靠、安全。ZigBee 协定层从下到上分别为实体层(PHY)、媒体存取层(MAC)、网络层(NWK)、应用层(APL)等。网络装置的角色可分为 ZigBee Coordinator、ZigBee Router、ZigBee End Device 等三种。

2.1　ZigBee 技术的优势

ZigBee 采用调频技术和扩频技术，可工作在 2.4 GHz(全球流行)、868 MHz(欧洲流行)和 915 MHz(美国流行)这三个频段上，并且在这三个频段上分别具有 250 K/s、40 K/s 和20 K/s 的最高数据传输速率。作为一种无线通信技术，ZigBee 具有如下特点：

(1) 低功耗：由于 ZigBee 的传输速率低，发射功率仅为 1 mW，而且采用了休眠模式，功耗低，因此 ZigBee 设备非常省电。据估算，ZigBee 设备仅靠两节 5 号电池就可以维持长达 6 个月到 2 年左右的使用时间，这是其他无线设备望尘莫及的。

(2) 成本低：ZigBee 模块的初始成本在 6 美元左右，估计很快就能降到 1.5～2.5 美元，并且 ZigBee 协议是免专利费的。低成本对于 ZigBee 也是一个关键的因素。

(3) 时延短：通信时延和从休眠状态激活的时延都非常短，典型的搜索设备时延 30 ms，休眠激活的时延是 15 ms，活动设备信道接入的时延为 15 ms。因此 ZigBee 技术适用于对时延要求苛刻的无线控制(如工业控制场合等)应用。

(4) 网络容量大：一个星型结构的 ZigBee 网络最多可以容纳 254 个从设备和一个主设备，一个区域内可以同时存在最多 100 个 ZigBee 网络，而且网络组成灵活。

(5) 可靠：为了避开发送数据的竞争和冲突，采取了碰撞避免策略，同时为需要固定带宽的通信业务预留了专用时隙，避开了发送数据的竞争和冲突。MAC 层采用了完全确认的数据传输模式，每个发送的数据包都必须等待接收方的确认信息。如果传输过程中出现问题可以进行重发。

(6) 安全：ZigBee 提供了基于循环冗余校验(CRC)的数据包完整性检查功能，支持鉴权和认证，采用了 AES-128 的加密算法，各个应用可以灵活确定其安全属性。

2.2　ZigBee 设备类型

IEEE 定义了两种不同类型的设备：一种是完整功能设备(Full Functional Device，FFD)，另一种是简化功能设备(Reduced Functional Device, RFD)。

全功能设备(FFD)具有以下几个特点：

(1) 能够在任何拓扑结构中工作。

(2) 能够成为网络中的主协调器。

(3) 能够成为一个协调器。

(4) 能够同任何其他设备进行通信。

简化功能设备(RFD)具有以下几个特点：

(1) 被限制在星型网络拓扑中。

(2) 不能够成为网络协调器。

(3) 只能够同网络中的协调器进行通信。

(4) 实现起来非常简单。

ZigBee在此基础上定义了三种类型的设备，每种都有自己的功能要求：ZigBee协调器是启动和配置网络的一种设备。协调器可以保持间接寻址用的绑定表格，支持关联，同时还能设计信任中心和执行其他活动。一个ZigBee网络只允许有一个ZigBee协调器(FFD)。

ZigBee路由器是一种支持关联的设备，能够将消息转发到其他设备。ZigBee网格或树型网络可以有多个ZigBee路由器。ZigBee星型网络不支持ZigBee路由器。

ZigBee终端设备可以执行它的相关功能，并使用ZigBee网络到达其他需要与其通信的设备。它的存储器容量要求最少。然而需要特别注意的是，网络的特定架构会戏剧性地影响设备所需的资源。NWK支持的网络拓扑有星型、树型和网格型。在这几种网络拓扑中，星型网络对资源的要求最低。

2.3　ZigBee网络拓扑结构

典型无线传感器网络ZigBee网络层(NWK)支持星型、树型和网状拓扑。拓扑结构如图2.1所示。

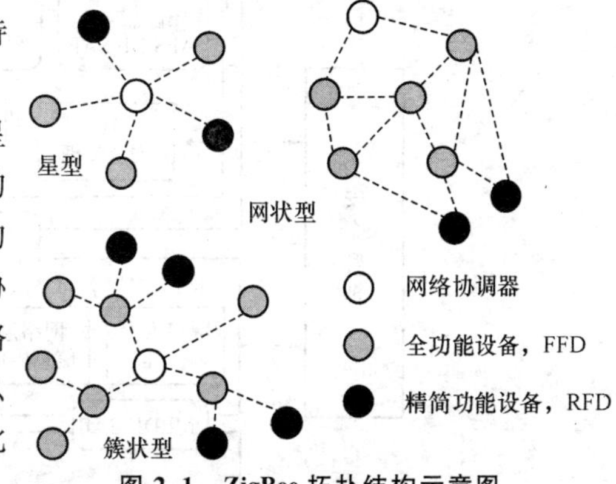

图2.1　ZigBee拓扑结构示意图

星型网络是三种拓扑结构中最简单的，因为星型网络没用到ZigBee协议栈，只要用802.15.4的层就可以实现。网络由一个协调器和一系列的FFD/RFD构成，节点之间的数据传输都要通过协调器转发。节点之间的数据路由只有唯一的一个路径，没有可选择的路径，假如发生链路中断时，那么发生链路中断的节点之间的数据通信也将中断，此外协调器很可能成为整个网络的瓶颈。

在树型网络中，FFD节点都可以包含自己的子节点，而RFD则不行，只能作为FFD的子节点，在树型拓扑结构中，每一个节点都只能和他的父节点和子节点之间通信，也就是说，当从一个节点向另一个节点发送数据时，信息将沿着树的路径向上传递到最近的协调器节点然后再向下传递到目标节点。这种拓扑方式的缺点就是信息只有唯一的路由通道，信息的路由过程完成是由网络层处理，对于应用层是完全透明的。

网状网络除了允许父节点和子节点之间的通信，也允许通信范围之内具有路由能力的非父子关系的邻居节点之间进行通信，它是在树型网络基础上实现的，与树型网络不同的是，网状网络是一种特殊的、按接力方式传输的点对点的网络结构，其路由可自动建立和维护，并且具有强大的自组织、自愈功能，网络可以通过“多级跳”的方式来通信，可以组成极为复杂的网络，具有很大的路由深度和网络节点规模。该拓扑结构的优点是减少了消息延时，增强了可靠性，缺点是需要更多的存储空间的开销。

2.4 ZigBee 结构

典型无线传感网络 ZigBee 协议栈结构是基于标准的开放式系统互联(OSI)七层模型，但是仅定义了那些相关实现预期市场空间功能的层。IEEE802.15.4－2003 标准定义了两个较低层：物理层(PHY)和媒体访问控制子层(MAC)。ZigBee 联盟在此基础上建立了网络层(NWK)和应用层构架。应用层构架由应用支持子层(APS)、ZigBee 设备对象(ZDO)和制造商定义的应用对象组成。

IEEE802.15.4－2003 有两个 PHY 层，这两个 PHY 层运行在两个不同的频率范围：868/915 MHz 和 2.4 GHz。较低 PHY 层覆盖了欧洲的 868 MHz 和美国及澳大利亚使用的 915 MHz，较高频率的 PHY 层几乎在世界各地使用。

IEEE802.15.4－2003MAC 子层使用 CSMA-CA 机制来控制无线电信道的访问。其职责也可能包括传输信标帧，同步和提供一个可靠的传输机制。

ZigBee 传感器网络的节点，路由器，网关，都是一个单片机＋ZigBee 兼容无线收发器构成的硬件为基础或者一个 ZigBee 兼容的无线单片机例如 CC2530，加上一套内部都运行的软件来实现，这套软件由 C 语言代码写成，大约有数十万行。这个协议栈软件和硬件基础图如图 2.2。

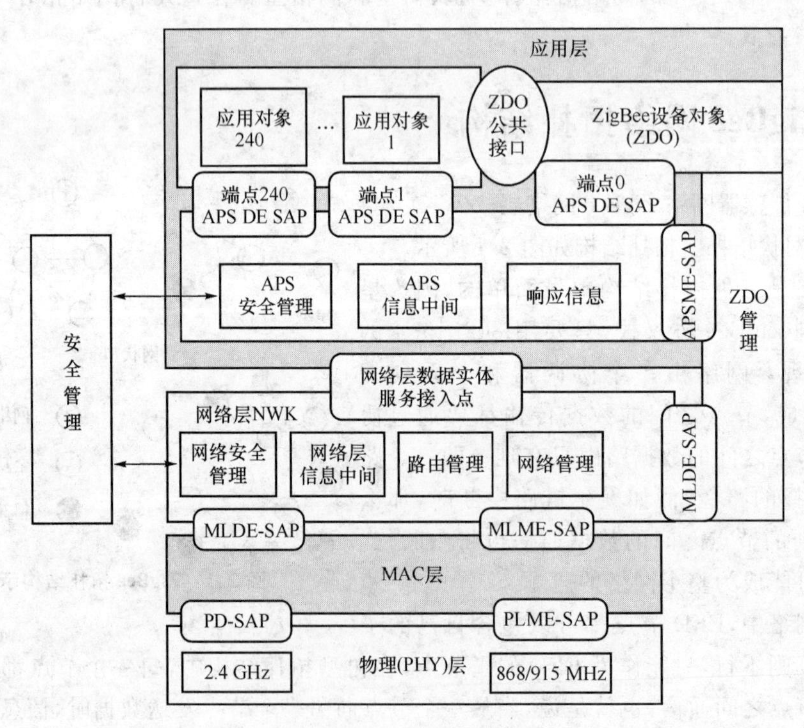

图 2.2　ZigBee 协议栈

2.4.1　ZigBee 物理层

物理层定义了物理无线信道和 MAC 子层之间的接口，提供物理层数据服务和物理层管理服务。物理层数据服务从无线物理信道上收发数据。物理管理服务维护一个由物理层相关数据组成的数据库。

IEEE802.15.4ZigBee物理层的任务是通过无线信道进行安全有效的数据通信，为MAC层提供服务。实现无线数据通信需要利用对数字信号进行编码并调制到高频载波上辐射出去。为了减少无线设备之间的干扰，国家除对实用的频段有一些规定外，对具体无线设备的发射功率也作了一定限制。为满足在较小发射功率的情况下能够实现距离足够远而又可靠的通信。IEEE802.15.4ZigBee采用扩频技术和高效率的调制/解调方法。

IEEE802.15.4 ZigBee的MAC层使用CSMA/CA算法，该算法要求物理层能够检测信道的工作状态。因此物理层应该具备检测各信道状态的功能和选择信道的能力。

IEEE802.15.4ZigBee的技术特点之一是具有低功耗，为了实现低功耗，在大部分的时间里无线收发电路可处于关闭状态，并能够在关闭状态、发射状态与接受状态间快速的转换。

考虑到IEEE802.15.4ZigBee技术的广泛应用，会出现在一定的物理区域有若干个ZigBee网络共同存在情况，为了保证在这种情况下各个网络工作不至于影响，可以使各个网络分别工作在不同的信道，并且通道的选择应该是灵活的。要实现这一点，在建立网络时，物理层能够检测在该区域有无ZigBee网络存在，使用的是哪些通道，并据此选择当前没有被使用的通道作为自己的工作信道。同时物理层还规范了ZigBee的通信频率，规范了传输速率以及调制方法。通过射频固件和射频硬件提供了一个从MAC层到物理层无线通道的接口。

ZigBee的通信频率由物理层来规范，ZigBee根据不同的国家和地区为其提供不同的工作频率范围，ZigBee所使用的频率范围分别为2.4 GHz和868/915 MHz。因此，IEEE802.15.4定义了两个物理层标准，分别是2.4 GHz物理层和868/915 MHz物理层。两个物理层都基于直接序列扩频(DSSS, Direct Sequence Spread Spectrum)技术，使用相同的物理层数据格式，区别在于工作频率、调制技术、扩频码片长度和传输速率的不同(见表2.1)。

2.4 GHz波段为全球统一、无需申请的ISM频段，有助于ZigBee设备的推广和生产成本的降低。2.4 GHz的物理层通过采用16相调制技术，能够提供250 Kb/s的传输速率，从而提高了数据吞吐率，缩短了通信时延和数据收发的时间，所以更加省电。

表2.1　ZigBee无线信道的组成

信道编号	中心频率(MHz)	信道间隔(MHz)	频率上限(MHz)	频率下限(MHz)
$k=0$	868.3		868.6	868.0
$k=1,2,3\cdots10$	$906+2(k-1)$	2	928.0	902.0
$k=11,12,13\cdots26$	$2\,401+5(k-11)$	5	2 483.5	2 400.0

ZigBee物理层数据包由同步包头、物理层包头和物理层载荷三部分组成：①同步包头由前同步码(前导码)和数据包(帧)定界符组成，用于获取符号同步、扩频码同步和帧同步，也有助于粗略的频率调整；②物理层包头指示净荷部分的长度；③物理层净荷部分含有MAC层数据包，净荷部分的最大长度是127字节。如果数据包的长度类型为5字节或大于8字节，那么物理层服务数据单元(PSDU)携带MAC层的帧信息，即MAC层协议数据单元(见表2.2)。

表2.2　物理层数据包格式

4字节	1字节	1字节		变量
前同步码	帧定界符	帧长度(7位)	预留位(1位)	PSDU
同步包头		物理层包头		物理层净荷

2.4.2　ZigBee多路访问层

物理层的上面是MAC层(Medium Access Layer中间通道层)，它的核心是信道接入技术，包括时分复用 GTS 技术和随机接入信道技术 CSMA/CA。不过 ZigBee 实际上并没有对时分复用 GTS 技术进行相关的支持，因此我们可以暂不考虑它，而专注于 CSMA/CA。ZigBee/IEEE802.15.4 的网络所有节点都工作在同一个信道上，因此如果邻近的节点同时发送数据就有可能发生冲突。为此 MAC 层采用了 CSMA/CA 的技术，简单来说，就是节点在发送数据之前先监听信道，如果信道空闲则可以发送数据，否则就要进行随机的退避，即延迟一段随机时间，然后再进行监听，这个退避的时间是指数增长的，但有一个最大值，即如果上一次退避之后再次监听信道忙，则退避时间要增倍，这样做的原因是如果多次监听信道都忙，有可能表明信道上的数据量大，因此让节点等待更多的时间，避免繁忙的监听。通过这种信道接入技术，所有节点竞争共享同一个信道。在 MAC 层当中还规定了两种信道接入模式，一种是信标（Beacon）模式，另一种是非信标模式。信标模式当中规定了一种“超帧”的格式，在超帧的开始发送信标帧，里面含有一些时序以及网络的信息，紧接着是竞争接入时期，在这段时间内各节点以竞争方式接入信道，再后面是非竞争接入时期，节点采用时分复用的方式接入信道，然后是非活跃时期，节点进入休眠状态，等待下一个超帧周期的开始又发送信标帧。而非信标模式则比较灵活，节点均以竞争方式接入信道，不需要周期性的发送信标帧。显然，在信标模式当中由于有了周期性的信标，整个网络的所有节点都能进行同步，但这种同步网络的规模不会很大。实际上，在 ZigBee 当中用得更多的可能是非信标模式。

MAC 层负责处理所有的物理无线信道访问，并产生网络信号、同步信号；支持 PAN 连接和分离，提供两个对等 MAC 实体之间可靠的链路。MAC 层数据服务：保证 MAC 协议数据单元在物理层数据服务中正确收发。MAC 层管理服务：维护一个存储 MAC 子层协议状态相关信息的数据库。

2.4.3　ZigBee 网络层

这些部分当中最下面的是网络层。和其他技术一样，ZigBee 网络层的主要功能是路由，路由算法是它的核心。目前 ZigBee 网络层主要支持两种路由算法——树路由和网状网路由。树路由采用一种特殊的算法，具体可以参考 ZigBee 的协议栈规范。它把整个网络看做是以协调器为根的一棵树，因为整个网络是由协调器所建立的，而协调器的子节点可以是路由器或者是末端节点，路由器的子节点也可以是路由器或者末端节点，而末端节点没有子节点，相当于树的叶子。这种结构又好像蜂群的结构，协调器相当于蜂后，是唯一的，而路由器相当于雄蜂，数目不多，末端节点则相当于数量最多的工蜂。其实有很多地方仔细一想，就可以发现 ZigBee 和蜂群的许多暗合之处。树路由利用了一种特殊的地址分配算法，使用四个参数——深度、最大深度、最大子节点数和最大子路由器数来计算新节点的地址，于是寻址的时候根据地址就能计算出路径，而路由只有两个方向——向子节点发送或者向父节点发送。树状路由不需要路由表，节省存储资源，但缺点是很不灵活，浪费了大量的地址空间，并且路由效率低，因此常常作为最后的路由方法，或者干脆不用。ZigBee 当中还有一种路由方法是网状网路由，这种方法实际上是 AODV 路由算法的一个简化版本，非常适合于低成本的无线自组织网络的路由。它可以用于较大规模的网络，需要节点维护一个路由表，耗费一定的存储资源，但往往能达到最优的路由效率，而且使用灵活。除了这两种路由方法，ZigBee 当中还可以进行邻居表路由，其实邻居表可以看做是特殊的路由表，只不过只需要一跳就可以发送到目的节点。

ZigBee 协议栈的核心部分在网络层。网络层主要实现节点加入或离开网络、接收或抛弃其他节点、路由查找及传送数据等功能，支持 Cluster-Tree 等多种路由算法，支持星型（Star）、树型（Cluster-Tree）、网格（Mesh）等多种拓扑结构。

2.4.4　ZigBee 应用层

网络层的上面是应用层，包括了 APS、AF 和 ZDO 几部分，主要规定了一些和应用相关的功能，包括端点(Endpoint)的规定，还有绑定(Binding)、服务发现和设备发现等。其中端点是应用对象存在的地方，ZigBee 允许多个应用同时位于一个节点上，例如一个节点具有控制灯光的功能，又具有感应温度的功能，又具有收发文本消息的功能，这种设计有利于复杂 ZigBee 设备的出现。而绑定是用于把两个"互补的"应用联系在一起，如开关应用和灯的应用。更通俗的理解，"绑定"可以说是通信的一方了解另一方的通信信息的方法，比如开关需要控制"灯"，但它一开始并不知道"灯"这个应用所在的设备地址，也不知道其端点号，于是它可以广播一个消息，当"灯"接收到之后给出响应，于是开关就可以记录下"灯"的通信信息，以后就可以根据记录的通信信息去直接发送控制信息了。服务发现和设备发现是应用层需要提供的，ZigBee 定义了几种描述符，对设备以及提供的服务可以进行描述，于是可以通过这些描述符来寻找合适的服务或者设备。

ZigBee 还提供了安全组件，采用了 AES128 的算法对网络层和应用层的数据进行加密保护，另外还规定了信任中心(Trustcenter)的角色——全网有一个信任中心，用于管理密钥和管理设备，可以执行设置的安全策略。

ZigBee 应用层框架包括应用支持层(APS)、ZigBee 设备对象(ZDO)和制造商所定义的应用对象。

应用支持层的功能包括：维持绑定表、在绑定的设备之间传送消息。所谓绑定就是基于两台设备的服务和需求将它们匹配地连接起来。

ZigBee 设备对象的功能包括：定义设备在网络中的角色(如 ZigBee 协调器和终端设备)，发起和响应绑定请求，在网络设备之间建立安全机制。ZigBee 设备对象还负责发现网络中的设备，并且决定向他们提供何种应用服务。ZigBee 应用层除了提供一些必要函数以及为网络层提供合适的服务接口外，一个重要的功能是应用者可在这层定义自己的应用对象。

2.4.5　应用程序框架

运行在 ZigBee 协议栈上的应用程序实际上就是厂商自定义的应用对象，并且遵循规范(Profile)运行在端点 1～240 上。在 ZigBee 应用中，提供 2 种标准服务类型：键值对(KVP)或报文(MSG)。

2.4.6　ZigBee 设备对象

ZigBee 设备对象(ZDO)是驻留于应用层(APL)的一种应用解决方案，它位于 ZigBee 协议栈的应用支持子层(APS)之上。ZDO 负责初始化应用支持子层(APS)、网络层(NWK)、安全服务提供模块(SSP)及非 1～240 端点应用的任何其他 ZigBee 设备层；另外 ZDO 还负责从终端应用收集配置信息来实现设备和服务发现、安全管理、网络管理、绑定管理和节点管理功能。

2.4.7　协议栈代码目录结构

协议栈体系分层架构与协议栈代码目录对应表如表 2.3 所示。

表 2.3 协议栈体系分层架构与代码目录对应表

协议栈体系分层结构	协议栈代码目录	目录描述
物理层(PHY)	HAL	包含有与硬件相关的配置和驱动及操作函数
媒体接入控制子层(MAC)	MAC	包含了 MAC 层的参数配置文件及其 MAC 的 LIB 库的函数接口文件
网络层(NWK)	NWK	含网络层配置参数文件及网络层库的函数接口件,APS 层库的函数接口
应用支持子层(APS)	NWK	给网络层和应用层通过 ZigBee 设备对象和制造商定义的应用对象使用的一组服务提供了接口
应用程序框架(AF)	Profile	是对逻辑设备及其接口描述的集合,是面向某个具体应用类别的公约、准则
ZigBee 设备对象(ADO)	ZDO	负责定义网络中设备的角色;对绑定请求的初始化或者响应,在网络设备之间建立安全联系

其他一些目录如下:

(1) APP(Application Programming):应用层目录,这是用户创建各种不同工程的区域;

(2) MT(Monitor Test):实现通过串口可控各层,与各层进行直接交互,包含基于 AF 层的调试函数文件和串口等通信函数;

(3) OSAL(Operating System(OS) Abstraction Layer):协议栈的操作系统,包括协议栈的系统文档;

(4) Security:安全层目录,安全层处理函数,比如加密函数等;

(5) Services:地址处理函数目录,包括地址模式的定义及地址处理函数;

(6) Tools:工程配置目录,包括空间划分及 ZStack 相关配置信息;

(7) ZMac:MAC 层目录,包括 MAC 层参数配置及 MAC 层 LIB 库函数回调处理函数;

(8) ZMain:主函数目录,包括入口函数及硬件配置文件。

2.5 ZigBee 无线数据传输及通信模式

简单地说,ZigBee 是一种高可靠的无线数传网络,类似于 CDMA 和 GSM 网络。ZigBee 数传模块类似于移动网络基站。通信距离从标准的 75 m 到几百米、几千米,并且支持无限扩展。

ZigBee 是一个由可多到 65 000 个无线数传模块组成的一个无线数传网络平台,在整个网络范围内,每一个 ZigBee 网络数传模块之间可以相互通信,每个网络节点间的距离可以从标准的 75 m 无限扩展。

与移动通信的 CDMA 网或 GSM 网不同的是,ZigBee 网络主要是为工业现场自动化控制数据传输而建立,因而,它必须具有简单,使用方便,工作可靠,价格低的特点。而移动通信网主要是为语音通信而建立,每个基站价值一般都在百万元人民币以上,而每个 ZigBee"基站"却不到 1 000 元人民币。每个 ZigBee 网络节点不仅本身可以作为监控对象,例如其所连接的传感器直接进行数据采集和监控,还可以自动中转别的网络节点传过来的数据资料。除此之外,每一个 ZigBee 网络节点(FFD)还可在自己信号覆盖的范围内,和多个不承担网络信息中转任务的孤立的子节点(RFD)无线连接。

2.6 ZigBee 性能分析

(1) 数据速率比较低。在 2.4 GHz 的频段只有 250 Kb/s,而且这只是链路上的速率,除掉信道竞争应答和重传等消耗,真正能被应用所利用的速率可能不足 100 Kb/s,并且余下的速率可能要被邻近多个节点和同一个节点的多个应用所瓜分,因此不适合做视频之类的事情;适合的应用领域——传感和控制

(2) 在可靠性方面,ZigBee 有很多方面进行保证。物理层采用了扩频技术,能够在一定程度上抵抗干扰,MAC 应用层(APS 部分)有应答重传功能。MAC 层的 CSMA 机制使节点发送前先监听信道,可以起到避开干扰的作用。当 ZigBee 网络受到外界干扰,无法正常工作时,整个网络可以动态地切换到另一个工作信道上。

(3) 时延。由于 ZigBee 采用随机接入 MAC 层,且不支持时分复用的信道接入方式,因此不能很好地支持一些实时的业务。

(4) 能耗特性。能耗特性是 ZigBee 的一个技术优势。通常 ZigBee 节点所承载的应用数据速率都比较低。在不需要通信时,节点可以进入很低功耗的休眠状态,此时能耗可能只有正常工作状态下的千分之一。由于一般情况下,休眠时间占总运行时间的大部分,有时正常工作的时间还不到百分之一,因此达到很高的节能效果。

(5) 组网和路由性——网络层特性。ZigBee 大规模的组网能力——每个网络 65 000 个节点,Bluetooth——每个网络 8 个节点。因为 ZigBee 底层采用了直扩技术,如果采用非信标模式,网络可以扩展得很大,因为不需同步而且节点加入网络和重新加入网络的过程很快,一般可以做到 1 s 以内,甚至更快。Bluetooth 通常需要 3 s。在路由方面,ZigBee 支持可靠性很高的网状网的路由,所以可以布置范围很广的网络,并支持多播和广播特性,能够给丰富的应用带来有力的支持。

2.7 ZigBee 的应用前景

ZigBee 并不是用来与蓝牙或者其他已经存在的标准竞争,它的目标定位于现存的系统还不能满足其需求的特定的市场,它有着广阔的应用前景。ZigBee 联盟预言在未来的四到五年,每个家庭将拥有 50 个 ZigBee 器件,最后将达到每个家庭 150 个。在 2007 年,ZigBee 市场价值已达到数亿美元。

其应用领域主要包括:

(1) 家庭和楼宇网络:空调系统的温度控制、照明的自动控制、窗帘的自动控制、煤气计量控制、家用电器的远程控制等。

(2) 工业控制:各种监控器、传感器的自动化控制。

(3) 商业:智慧型标签等。

(4) 公共场所:烟雾探测器等。

(5) 农业控制:收集各种土壤信息和气候信息。

(6) 医疗:老人与行动不便者的紧急呼叫器和医疗传感器等。

3 Z-Stack 开发指南

3.1 Z-Stack 使用

ZStack 是 TI 公司提供的一个实现 ZigBee 无线通信组网的协议栈，我们只需要在 TI 的官网上免费注册一个用户即可下载它最新的版本。该协议栈并非是完全开源的，像网络传输层等相关的代码，直接编译成了相关的库。所以我们在代码中只能看到相关的接口函数声明，并不能看到这些函数具体的实现方式。因此如果在 ZStack 协议栈完全按照自己的需求来定制代码具有一定的局限性。幸运的是，这个协议栈的功能已经非常强大了，而且官方提供了详细的文档，并且在网络上也可以找到大量的相关资料，我们完全可以通过相应的配置协议栈和相关的应用编程来组建一个适合自己的 ZigBee 无线通信网络。

协议栈应用层的相关代码是公开的，并且在 ZStack 源码包里面提供了针对不同应用的工程示例。我们可以根据自己的需求在 ZStack 的基础上新建工程或者直接选择相近的工程示例直接添加自己的代码。本项目的是实现 ZigBee 无线控制的功能，主要是通过开发板上的 ZigBee 模块建立 ZigBee 网络，然后各个通用底板作为终端设备可以加入到这个 ZigBee 网络，并且可以通过开发板上的 ZigBee 模块无线向终端设备发送控制信息，接收终端设备的回复信息。我们的项目是基于 ZStack 源码目录 projects/zstack/Samples/GenericApp 下的工程添加自己的代码来实现的。该工程打开工程目录后有 Source 和 CC2530DB 两个目录，Source 目录下有 3 个文件，是 ZigBee 网络的初始化和应用层相关代码的实现；CC2530DB 目录下是 IAR 开发环境支持的工程文件，通过 IAR 打开该目录下的 GenericApp. eww 文件就使用该工程。

关于协议栈底层组网的相关配置在工程里已经设置好了，如果我们对源码不加任何修改，直接将其烧到不同的板子上运行就已经能够组建 ZigBee 网络了，只不过这时实现的通信功能并不是我们所需要的。所以这里暂时不需要考虑它的组网是如何实现，直接采用默认设置即可。我们所要做的就是更改应用层的相关代码，达到我们的通信要求，如图 3.1 所示。

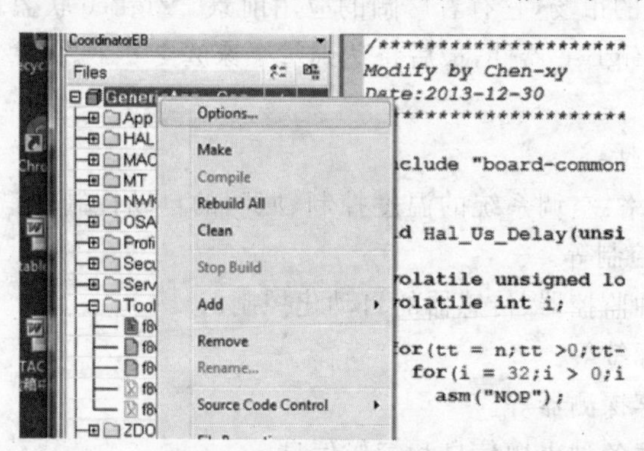

图 3.1　Z-Stack 协议栈

在工程的工作区内，我们发现它提供了三个选项：CoordinatorEB、RouterEB、EndDeviceEB。分别对应到协调器、路由器、终端节点的目标代码。不同设备的目标代码是共享的，区别是通过宏来实现的。如图 3.2 所示，在每个工作区项目上右击选项，选择“options…”，再在弹出的对话框中选择“C/C++ Compiler”下的“Extra Options”，可以看到工作区中对应的配置文件。如协调器对应的两个配置文件是 f8wCoord.cfg 和 f8wConfig.cfg。打开 f8wCoord.cfg 可以看到一些只在该工作区内可以使用的预定义的宏。也就是说即使在代码中未使用定义这些宏，当使用该工作区对代码进行编译时，这些预定义的宏也是默认已经定义好的，并且对工作区内所有的文件可用。如只对协调器相关的代码写在宏定义 ZDO _ COORDINATOR 里面，而这个宏定义在 f8wCoord.cfg 中。另外在“options”的对话框“C/C++ Compiler”下的“Preprocessor”选项卡中，在“Defined symbols”中预定义的宏也是对整个工作区有效。

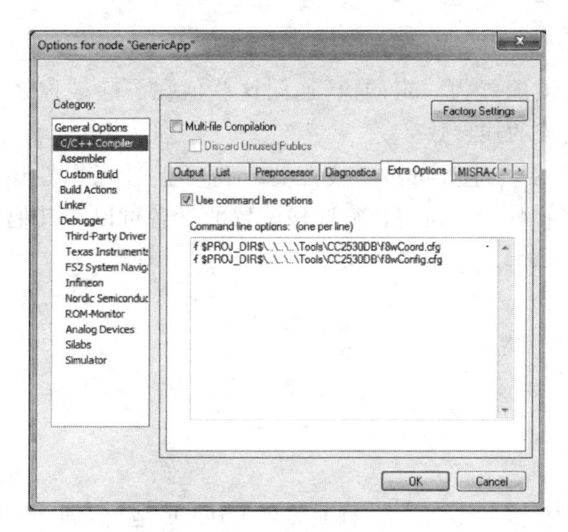

图 3.2 工作栏配置区(Extra Options)

3.1.1 设备类型

在 ZigBee 网络中存在三种逻辑设备类型：协调器(Coordinator)，路由器(Router)和终端设备(End-Device)。ZigBee 网络由一个 Coordinator 以及多个 Router 和多个 End-Device 组成。

图 3.3 是一个简单的 ZigBee 网络示意图。其中黑色节点为 Coordinator，灰色节点为 Router，白色节点为 End-Device。

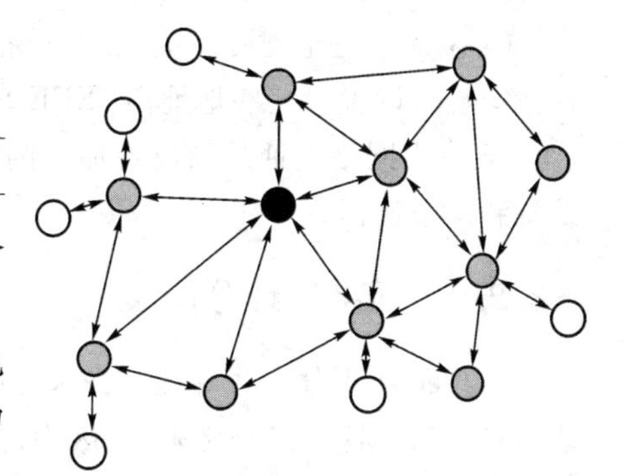

图 3.3 简单的 ZigBee 网络示意图

1) 协调器(Coordinator)

协调器负责启动整个网络。它也是网络的第一个设备。协调器选择一个信道和一个网络 ID(也称之为 PANID，即 Personal Area Network ID)，随后启动整个网络。协调器也可以用来协助建立网络中安全层和应用层的绑定(Bindings)。注意，协调器的角色主要涉及网络的启动和配置。一旦这些都完成后，协调器的工作就像一个路由器(或者消失 goaway)。由于 ZigBee 网络本身的分布特性，因此接下来整个网络的操作就不再依赖协调器是否存在。

2) 路由器(Router)

路由器的功能主要是：允许其他设备加入网络，多跳路由和协助它自己的由电池供电的儿子终端设备的通信。通常，路由器希望是一直处于活动状态，因此它必须使用主电源供电。但是当使用树型这种网络模式时，允许路由间隔一定的周期操作一次，这样就可以使用电池给其供电。

3) 终端设备(End-Device)

终端设备没有特定的维持网络结构的责任,它可以睡眠或者唤醒,因此它可以是一个电池供电设备。通常,终端设备对存储空间(特别是 RAM 的需要)比较小。注意:在 Z-Stack 中一个设备的类型通常在编译的时候通过编译选项(ZDO _ COORDINATOR 和 RTR _ NWK)确定。所有的应用例子都提供独立的项目文件来编译每一种设备类型。

3.1.2 栈配置

栈参数的集合需要被配置为一定的值,连同这些值在一起被称之为栈配置。ZigBee 联盟定义了这些由栈配置组成的栈参数。

网络中的所有设备必须遵循同样的栈配置。为了促进互用性这个目标,ZigBee 联盟为 ZigBee2006 规范定义了栈配置。所有遵循此栈配置的设备可以在其他开发商开发的遵循同样栈配置的网络中。

3.2 寻址

3.2.1 地址类型

ZigBee 设备有两种类型的地址。一种是 64 位 IEEE 地址,即 MAC 地址,另一种是 16 位网络地址。

64 位地址是全球唯一的地址,设备将在它的生命周期中一直拥有它。它通常由制造商或者被安装时设置。这些地址由 IEEE 来维护和分配。

16 位为网络地址是当设备加入网络后分配的。它在网络中是唯一的,用来在网络中鉴别设备和发送数据。

3.2.2 网络地址分配

ZigBee 使用分布式寻址方案来分配网络地址。这个方案保证在整个网络中所有分配的地址是唯一的。这一点是必须的,因为这样才能保证一个特定的数据包能够发给它指定的设备,而不出现混乱。同时,这个寻址算法本身的分布特性保证设备只能与他的父辈设备通信来接受一个网络地址。不需要整个网络范围内通信的地址分配,这有助于网络的可测量性。在每个路由加入网络之前,寻址方案需要知道和配置一些参数。这些参数是 MAX _ DEPTH,MAX _ ROUTERS 和 MAX _ CHILDREN。这些参数是栈配置的一部分,ZigBee2006 协议栈已经规定这些参数的值:MAX _ DEPTH＝5,MAX _ ROUTERS＝6 和 MAX _ CHILDREN＝20。MAX _ DEPTH 决定了网络的最大深度。协调器(Coordinator)位于深度 0,它的儿子位于深度 1,他的儿子的儿子位于深度 2,以此类推。MAX _ DEPTH 参数限制了网络在物理上的长度。MAX _ CHILDREN 决定了一个路由(Router)或者一个协调器节点可以处理的儿子节点的最大个数。

MAX _ ROUTER 决定了一个路由(Router)或者一个协调器(Coordinator)节点可以处理的具有路由功能的儿子节点的最大个数。这个参数是 MAX _ CHILDREN 的一个子集,终端节点使用(MAX _ CHILDREN-MAX - ROUTER)剩下的地址空间。

如果开发人员想改变这些值，则需要完成以下几个步骤：

首先，你要保证这些参数新的赋值要合法。即整个地址空间不能超过 216，这就限制了参数能够设置的最大值。可以使用 projects\ZStack\tools 文件夹下的 CSkip. xls 文件来确认这些值是否合法。当在表格中输入了这些数据后，如果你的数据不合法的话就会出现错误信息。

当选择了合法的数据后，开发人员还要保证不再使用标准的栈配置，取而代之的是网络自定义栈配置(例如：在 nwk _ globals. h 文件中将 STACK _ PROFILE _ ID 改为 NETWORK _ SPECIFIC)。然后 nwk _ globals. h 文件中的 MAX _ DEPTH 参数将被设置为合适的值。

此外，还必须设置 nwk _ globals. c 文件中的 Cskipchldrn 数组和 CskipRtrs 数组。这些数组的值由 MAX _ CHILDREN 和 MAX _ ROUTER 构成。

3.2.3 Z-Stack 寻址

为了向一个在 ZigBee 网络中的设备发送数据，应用程序通常使用 AF _ DataRequest()函数。数据包将要发送给一个 afAddrType _ t(在 ZComDef. h 中定义)类型的目标设备。

```
typedef struct
{
union
{
uint16 shortAddr;
}addr;
afAddrMode _ t addrMode;
byte endPoint;
}afAddrType _ t;
```

注意，除了网络地址之外，还要指定地址模式参数。目的地址模式可以设置为以下几个值：

```
typedef enum
{
afAddrNotPresent=AddrNotPresent,
afAddr16Bit=Addr16Bit,
afAddrGroup=AddrGroup,
afAddrBroadcast=AddrBroadcast
}afAddrMode _ t;
```

因为在 ZigBee 中，数据包可以单点传送(Unicast)、多点传送(Multicast)或者广播传送，所以必须有地址模式参数。一个单点传送数据包只发送给一个设备，多点传送数据包则要传送给一组设备，而广播数据包则要发送给整个网络的所有节点。这个将在下面详细解释。

1) 单点传送

Unicast 是标准寻址模式，它将数据包发送给一个已经知道网络地址的网络设备。将 afAddrMode 设置为 Addr16Bit 并且在数据包中携带目标设备地址。

2) 间接传送

当应用程序不知道数据包的目标设备在哪里的时候使用的模式。将模式设置为 AddrNot-Present 并且目标地址没有指定。取代它的是从发送设备的栈的绑定表中查找目标设备。这种特点称之为源绑定。

当数据向下发送到达栈中,从绑定表中查找并且使用该目标地址。这样,数据包将被处理成为一个标准的单点传送数据包。如果在绑定表中找到多个设备,则向每个设备都发送一个数据包的拷贝。

上一个版本的ZigBee(ZigBee2004),有一个选项可以将绑定表保存在协调器(Coordinator)当中。发送设备将数据包发送给协调器,协调器查找它栈中的绑定表,然后将数据发送给最终的目标设备。这个附加的特性叫做协调器绑定(Coordinator Binding)。

3) 广播传送

当应用程序需要将数据包发送给网络的每一个设备时,使用这种模式。地址模式设置为AddrBroadcast。目标地址可以设置为下面广播地址的一种:

(1) NWK _ BROADCAST _ SHORTADDR _ DEVALL(0xFFFF)——数据包将被传送到网络上的所有设备,包括睡眠中的设备。对于睡眠中的设备,数据包将被保留在其父亲节点直到查询到它,或者消息超时(NWK _ INDIRECT _ MSG _ TIMEOUT 在 f8wConifg. cfg 中)。

(2) NWK _ BROADCAST _ SHORTADDR _ DEVRXON(0xFFFD)——数据包将被传送到网络上的所有在空闲时打开接收的设备(RXONWHENIDLE),也就是说,除了睡眠中的所有设备。

(3) NWK _ BROADCAST _ SHORTADDR _ DEVZCZR(0xFFFC)——数据包发送给所有的路由器,包括协调器。

4) 组寻址

当应用程序需要将数据包发送给网络上的一组设备时,使用该模式。地址模式设置为afAddrGroup并且addr. shortAddr设置为组ID。在使用这个功能之前,必须在网络中定义组。(参见Z-stackAPI文档中的aps _ AddGroup()函数)。

注意组可以用来关联间接寻址。在绑定表中找到的目标地址可能是是单点传送或者是一个组地址。另外,广播发送可以看做是一个组寻址的特例。

下面的代码是一个设备怎样加入到一个ID为1的组当中:

```
aps _ Group _ tgroup;
// Assign yourself to group1
group. ID=0x0001;
group. name[0]=0; // This could be a human readable string
aps _ AddGroup(SAMPLEAPP _ ENDPOINT, &group);
```

3.2.4 重要设备地址

应用程序可能需要知道它的设备地址和父亲地址。使用下面的函数获取设备地址(在ZStack API中定义):

NLME _ GetShortAddr()——返回本设备的16位网络地址

NLME _ GetExtAddr()——返回本设备的64位扩展地址

使用下面的函数获取该设备的父亲设备的地址:

NLME _ GetCoordShortAddr()——返回本设备的父亲设备的16位网络地址

NLME _ GetCoordExtAddr()——返回本设备的父亲设备的64位扩展地址

3.3 绑定

绑定是一种两个(或者多个)应用设备之间信息流的控制机制。在 ZigBee2006 发布版本中,它被称为资源绑定,所有的设备都必须执行绑定机制。

绑定允许应用程序发送一个数据包而不需要知道目标地址。APS 层从它的绑定表中确定目标地址,然后将数据继续向目标应用或者目标组发送。

注意:在 ZigBee 的 1.0 版本中,绑定表是保存在协调器(Coordinator)当中。现在所有的绑定记录都保存在发送信息的设备当中。

通常可以有三种方法建立一个绑定表:

(1) ZigBee Device Object Bind Request——一个启动工具可以告诉设备创建一个绑定记录。

(2) ZigBee Device Object End Device Bind Request——两个设备可以告诉协调器它们想要建立一个绑定表记录。协调器来协调并在两个设备中创建绑定表记录。

(3) Device Application——一个设备上的应用程序建立或者管理一个绑定表。

1) ZigBee Device Object Binding Request

任何一个设备都可以发送一个 ZDO 信息给网络中的另一个设备,用来建立绑定表。称之为援助绑定,它可以为一个发送设备创建一个绑定记录。

(1) 启动申请(The Commissioning Application)

一个应用程序可以通过 ZDP _ BindReq()函数(在 ZDProfile. h),并在绑定表中包含两个请求(地址和终点)以及想要的群 ID。第一个参数(目标 dstAddr)是绑定源的短地址,即 16 位网络地址。

确定你已经在 ZDConfig. h 允许了这个功能(ZDO _ BIND _ UNBIND _ REQUEST)。

你也可以使用 ZDP _ UnbindReq()用同样的参数取消绑定记录。

目标设备发回 ZigBee Device Object Bind 或者 Unbind Response 信息,该信息是 ZDO 代码根据动作的状态,通过调用 ZDApp _ BindRsq()或者 ZDApp _ UnbindRsq()函数来分析和通知 ZDApp. c 的。

对于绑定响应,从协调器返回的状态将是 ZDP _ SUCCESS,ZDP _ TABLE _ FULL 或者 ZDP _ NOT _ SUPPORTED。

对于解除绑定响应,从协调器返回的状态将是 ZDP _ SUCCESS,ZDP _ NO _ ENTRY 或者 ZDP _ NOT _ SUPPORTED。

(2) ZigBee Device Object End Device Bind Request

这个机制是在指定的时间周期(time out period)内,通过按下选定设备上的按钮或者类似的动作来绑定。协调器在指定的时间周期内,搜集终端设备的绑定请求信息,然后以配置 ID (Profile ID)和群 ID(Cluster ID)协议为基础,创建一个绑定表记录作为结果。默认的设备绑定时间周期(APS _ DEFAULT _ MAXBINDING _ TIME)是 16 s(在 nwk _ globals. h 中定义)。但是将它添加到 f8wConfig. cfg 中,则可以更改。

在"用户指南"中的应用程序就是一个终端设备绑定的例子(在每个设备上按下 RIGHT 按键)。

应该注意到,所有的例程都有处理关键事件的函数(例如:在 TransmitApp. c 中 Transmit App _ Handle Keys()函数)。这个函数调用 ZDApp _ Send End Device Bind Req()(在 ZDApp.

c 中)。这个函数搜集所有终端节点的请求信息,然后调用 ZDP _ End Device Bind Req()函数将这些信息发送给协调器。

协调器调用函数 ZDP _ IncomingData()【ZDProfile. c 中】函数接收这些信息,然后再调用 ZDApp _ Process End Device BindReq()【ZDObject. c 中】函数分析这些信息,最后调用 ZDApp _ End Device Bind ReqCB【ZDApp. c 中】函数,这个函数再调用 ZDO _ Match End Device Bind ()【ZDObject. c 中】函数来处理这个请求。

当收到两个匹配的终端设备绑定请求,协调器在请求设备中启动创建源绑定记录的进程。假设在 ZDO 终端设备中发现了匹配的请求,协调器将执行下面的步骤:

①发送一个解除绑定请求给第一个设备。

②这个终端设备锁定进程,这样解除绑定被首先发送来去掉一个已经存在的绑定记录。

③等待 ZDO 解除绑定的响应,如果响应的状态是 ZDP _ NO _ ENTRY,则发送一个 ZDO 绑定请求在源设备中创建一个绑定记录。如果状态是 ZDP _ SUCCESS,则继续前进到第一个设备的群 ID。

④等待 ZDO 绑定响应,如果收到了,则继续前进到第一个设备的下一个群 ID。

⑤当地一个设备完成后,用同样的方法处理第二个设备。

⑥当第二个设备也完成之后,发送 ZDO 终端设备绑定请求消息给两个设备。

(3) Device Application Binding Manager

另一种进入设备绑定记录的方式是应用自己管理绑定表。这就意味着应用程序需要通过调用下面的绑定管理函数在本地进入并且删除绑定记录:

bind AddEntry()——在绑定表中增加一个记录

bind RemoveEntry()——从绑定表中删除一个记录

bind RomoveClusterIdFromList()——从一个存在的绑定表记录中删除一个群 ID

bind AddClusterIdToList()——向一个已经存在的绑定记录中增加一个群 ID

bind RemoveDev()——删除所有地址引用的记录

bind RemoveSrcDev()——删除所有源地址引用的记录

bind UpdateAddr()——将记录更新为另一个地址

bind FindExisting()——查找一个绑定表记录

bind IsClusterIdInList()——在表记录中检查一个已经存在的群 ID

bind NumBoundTo()——拥有相同地址(源或者目的)的记录的个数

bind NumEntries()——表中记录的个数

bind Capacity()——最多允许的记录个数

bind WriteNV()——在 NV 中更新表

2) 配置源绑定

为了在你的设备中能使源绑定在 f8wConfig. cfg 文件中包含 REFLECTOR 编译标志。同时在 f8wConfig. cfg 文件中查看配置项目 NWK _ MAX _ BINDING _ ENTRIES 和 MAX _ BINDING _ CLUSTER _ IDS。NWK _ MAX _ BINDING _ ENTRIES 是限制绑定表中的记录的最大个数,MAX _ BINDING _ CLUSTER - IDS 是每个绑定记录的群 ID 的最大个数。

绑定表在静态 RAM 中(未分配),因此绑定表中记录的个数,每条记录中群 ID 的个数都实际影响着使用 RAM 的数量。每一条绑定记录是 8 字节多(MAX _ BIND ING _ CLUSTER _ IDS * 2 字节)。除了绑定表使用的静态 RAM 的数量,绑定配置项目也影响地址管理器中的记录的个数。

3.4 路由

3.4.1 概述

路由对与应用层来说是完全透明的。应用程序只需简单的向下发送去往任何设备的数据到栈中,栈会负责寻找路径。这种方法,应用程序不知道操作是在一个多跳的网络当中的。

路由还能够自愈 ZigBee 网络,如果某个无线连接断开了,路由功能又能自动寻找一条新的路径避开那个断开的网络连接。这就极大地提高了网络的可靠性,同时也是 ZigBee 网络的一个关键特性。

3.4.2 路由协议

ZigBee 执行基于用于 AODV 专用网络的路由协议。简化后用于传感器网络。ZigBee 路由协议有助于网络环境有能力支持移动节点,连接失败和数据包丢失。当路由器从它自身的应用程序或者别的设备那里收到一个单点发送的数据包,则网络层(NWK Layer)根据下一程序将它继续传递下去。如果目标节点是它相邻路由器中的一个,则数据包直接被传送给目标设备。否则,路由器将要检索它的路由表中与所要传送的数据包的目标地址相符合的记录。如果存在与目标地址相符合的活动路由记录,则数据包将被发送到存储在记录中的下一级地址中去。如果没有发现任何相关的路由记录,则路由器发起路径寻找,数据包存储在缓冲区中直到路径寻找结束。

ZigBee 终端节点不执行任何路由功能。终端节点要向任何一个设备传送数据包,它只需简单地将数据向上发送给它的父亲设备,由它的父亲设备以它自己的名义执行路由。同样的,任何一个设备要给终端节点发送数据,发起路由寻找,终端节的父亲节点都以它的名义来回应。

注意 ZigBee 地址分配方案使得对于任何一个目标设备,根据它的地址都可以得到一条路径。在 Z-Stack 中,如果万一正常的路径寻找过程不能启动的话(通常由于缺少路由表空间),那么 Z-Stack 拥有自动回退机制。

此外,在 Z-Stack 中,执行的路由已经优化了路由表记录。通常,每一个目标设备都需要一条路由表记录。但是,通过把一定父亲节点记录与其所有子节点的记录合并,这样既可以优化路径也可以不丧失任何功能。

ZigBee 路由器,包括协调器执行下面的路由函数:①路径发现和选择;②路径保持维护;③路径期满。

1) 路径发现和选择

路径发现是网络设备凭借网络相互协作发现和建立路径的一个过程。路由发现可以由任意一个路由设备发起,并且对于某个特定的目标设备一直执行。路径发现机制寻找源地址和目标地址之间的所有路径,并且试图选择可能的最好路径。

路径选择就是选择出可能的最小成本的路径。每一个节点通常持有跟它所有邻接点的“连接成本(link costs)”。通常,连接成本的典型函数是接收到的信号的强度。沿着路径,求出所有连接的连接成本总和,便可以得到整个路径的“路径成本”。路由算法试图寻找到拥有最小路径成本的路径。

路径通过一系列的请求和回复数据包被发现。源设备通过向它的所有邻接节点广播一个路由请求数据包,来请求一个目标地址的路径。当一个节点接收到 RREQ 数据包,它依次转发 RREQ 数据包。但是在转发之前,它要加上最新的连接成本,然后更新 RREQ 数据包中的成本值。这样,沿着所有它通过的连接,RREQ 数据包携带着连接成本的总和。这个过程一直持续到 RREQ 数据包到达目标设备。通过不同的路由器,许多 RREQ 副本都将到达目标设备。目标设备选择最好的 RREQ 数据包,然后发回一个路径答复数据包(a Route Reply)RREP 给源设备。RREP 数据包是一个单点发送数据包,它沿着中间节点的相反路径传送直到它到达原来发送请求的节点为止。

一旦一条路径被创建,数据包就可以发送了。当一个节点与它的下一级相邻节点失去了连接(当它发送数据时,没有收到 MACACK),该节点向所有等待接收它的 RREQ 数据包的节点发送一个 RERR 数据包,将它的路径设为无效。各个节点根据收到的数据包 RREQ、RREP 或者 RERR 来更新它的路由表。

2) 路径保持维护

网状网提供路径维护和网络自愈功能。中间节点沿着连接跟踪传送失败,如果一个连接被认定是坏链,那么上游节点将针对所有使用这条连接的路径启动路径修复。节点发起重新发现直到下一次数据包到达该节点,标志路径修复完成。如果不能够启动路径发现或者由于某种原因失败了,节点则向数据包的源节点发送一个路径错误包(RERR),它将负责启动新路径的发现。这两种方法,路径都自动重建。

3) 路径期满

路由表为已经建立连接路径的节点维护路径记录。如果在一定的时间周期内,没有数据通过沿着这条路径发送,这条路径将被表示为期满。期满的路径一直保留到它所占用的空间要被使用为止。这样,路径在绝对不使用之前不会被删除掉的。在配置文件 f8wConfig. cfg 文件中配置自动路径期满时间。设置 ROUTE_ EXPIRY_ TIME 为期满时间,单位为秒。如果设置为 0,则表示关闭自动期满功能。

3.4.3 表存储

路由功能需要路由器保持维护一些表格。

1) 路由表

每一个路由器包括协调器都包含一个路由表。设备在路由表中保存数据包参与路由所需的信息。每一条路由表记录都包含有目的地址,下一级节点和连接状态。所有的数据包都通过相邻的一级节点发送到目的地址。同样,为了回收路由表空间,可以终止路由表中的那些已经无用的路径记录。

路由表的容量表明一个设备路由表拥有一个自由路由表记录或者说它已经有一个与目标地址相关的路由表记录。在文件“f8wConfig. cfg”文件中配置路由表的大小。将 MAX_ RTG_ ENTRIES 设置为表的大小(不能小于 4)。

2) 路径发现表

路由器设备致力于路径发现,保持维护路径发现表。这个表用来保存路径发现过程中的临时信息。这些记录只在路径发现操作期间存在。一旦某个记录到期,则它可以被另一个路径发现使用。这个值决定了在一个网络中,可以同时并发执行的路径发现的最大个数。这个可以在

f8wConfig. cfg 文件中配置 MAX _ RREQ _ ENTRIES。

3.5 ZDO 消息请求

ZDO 模块提供功能用来发送 ZDO 服务发现请求消息，接收 ZDO 服务发现回复消息。图 3.4 描述了应用程序发送 IEEE 地址请求和接收 IEEE 地址回复的函数调用。

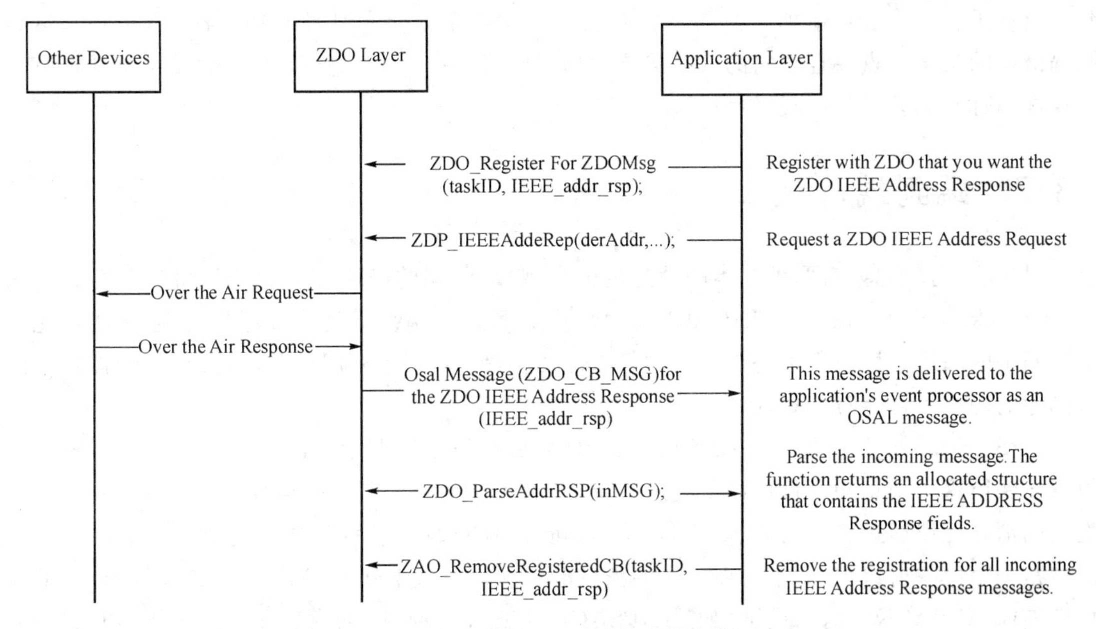

图 3.4 ZDO IEEE 地址请求及应答

下面是一个应用程序想知道什么时候一个新的设备加入网络；一个应用想要接收所有 ZDO 设备的通知信息，见图 3.5。

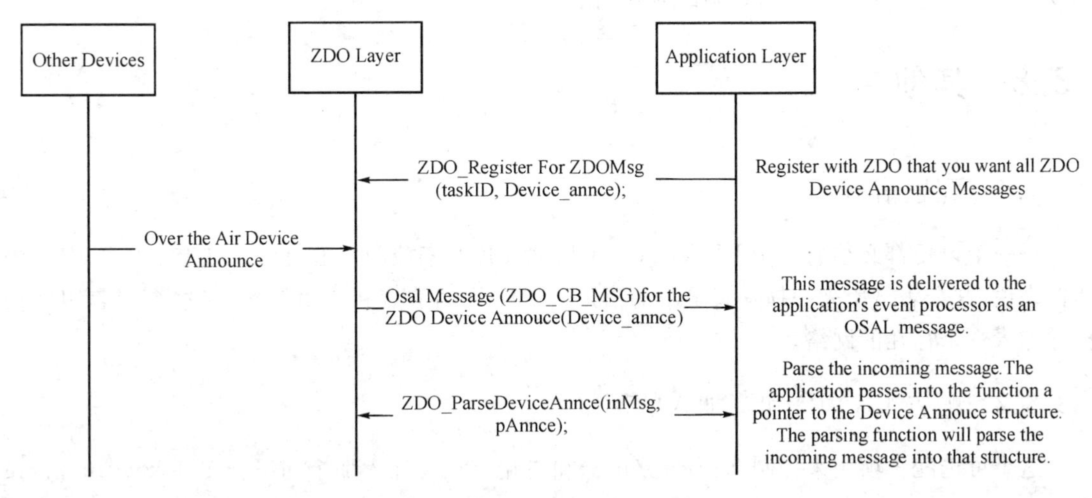

图 3.5 ZDO Device Announce delivered to an application

3.6 便携式设备

在 ZigBee2006 中终端节点就是便携式的设备。这就意味着当一个终端节点没有侦听到它的父节点回应(超出范围或者无法胜任),它将试着重新加入网络(加入到另一个新的父亲节点)。没有设置或者编译标志位来设置这个选项。

终端节点通过巡检(MAC数据请求)失败或者通过数据消息失败侦听它的父亲节点都没有回应。MAX _ POLL _ FAILURE _ RETRIES用来控制失败的敏感度。这个值可以在f8wConfig.cfg文件中修改。并且,这个值越大敏感度就越低,重新加入网络需要的时间就更长。

当网络层侦测到它的父亲节点没有回应,它将调用ZDO _ SynIndicationCB()函数,这个函数将启动重新加入。重新加入过程首先对已有的父亲节点进行孤儿扫描(orphan-scan),然后扫描潜在的父亲节点并且跟它的潜在父节点加入网络。在一个安全网络中,假设设备都拥有一个钥匙,新的钥匙不用再分发给设备。

3.7 端到端确认

对于非广播消息,有两种基本的消息重试类型:端到端的确认(APSACK)和单级确认(single hop acknowledgement)(MACACK)。MACACK默认情况下是一直打开的,通常能够充分保证网络的高可靠性。为了提供附加的可靠性,同时使发送设备能够得到数据包已经被发送到目的地的确认,可以使用APSACK。

APS acknowledgement在APS层完成,是从目标设备到源设备的一个消息确认系统。源设备将保留这个消息知道目标设备发送一个APSACK消息表明它已经收到了消息。对于每个发出的消息可以通过调用函数AF _ Data Request()的选项来使能/禁止这个功能。这个选项区域是一个位映射选项,对于将要发送的消息的选项区域或上(OR)AF _ ACK _ REQUEST就可以使能APSACK。消息重试(如果APSACK消息没有收到)的次数和重试之间的时间间隔的配置项在f8wConfig.cfg文件中。APSC _ MAX _ FRAME _ RETRIES是APS层在放弃发送数据之前,没有收到APSACK确认重新发送消息的次数。APSC _ ACK _ WAIT _ DURATION _ POLLED是重新发送之间的时间间隔。

3.8 其他

3.8.1 配置信道

每一个设备都必须有一个DEFAULT_CHANLIST来控制信道集合。对于一个ZigBee协调器来说,这个表格用来扫描噪音最小的信道。对于终端节点和路由器来说,这个列表用来扫描并加入一个存在的网络。

3.8.2 配置PANID和要加入的网络

这个可选配置项用来控制ZigBee路由器和终端节点要加入那个网络。文件f8wConfg.cfg中的ZDO _ CONFIG _ PAN _ ID参数可以设置为一个0～0x3FFF之间的一个值。协调器使用这个值,作为它要启动的网络的PANID。而对于路由器节点和终端节点来说只要加入一个已经用这个参数配置了PANID的网络。如果要关闭这个功能,只要将这个参数设置为0xFFFF。要更进一步控制加入过程,需要修改ZDApp.c文件中的ZDO _ NetworkDiscoveryConfirmCB函数。

3.8.3 最大有效载荷大小

对于一个应用程序最大有效载荷的大小基于几个因素。MAC 层提供了一个有效载荷长度常数 102。NWK 层需要一个固定头大小，一个有安全的大小和一个没有安全的大小。APS 层必须有一个可变的基于变量设置的头大小，包括 ZigBee 协议版本，KVP 的使用和 APS 帧控制设置等。最后，用户不必根据前面的要素来计算最大有效载荷大小。AF 模块提供一个 API，允许用户查询栈的最大有效载荷或者最大传送单元(MTU)。用户调用函数 afDataReqMTU(见 af.h 文件)，该函数将返回 MTU 或者最大有效载荷大小。

```
typedef struct
{
uint8 kvp;
APSDE _ DataReqMTU _ t aps;
}afDataReqMTU _ t;
uint8 afDataReqMTU(afDataReqMTU _ t * fields)
```

通常 afDataReqMTU _ t 结构只需要设置 KVP 的值，这个值表明 KVP 是否被使用。而 aps 保留。

3.8.4 离开网络

ZDO 管理器执行函数“ZDO _ ProcessMgmtLeaveReq”，这个函数提供对“NLME－LEAVE. request”原语的访问。“NLME－LEAVE. request”原语设备移除它自身或者它的一个儿子设备。ZDO _ ProcessMgmtLeaveReq 根据提供给它的 IEEE 地址移除设备。如果设备要移除它自己，它需等待大约 5 秒钟然后复位。一旦设备复位它将重新回来，并处于空闲模式。它将不再试图连接或者加入网络。如果设备要移除它的儿子设备，它将从本地的群(accociationtable)中删除该设备。只有在它的儿子设备是个终端节点的情况下，NWK 地址才会被重新使用。如果儿子节点是个路由器设备，NWK 地址将不再使用。

如果一个儿子节点的父亲节点离开了网络，儿子节点依然存在于网络。

尽管“NLME－LEAVE. request”原语提供了一些可选参数，但是 ZigBee2006(TI 当前的应用也一样)却限制了这些参数的使用。现在，在 ZDO _ ProcessMgmtLeaveReq 函数中使用的可选参数(“RemoveChildren”、“Rejoin”and“Silent”)都应该使用默认值。如果改变这些值，将会发生不可预料的结果。

3.8.5 描述符

ZigBee 网络中的所有设备都有一个描述符，用来描述设备类型和它的应用。这个信息可以被网络中的其他设备获取。

配置项在文件 ZDOConfig. h 和 ZDOConfig. c 中定义和创建。这两个文件还包含节点，电源描述符和默认用户描述符。确认改变这些描述符来定义你的网络。

3.8.6 非易失性存储项

1) 网络层非易失性存储器

ZigBee 设备有许多状态信息需要被存储到非易失性存储空间中，这样能够让设备在意外复位或者断电的情况下复原。否则它将无法重新加入网络或者起到有效作用。

为了启用这个功能，需要包含 NV _ RESTORE 编译选项。注意，在一个真正的 ZigBee 网络中，这个选项必须始终启用。关闭这个选项的功能也仅仅是在开发阶段使用。

ZDO 层负责保存和恢复网络层最重要的信息，包括最基本的网络信息（Network Information Base NIB，管理网络所需要的最基本属性）；儿子节点和父亲节点的列表；包含应用程序绑定表。此外，如果使用了安全功能，还要保存类似于帧个数这样的信息。

当一个设备复位后重新启动，这类信息恢复到设备当中。如果设备重新启动，这些信息可以使设备重新恢复到网络当中。在 ZDAPP _ Init 中，函数 NLME _ RestoreFromNV()的调用指示网络层通过保存在 NV 中的数据重新恢复网络。如果网络所需的 NV 空间没有建立，这个函数的调用将同时初始化这部分 NV 空间。

2) 应用的非易失性存储器

NV 同样可以用来保存应用程序的特定信息，用户描述符就是一个很好的例子。NV 中用户描述符 ID 项是 ZDO _ NV _ USERDESC（在 ZComDef. h 中定义）。

在 ZDApp _ Init()函数中，调用函数 osal _ nv _ item _ init()来初始化用户描述符所需要的 NV 空间。如果针对这个 NV 项，这个函数是第一次调用，这个初始化函数将为用户描述符保留空间，并且将它设置为默认值 ZDO _ Default User Descriptor。当需要使用保存在 NV 中的用户描述符时，就像 ZDO _ Process User DescReq()（在 ZDObject. c 中）函数一样，调用 osal _ nv _ read()函数从 NV 中获取用户描述符。

如果要更新 NV 中的用户描述符，就像 ZDO _ Process User DescSet()（在 ZDObject. c 中）函数一样，调用 osal _ nv _ write()函数更新 NV 中的用户描述符。

记住：NV 中的项都是独一无二的。如果用户应用程序要创建自己的 NV 项，那么必须从应用值范围 0x0201～0x0FFF 中选择 ID。

3.9 安全

3.9.1 概述

ZigBee security is built with the AES block cipher and the CCM mode of operation as the underlying security primitive。AES/CCM 安全算法是 ZigBee 联盟以外的研究人员发明的，并且广泛应用于其他通信协议之中。

ZigBee 提供如下的安全特性：

①构造安全（Infrastructure Security）；

②网络访问控制（Network Access Control）；

③应用数据安全。

3.9.2 配置

为了拥有一个安全的网络，首先所有的设备镜像的创建，必须将预处理标志位 SECURE 都置为 1。在文件“f8wConfig. cfg”文件中可以找到。

接下来，必须选择一个默认的密码。这个可以通过“f8wConfig. cfg”文件中的 DEFAULT _ KEY 来设置。理论上，这个值设置为一个随机的 128 位数据。

这个默认的密码可以预先配置到网络上的每个设备或者只配置到协调器上，然后分发给网络的所有设备。这个可以通过文件“nwk _ globals. c”文件的 gPreConfigKeys 选项来配置。如果这个值为真，那么默认的密码将被预先配置到每一个网络设备上。如果这个值为假，那么默认的密码只需配置到协调器设备当中。注意，在以后的场合，这个密码将被分发到每一个加入网络当中的设备。因此，加入网络期间成为“瞬间的弱点”，竞争对手可以通过侦听获取密码，从而降低了网络的安全性能。

3.9.3 网络访问控制

在一个安全的网络中，当一个设备加入网络时会被告知一个信任中心（协调器）。协调器拥有允许设备保留在网络或者拒绝网络访问这个设备的选择权。

信任中心可以通过任何逻辑方法决定一个设备是否允许进入这个网络中。其中一种就是信任中心只允许一个设备在很短的窗口时间加入网络。这个是可能的，举例说明，如果一个信任中心设备有一个“push”按键。当按键按下，在这个很短的时间窗口中，它允许任何设备加入网络。否则所有的加入请求都将被拒绝。以它们的 IEEE 地址为基础，一个秒级的时间段将被配置在信任中心用来接收或者拒绝设备。这种类型的策略可以通过修改 ZDSecMgr. c 模块中的 ZDSecMgr Device Validate()函数来实现。

3.9.4 更新密码

信任中心可以根据自己的判断更新通用网络密码。应用程序开发人员修改网络密码更新策略。默认信任中心执行能够用来符合开发人员的指定策略。一个样例策略将按照一定的间隔周期更新网络密码。另外一种将根据用户输入来更新网络密码。ZDO 安全管理器(ZDSecMgr. c)API 通过“ZDSecMgr Update NwkKey”和“ZDSecMgr Switch NwkKey”提供必要的功能。“ZDSecMgr Update NwkKey”允许信任中心向网络中的所有设备广播新的网络密码，此时，新的网络密码将被作为替代密码保存在所有网络设备中。一旦信任中心调用“ZDSecMgr Switch NwkKey”，一个全网范围的广播将触发所有的网络设备使用替代密码。

3.10 Z-Stack 应用分析

(1) 初始化

因为 Z-Stack 是在 OS 下运行的，所以在之前必须调用 osalAddTasks( )初始化任务。OSAL和 APL 系统服务是唯一的，因为比如按键和串口类似事件处罚就只能用唯一的一个任务标识。这两个硬件都留给用户自己定义使用。

应用设计

用户可能为每一个应用对象都创建一个任务，或者为所有的应用对象只创建一个任务。当选择上述的设计的时候，下面是一些设计思路：

为许多应用对象创建一个 OSAL 任务

下面是正面和反面(pros&cons)的一些叙述：

—Pro：接受一个互斥任务事件(开关按下或串口)时，动作是单一的。

—Pro：需要堆栈空间保存一些 OSAL 任务结构。

—Con：接收一个 AF 信息或一个 AF 数据确认时，动作是复杂的——在一个用户任务上，分支多路处理应用对象的信息事件。

—Con：通过匹配描述符（如：自动匹配）去发现服务的处理过程更复杂——为了适当的对ZDO_NEW_DSTADDR信息起作用，一个静态标志必须被维持。

为一个应用对象创建一个OSAL任务，一对一设计的反面和正面（pros&cons）是与上面一对多设计相反的：

—Pro：在应用对象试图自动匹配时，仅仅一个ZDO_NEW_DSTADDR被接收。

—Pro：已经被协议栈下层多元处理后的一个AF输入信息或一个AF数据确认。

—Con：需要堆栈空间保存一些OSAL任务结构。

—Con：如果两个或更多应用对象用同一个唯一的资源，接收一个互斥任务事件的动作就更复杂。

(2) 强制方法

任何一个OSAL任务必须用两种方法执行：一个是初始化，另一个是处理任务事件。

(3) 任务初始化

在例子中调用如下函数执行任务初始化：

“Application Name”_Init(如SAPI_Init)。该任务初始化函数应该完成如下功能：

变量或相应应用对象特征初始化，为了使OSAL内存管理更有效，在这里应该分配永久堆栈存储区。在AF层登记相应应用对象（如：afRegister()）。登记可用的OSAL或HAL系统服务（如：RegisterForKeys()）

(4) 任务事件处理

调用如下函数处理任务事件：

“Application Name”_ProcessEvent(e.g. SAPI_ProcessEvent()).除了强制的事件之外，任一OSAL任务能被定义多达15个任务事件。

(5) 强制事件

一个任务事件SYS_EVENT_MSG(0x8000)，被保留必须通过OSAL任务设计。SYS_EVENT_MSG(0x8000)任务事件管理者应该处理如下的系统信息子集，下面只列出了部分信息，但是是最常用的几个信息处理，推荐根据例子复制到自己项目中使用。

AF_DATA_CONFIRM_CMD调用AF_DataRequest()函数数据请求成功的指示。Zsuccess确认数据请求传输成功，如果数据请求设置AF_ACK_REQUEST标志位，那么，只有最终目的地址成功接收后，Zsuccess确认才返回。如果数据请求没有设置AF_ACK_REQUEST标志位，那么，数据请求只要成功传输到下跳节点就返回Zsuccess确认信息。

AF_INCOMING_MSG_CMD//AF信息输入指示

KEY_CHANGE//键盘动作指示

ZDO_NEW_DSTADDR//匹配描述符请求（Match Descriptor Request）响应指示。（例如：自动匹配）

ZDO_STATE_CHANGE//网络状态改变指示

(6) 网络格式化

示例应用程序编译为协调器的在default_chanlist指定的通道上形成一个网络，协调器将建立一个随机编号源于自身的IEEE地址或由zdapp_config_pan_id指定的网络PANID（如果zdapp_config_pan_id不为0xFFFF）。示例应用程序编译为路由器或结束设备的将尝试加入网络在default_chanlist指定的通道上，如果zdapp_config_pan_id没有定义为0xFFFF，路由器将受到限制，只有加入参数zdapp_config_pan_id规定的网络PANID。

(7) 自动启动

设备自动开始尝试组建或加入网络。如果设备设置为等待计时器或其他外部事件发生后才启动，那么 HOLD _ AUTO _ START 必须被定义。为了稍后以手动启动方式启动设备，那么需要调用 ZDApp _ StartUpFromApp(函数)。

(8) 软件启动

为了在形成网络过程中节省所需的设备类型，那么所有的路由器设备可以被通过 soft _ star 定义作为一个协调器。如果自动启动是需要的话，那么 auto _ soft _ start 必须被定义。

(9) 网络恢复

通过设置 NV _ RESTORE 和/或 NV _ INIT，可以让设备断电或者意外掉电重新启动后重新回复网络。

(10) 加入通告

当设备形成或加入网络后会发通报到 ZDO _ STATE _ CHANGE 信息事件。

第三部分　物联网硬件开发基础

4　龙芯处理器

4.1　龙芯 1C 处理器

龙芯 1C 一款实现 MIPS32 兼容且支持 EJTAG 调试的双发射处理器，通过采用转移预测、寄存器重命名、乱序发射、路预测的指令 CACHE、非阻塞的数据 CACHE、写合并收集等技术来提高流水线的效率，1C 芯片具有以下关键特性：

- 集成一个 GS232 双发射龙芯处理器核，主频 266 MHz，指令和数据 L1Cache 各 8KB；
- 集成一个 24 位 LCD 控制器，最大分辨率可支持到 1920 * 1080@60 Hz/16bit；
- 集成 2 个 10 M/100 M/1 000 M 自适应 MAC；
- 集成 1 个 32 位 133 MHz DDR2 控制器，兼容 16 位 DDR2；
- 集成 1 个 USB2.0 接口，兼容 EHCI 和 OHCI；
- 集成 1 个 8 位 NAND FLASH 控制器，最大支持 32 GB；
- 集成中断控制器，支持灵活的中断设置；
- 集成 2 个 SPI 控制器，支持主从模式，支持系统启动；
- 集成 AC97 控制器；
- 集成 2 个全功能串口，4 个两线串口（最高 12 个双线串口）；
- 集成 3 路 I2C 控制器，兼容 SMBUS；
- 集成 2 个 CAN 总线控制器；
- 集成 62 个 GPIO 端口；
- 集成 1 个 RTC 接口；
- 集成 4 个 PWM 控制器；
- 集成看门狗电路。

4.1.1　体系结构框图

龙芯 1C 内部采用多级总线结构（见图 4.1）。处理器核、内存控制器、图形显示控制器、CAMERA 接口模块和 AXI _ MUX 使用交叉开关互连。OTG、MAC、USB、DMA 控制器、SPI 通过 AXI _ MUX 连接至交叉开关。低速外设（I2C、I2S、PWM、UART 等）通过 AXI2APB 连接至交叉开关。

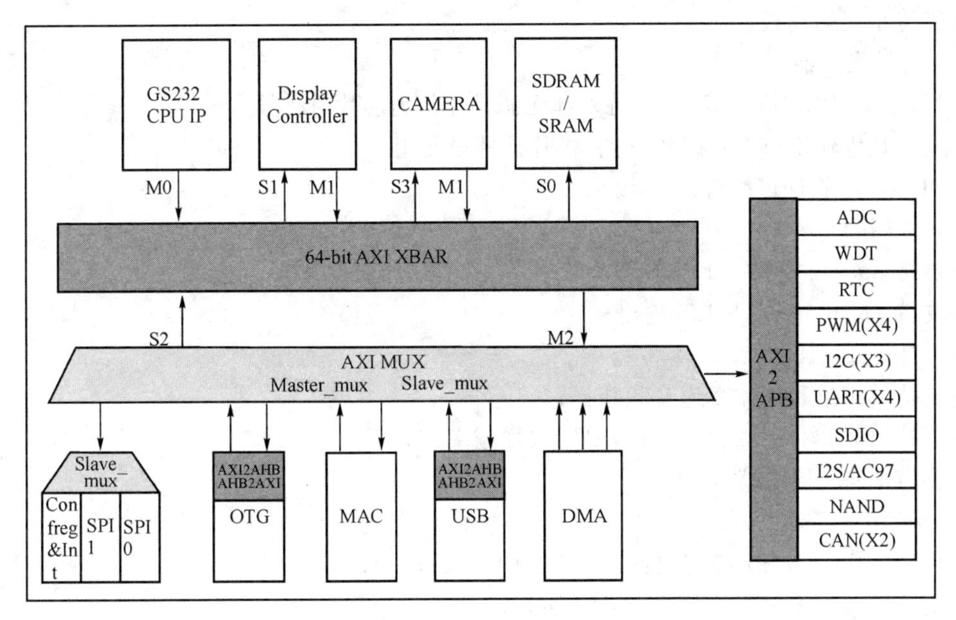

图 4.1 龙芯 1C 结构图

4.1.2 芯片主要功能

(1) 处理器核

- 单核心 LS232,MIPS32 指令集兼容,主频 300 MHz;
- 支持高效双发射(一个时钟节拍执行两条指令)技术;
- 支持寄存器重命名、动态调度、转移预测等乱序发射、乱序执行技术;
- 五级流水线(取指、译码、发射、执行并写回、提交)微体系构架;
- 16 KB 数据 cache 和 16 KB 指令 cache;
- 集成 64 位浮点处理部件,支持全流水的 64 位浮点加法和浮点乘法运算,硬件实现浮点除法运算。

(2) SDRAM 控制器

- SDRAM 接口,工作频率 45～133 MHz;
- 支持 8/16 位并行数据总线宽度;
- 支持自动刷新和自刷新功能,支持页面模式;
- SRAM/NORFlash 接口;
- SRAM 以及 NORFlash 直连接口,工作频率 66～133 MHz;
- 支持静态存储器片选引脚,可以单独配置;
- 支持 8bit/16bit 并行数据总线宽度;
- 支持 SRAM 的 BANK 基地址及大小可编程。

(3) NAND 控制器

- 最大支持 H 单颗容量为 4GB NANDFLASH;
- 支持 512 字节、2K 字节页及更大页面类型 FLASH;
- 硬件 ECC 生成、检测和指示(软件纠错);
- 支持 FLASH 数据读取速度 8～10 MB/s,写入速度 5 MB/s;
- 支持从 NANDFlash 启动;

- 支持小尾端模式。

(4) 时钟发生器

- 1 个标准 PLL 输入接口，支持外部无源晶体作为芯片时钟输入；
- 支持片内输出可配置时钟一路，供片外外设使用；
- PLL 频率软件可配置。

(5) I2S 接口

- 支持 master 模式下 I2S 输入；
- 支持 master 模式下 I2S 输出；
- 支持 8、16、18、20、24、32 位宽；
- 支持单声道和立体声道音频数据；
- 支持(16、22.05、32、44.1、48)kHz 采样频率；
- 支持 DMA 传输模式。

(6) AC97

- 可变采样率 AC97 编解码器接口(48 kHz 及以下)；
- 支持立体声 PCM 和单声道 MIC 输入；
- 支持 2 通道立体声 PCM 输出；
- 支持 DMA 和中断操作；
- 支持 16、18 和 20 位采样精度，支持可变速率；
- 支持 16 位、16 个入口 FIFO 每通道。

(7) LCD 控制器

- 支持 16/24 位像素模式；
- 支持 RGB444/555/565/888 显示输出；
- 支持 1 024×768、800×600、640×480、320×240 分辨率；
- 支持 DMA 传输模式。

(8) Camera 接口

- 支持 ITU-RBT.601/6568 位输入；
- 支持 RAWRGB、RGB565 及 YUV4:2:2数据输入；
- 支持 YUV、RGB888、RGB0888、RGB565 输出；
- 支持 320×240 和 640×480 分辨率缩放；
- 支持最大 2K×2K 分辨率输入，分辨率可配置；
- 支持 DMA 传输模式。

(9) MAC 控制器

- 支持 10/100 MbpsPHY 器件，包括 10Base-T、100Base-TX、100Base-FX 和 100Base-T4；
- 完全兼容 IEEE 标准 802.3；
- 完全兼容 802.3x 全双工流控和半双工背压流控；
- 支持 VLAN 帧；
- 支持 DMA 传输模式；
- 支持标准的媒体独立接口(MII)；
- 支持标准的简化 MII 接口(RMII)可连接外部 PHY 芯片。

(10) USB2.0 控制器

- 1 个 USBOTG2.0 控制器；

- 1 个 USBHOST2.0 控制器；
- 支持高速和全速模式；
- 支持 DMA 传输模式；
- 兼容 USBRev1.1、USBRev2.0 协议。

(11) SPI

- 支持两路独立 SPI 接口，每路 SPI 接口均支持 4 个片选；
- 遵循串行外设接口(SPI)规范；
- 支持同步、串行、全双工通信；
- 支持 SPI 主、从模式；
- 每次传输 8～16 位；
- 支持查询、中断传输模式；
- 支持 SPInorflash 启动；
- 支持 SPI 接口双向输入输出，最高数据传输速度 24～96 Mbps；
- 支持最低速率通信要求，速率达 25 KB 以下，方便匹配特殊设备。

(12) I2C 总线

- 三路标准 I2C 总线接口；
- 支持主、从、或主/从模式配置；
- 总线的时钟频率可编程；
- UART；
- 支持一个全功能串口，可复用为 4 个两线串口，支持智能卡协议；
- 基于中断操作的 RxD0，TxD0，RxD1，TxD1，RxD2 和 TxD2；
- UART 通道 0，1 和 2 带 IrDA1.0；
- UART 通道 0 和 1 带 RTS0，CTS0，RTS1 和 CTS1；
- IrDA 接口速率可达 115 200 b/s 波特率；
- UART 接口速率可达 921.6 K/s 波特率。

(13) GPIO

- 最多支持 102 个 GPIO；
- 所有 GPIO(启动和系统配置除外)在复位后默认为输入；
- 所有 GPIO 支持中断功能；
- 每个 GPIO 管脚均支持电平触发、边沿触发模式，可独立配置；
- GPIO 管脚速率至少可达 4 MHz。

(14) PWM

- 4 路 32 位可配置 PWM 定时器；
- 支持定时器功能；
- 支持计数器功能；
- 支持防死区发生控制。

(15) RTC

- 计时精确到 0.1 s；
- 可产生 3 个计时中断；
- 支持外部无源晶体作为 RTC 时钟输入；
- 支持外部电池供电运行，断电后由电池供电；

● 专门的电源管脚,可以与电池或者 3.3 V 主电源相连;
● 提供秒、分、时、日期(月)、月、年、星期和日期(年)。

(16) CAN

● 2 路独立 CAN 控制器;
● 兼容 CAN2.0A 和 CAN2.0B 协议(PCA82C200 兼容模式中的无源扩展帧);
● 支持 CAN 协议扩展;
● 位速率可达 1 Mb/s。

(17) SDIO

● 1 路独立 SDIO 控制器;
● 兼容 SD 卡/MMC/SDIO 协议;
● 支持 SDIO 启动。

(18) ADC

● 采样率最高 1 MHz;
● 4 路 ADC 输入;
● 支持 4 线和 5 线触摸屏;
● 支持连续采样和单次采样;
● 支持模拟看门狗。

4.2 龙芯 1B 处理器

龙芯 1B 芯片是基于 GS232 处理器核的片上系统,具有高性价比,可广泛应用于工业控制、家庭网关、信息家电、医疗器械和安全应用等领域。1B 采用 SMIC0.13 μm 工艺实现,采用 Wire Bond BGA256 封装。1B 芯片具有以下关键特性:

● 集成一个 GS232 双发射龙芯处理器核,指令和数据 L1 Cache 各 8KB;
● 集成一路 LCD 控制器,最大分辨率可支持到 1920×1080@60 Hz/16bit;
● 集成 2 个 10 M/100 M/1 000 M 自适应 GMAC;
● 集成 1 个 16/32 位 133 MHz DDR2 控制器;
● 集成 1 个 USB 2.0 接口,兼容 EHCI 和 OHCI;
● 集成 1 个 8 位 NAND FLASH 控制器,最大支持 32 GB;
● 集成中断控制器,支持灵活的中断设置;
● 集成 2 个 SPI 控制器,支持系统启动;
● 集成 AC97 控制器;
● 集成 1 个全功能串口、1 个四线串口和 10 个两线串口;
● 集成 3 路 I2C 控制器,兼容 SMBUS;
● 集成 2 个 CAN 总线控制器;
● 集成 62 个 GPIO 端口;
● 集成 1 个 RTC 接口;
● 集成 4 个 PWM 控制器;
● 集成看门狗电路。

4.2.1 体系结构框图

1B 芯片内部顶层结构由 AXI XBAR 交叉开关互连(见图 4.2),其中 GS232、DC、AXI_MUX 作为主设备通过 3X3 交叉开关连接到系统；DC、AXI_MUX 和 DDR2 作为从设备通过 3X3 交叉开关连接到系统。在 AXI_MUX 内部实现了多个 AHB 和 APB 模块到顶层 AXI 交叉开关的连接,其中 DMA_MUX、GMAC0、GMAC1、USB 被 AXI_MUX 选择作为主设备访问交叉开关;AXI_MUX(包括 confreg、SPI0、SPI1)、AXI2APB、GMAC0、GMAC1、USB 等作为从设备被来自 AXI_MUX 的主设备访问。在 AXI2APB 内部实现了系统对内部 APB 接口设备的访问,这些设备包括 Watch Dog、RTC、PWM、I2C、CAN、NAND、UART 等。

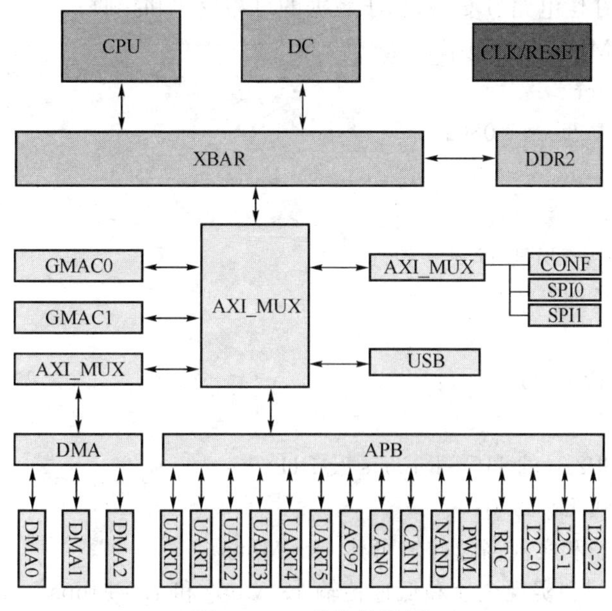

图 4.2 1B 芯片结构图

4.2.2 芯片主要功能

龙芯 232 核是一款实现 MIPS32 兼容且支持 EJTAG 调试的双发射处理器,通过采用转移预测、寄存器重命名、乱序发射、路预测的指令 CACHE、非阻塞的数据 CACHE、写合并收集等技术来提高流水线的效率。

- 双发射五级流水、乱序发射、乱序执行；
- 8 KB 指令 Cache+8 KB 数据 Cache,4 路组相连,指令 CACHE 支持路预测；
- 6 项 BRQ、16 项的 QUEUE；
- 动态转移预测、地址返回栈；
- 32 项 JTLB,4 项 ITLB、8 项 DTLB；
- 两个定点 ALU 部件；
- 支持非阻塞的 Cache 访问技术,4 项 load 队列、2 项 store 队列、3 项 miss 队列,最多容忍 5 条 store 指令 Cache 不命中和 4 条 load 指令 Cache 不命中；
- 支持 cached store 指令的写合并和 uncache 写加速技术；
- 支持 cache lock 技术和预取指令；
- 支持流水线暂停模式；

- 支持向量中断，可配置支持快速中断响应，最多 8 个时钟周期进入中断处理程序；
- 支持 EJTAG 调试。

(1) DDR2

- 32 位 DDR2 控制器；
- 遵守 DDR2 DDR 的行业标准(JESD79-2B)；
- 一共含有 18 位的地址总线(即：15 位的行列地址总线和 3 位的逻辑 Bank 总线)；
- 接口上命令、读写数据全流水操作；
- 内存命令合并、排序提高整体带宽；
- 配置寄存器读写端口，可以修改内存设备的基本参数；
- 内建动态延迟补偿电路(DCC)，用于数据的可靠发送和接收；
- 支持 33～133 MHz 工作频率。

(2) LCD Controller

- 屏幕大小可达 1 920×1 080；
- 硬件光标；
- 伽玛校正；
- 最高像素时钟 172 MHz；
- 支持线性显示缓冲；
- 上电序列控制；
- 支持 16 位/24 位 LCD。

(3) USB2.0

- 1 个独立的 USB2.0 的 HOST ports 及 PHY；
- 兼容 USB1.1 和 USB2.0；
- 内部 EHCI 控制和实现高速传输可达 480 Mbps；
- 内部 OHCI 控制和实现全速和低速传输 12 Mbps 和 1.5 Mbps。

(4) AC97

- 支持 16，18 和 20 位采样精度，支持可变速率；
- 最高达 48 kHz；
- 2 频道立体声输出；
- 支持麦克风输入。

(5) GMAC

- 两路 10/100/1 000 Mbps 自适应以太网控制器；
- 双网卡均兼容 IEEE 802.3；
- 对外部 PHY 实现 RGMII 和 MII 接口；
- 半双工/全双工自适应；
- 半双工时，支持碰撞检测与重发(CSMA/CD)协议；
- 支持 CRC 校验码的自动生成与校验。

(6) SPI

- 支持 2 路 SPI 接口；
- 支持系统启动；
- 极性和相位可编程的串行时钟；
- 可在等待模式下对 SPI 进行控制。

(7) UART

- 集成 1 个全功能串口、1 个四线串口和 10 个两线串口；
- 在寄存器与功能上兼容 NS16550A；
- 全双工异步数据接收/发送；
- 可编程的数据格式；
- 16 位可编程时钟计数器；
- 支持接收超时检测；
- 带仲裁的多中断系统。

(8) I2C

- 兼容 SMBUS(100 K/s)；
- 与 PHILIPS I2C 标准相兼容；
- 履行双向同步串行协议；
- 只实现主设备操作；
- 能够支持多主设备的总线；
- 总线的时钟频率可编程；
- 可以产生开始/停止/应答等操作；
- 能够对总线的状态进行探测；
- 支持低速和快速模式；
- 支持 7 位寻址和 10 位寻址；
- 支持时钟延伸和等待状态。

(9) PWM

- 提供 4 路可配置 PWM 输出；
- 数据宽度 32 位；
- 定时器功能；
- 计数器功能。

(10) CAN

- 支持 2 个独立 CAN 总线接口；
- 每路 CAN 接口均支持 CAN2.0A/B 协议；
- 支持 CAN 协议扩展。

(11) RTC

- 计时精确到 0.1 s；
- 可产生 3 个计时中断；
- 支持定时开关机功能。

(12) GPIO

- 62 位 GPIO；
- 支持位操作。

(13) NAND

- 支持最大单颗 NAND FLASH 为 32 GB；
- 共 4 个片选 CS；
- 数据宽度 8bit；
- 支持 SLC；

- 支持页大小 2 048 Byte。

(14) INT controller

- 支持软件设置中断；
- 支持电平与边沿触发；
- 支持中断屏蔽与使能；
- 支持固定中断优先级。

(15) Watchdog

- 16 比特计数器及初始化寄存器；
- 低功耗模式暂停功能。(16) 功耗
- 典型工作状态 0.3～0.5 W。

(17) 其他

- 测试访问口控制器 JTAG。

5 龙芯 1B 通用核心板

5.1 用途

基于龙芯 1B(3251)芯片，面向龙芯嵌入式开发评估、学习和产品使用的通用核心板(见图 5.1)。采用核心板加底板的设计方式，使用灵活方便。核心板既可用于开发教学，也可作为产品核心板使用。

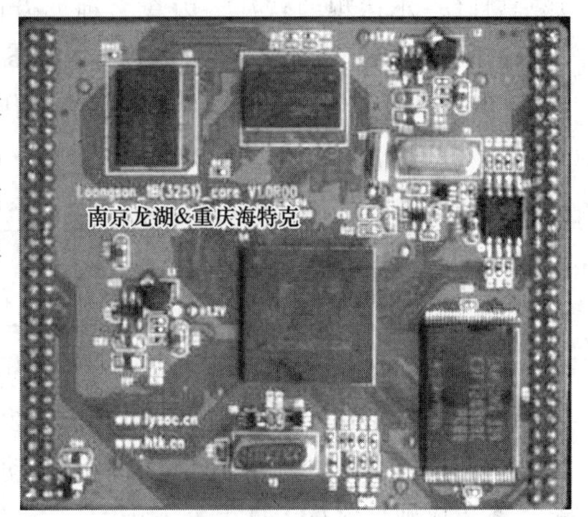

图 5.1 龙芯 1B(3251)核心板

5.2 特点

(1) 首个基于国产龙芯 1BSoC 的核心板

龙芯是中国科学院计算所研发的国产 CPU，是我国第一个通用的处理器芯片产品，达到世界领先水平。龙芯 1B(3251)SoC 芯片是最新推出 SoC 芯片，与同类国外进口产品相比，具有高性价比、集成度高、生产自主可控等优势。可广泛应用于物联网、云计算、工业控制、家庭网关、信息家电、医疗器械和安全应用等领域。

(2) 采用核心板加底板的设计方式

核心板可作为产品核心板使用，降低了开发难度，减少了开发周期。

(3) 性价比高

核心板采用 4 层板低成本设计，销售价格也低于同类 ARM9 开发板的售价，非常适合嵌入式开发者的学习使用和大批量产品生产。

5.3 配置

(1) 龙芯 1B(3251)SoC 处理器，LS232 内核，主频 300 MHz；

(2) 长宽尺寸为 7.2 cm×5.2 cm；

(3) 引出脚多达 120 个，引出全部功能，完全满足用户的各种扩展需求；

(4) 256MB DDR2 内存，1MB Nand Flash；

(5) 128MB Nand Flash；

(6) 支持 5 V 电压供电。

6 龙芯嵌入式开发板

Loongson 开发板(以下简称 Loongson)是基于龙芯嵌入式芯片设计。它具有多功能、低功耗、高性能、小体积的特征。内含多种外设模块:10/100 M 以太网口、USB2.0、AC97 音频输入/输出、音频功放输出、VGA 视频接口、RS232 三线串口,CAN 总线接口等。它集成 256 MB 的 DDR2RAM,CPU 支持 260 MHz 的工作频率。Loongson 开发板由层板组成:核心板,扩展板。

(1) 核心板。

型号	功能特征	状态
Loongson _ 1B _ core _ V2.0R00	龙芯 CPU,133 MHz DDR2	量产

- 龙芯 1 B 处理器:实现 MIPS32 兼容且支持 EJTAG 调试的双发射处理器;
- 1 GB/133 M DDR2SDRAM 内存,128 MB NandFlash(最高至 32 GB),1 MB NorFlash;
- 开机模式:支持从 NorFlash 网络启动;
- 集成硬件浮点运算指令集;
- 16 位 RGB 的 LCD 控制器接口,分辨率最高达 1 920×1 080;
- 一个立体声麦克风音频输入,一个 32 Ω 的立体声耳机输出,一个二声道扬声器接口(2W8Ohm 扬声器);
- 1 个全功能 UART 串口(DB9);
- 1 个普通 RS232 三线串口;
- 1 个 10/100/1 000 M 以太网口;
- 4 个 USB2.0 接口;
- 一个 TF 卡(Micro-SD)接口(最高达 32 GB);
- 操作系统支持:Linux2.6.21.5;
- 电路板尺寸:72 mm×62 mm×1.6 mm。

(2) 扩展板。

型号	功能特征	产品状态
Loongson _ 1B _ EXT _ V2.0R00	开发板/DRP 终端/物联网终端	开发中

- 直流输入:5 V;
- 直流输出到主板:5 V、3.3 V;
- LCD 接口:一个 16bit TFT-LCD 连接器;
- D-Sub 母头接口:一个 16 位 VGA 连接器;
- 红外接收器;
- 电源开/关;
- 电路板尺寸:108 mm×120 mm×2.0 mm。

6.1 产品主要特征

(1) 高性价比

- CPU 33 MHz~260 MHz 工作频率;
- 一路 LCD 控制器最高分辨率可支持 1 920×1 080@60 Hz/16bit;
- 支持 256 MB、133 MHz DDR2DRAM;
- 支持 16 位 LCD;
- VGA 输出分辨率可达 1 920×1 080。

(2) 体积小

- 核心板尺寸:72 mm×62 mm×1.6 mm;
- 扩展板尺寸:108 mm×120 mm×2.0 mm。

(3) 多功能

- 支持各种尺寸和分辨率的 TFT-LCD,VGA 视频接口;
- 2 声道立体声输出,支持麦克风输入。

(4) 可扩展性

- 存储器:板载 128 MB Nand Flash,可支持高达 32 GB 的大容量 Nand Flash;
- 通过扩展板可支持高达 32 GB 的 TF/MicroSD 卡储存;
- 支持高速(480 Mbps)USB 储存;
- 支持 USB2.0 高速(480 Mbps)Host 接口,方便扩展键盘、鼠标、通信设备、储存设备等各种外扩设备;
- 支持立体声音频输入/输出和二声道扬声器驱动;
- 红外遥控接口;
- 网络:10/100/1 000 M 以太网;
- 一个全功能串口和一个 3 线 RS-232 串口;
- 无线通信模块:可配置 USB 接口的 Wi-Fi 和 CDMA/GPRS 模块;
- 操作系统和软件支持;
- 全面支持 Linux2.6.21.5;
- 有 NORFlash、网络等多种启动方式可供选择;
- 可按客户需求进行软硬件定制开发。

6.2 电路板简介

(1) 内存地址映射(默认)。

片选信号	物理设备地址	设备
DDR2 _ SCS#	0xa00000000~0x0fffffff(无缓存的)	256 MB DDR2dram
SPI0 _ CS0	0x0bfc00000~0x0bfcfffff	1 M NORFlash
NAND _ CE#	0x0bfe78000~0x0bfe7bfff	NANDFlash

(2) J20。

引脚	信号	引脚	信号
1	I2C _ SDA	2	GND
3	GND	4	I2C _ SCL
5	SPI0 _ CS1	6	SPI0 _ CS2
7	EXT _ SPI0 _ MOSI	8	GND
9	EXT _ SPI0 _ CLK	10	SPI0 _ MISO
11	GND	12	SPI0 _ CS3
13	P1 _ TXCTL	14	P1 _ TX _ CLK _ O
15	P1 _ TX _ CLK _ I	16	GND
17	UART1 _ RX/P1 _ TX0	18	UART1 _ TX/P1 _ TX1
19	GND	20	UART1 _ RTS/P1 _ TX2
21	UART1 _ CTS/P1 _ TX3	22	UART2 _ RX
23	UART2 _ TX	24	GND
25	UART3 _ TX	26	UART3 _ RX
27	GND	28	UART4 _ TX
29	UART4 _ RX	30	UART5 _ TX
31	UART5 _ RX	32	GND
33	GND	34	USB _ DM
35	USB _ DP	36	GND
37	GND	38	GND
39	EJTAG _ TRST	40	EJTAG _ TDI
41	EJTAG _ TDO	42	EJTAG _ TMS
43	EJTAG _ TCK	44	GND
45	GND	46	AC97 _ RESET
47	AC97 _ DATA _ I	48	AC97 _ SYNC
49	AC97 _ DATA _ O	50	AC97 _ BIT _ CLK
51	PWM0	52	GND
53	PWM2	54	PWM1
55	CAN0 _ TX	56	PWM3
57	GND	58	CAN0 _ RX
59	CAN1 _ RX	60	CAN1 _ TX

(3) J2。

引脚	信号	引脚	信号
1	UART0 _ DCD/P1 _ MDC/LCD _ R1	2	P1 _ RX _ CLK
3	UART0 _ DSR/P1 _ RXD3/LCD _ G0	4	GND
5	UART0 _ CTS/P1 _ RXD2/LCD _ B2	6	UART0 _ RX/P1 _ RXCTL/LCD _ B0
7	UART0 _ RTS/P1 _ RXD1/LCD _ B1	8	UART0 _ RI/P1 _ MDIO/LCD _ R2
9	GND	10	UART0 _ TX/P1 _ RXD0/LCD _ R0

续表

引脚	信号	引脚	信号
11	LCD _ VSYNC	12	UART0 _ DTR/LCD _ G1
13	LCD _ R3	14	LCD _ HSYNC
15	LCD _ R4	16	GND
17	LCD _ R6	18	LCD _ R5
19	LCD _ G2	20	LCD _ R7
21	GND	22	LCD _ G3
23	LCD _ G4	24	LCD _ G5
25	LCD _ G6	26	LCD _ G7
27	LCD _ EN	28	GND
29	LCD _ B3	30	LCD _ B4
31	LCD _ B5	32	LCD _ B6
33	GND	34	LCD _ B7
35	LCD _ CLK	36	P0 _ TX _ CLK _ I
37	P0 _ MDC	38	P0 _ MDIO
39	SYS _ RST#	40	GND
41	P0 _ TXD3	42	P0 _ TXCTL
43	P0 _ TXD1	44	P0 _ TXD2
45	GND	46	P0 _ TXD0
47	P0 _ RX _ CLK	48	P0 _ TX _ CLK _ O
49	P0 _ RXD2	50	P0 _ RXD3
51	P0 _ RXD1	52	GND
53	P0 _ RXCTL	54	P0 _ RXD0
55	GND	56	+3.3 V
57	GND	58	+3.3 V
59	BAT+3.3 V	60	+3.3 V

(4) J1(核心板接口)。

引脚	信号	引脚	信号
1	GND	2	I2C _ SDA/GPIO _ 33
3	I2C _ SCL/GPIO32	4	GND
5	SPI0 _ CS2	6	SPI0 _ CS1
7	GND	8	EXT _ SPI0 _ MOSI
9	EXT _ SPI0 _ MISO	10	EXT _ SPI0 _ CLK
11	SPI0 _ CS3	12	GND
13	P1 _ TX _ CLK _ O	14	P1 _ TXCTL
15	GND	16	P1 _ TX _ CLK _ I
17	UART1 _ TX/P1 _ TX1	18	UART1 _ RX/P1 _ TX0
19	UART1 _ RTS/P1 _ TX2	20	GND

续表

引脚	信号	引脚	信号
21	UART2 _ RX	22	UART1 _ CTS/P1 _ TX3
23	GND	24	UART2 _ TX
25	UART3 _ RX	26	UART3 _ TX
27	UART4 _ TX	28	GND
29	UART5 _ TX	30	UART4 _ RX
31	GND	32	UART5 _ RX
33	USB _ DM	34	GND
35	GND	36	USB _ DP
37	GND	38	GND
39	EJTAG _ TDI	40	EJTAG _ TRST
41	EJTAG _ TMS	42	EJTAG _ TDO
43	GND	44	EJTAG _ TCK
45	AC97 _ RESET	46	GND
47	AC97 _ SYNC	48	AC97 _ DATA _ I
49	AC97 _ BIT _ CLK	50	AC97 _ DATA _ O
51	GND	52	MII _ 0 _ COL/PWM0
53	MII _ 0 _ CRS/PWM1	54	GPRS _ PWRKEY/PWM2/GPIO2
55	PWM3	56	ADS7843 _ INT#/CAN0 _ TX/GPIO _ 39
57	AU _ USB _ RST#/CAN0 _ RX/GPIO38	58	GND
59	CAN1 _ TX/GPIO _ 41	60	CAN1 _ RX/GPIO _ 40

(5) J2(核心板接口)。

引脚	信号	引脚	信号
1	P1 _ RX _ CLK	2	UART0 _ DCD/P1 _ MDC/LCD _ R1
3	GND	4	UART0 _ DSR/P1 _ RXD3/LCD _ G0
5	UART0 _ RX/P1 _ RXCTL/LCD _ B0	6	UART0 _ CTS/P1 _ RXD2/LCD _ B2
7	UART0 _ RI/P1 _ MDIO/LCD _ R2	8	UART0 _ RTS/P1 _ RXD1/LCD _ B1
9	UART0 _ TX/P1 _ RXD0/LCD _ R0	10	GND
11	UART0 _ DTR/LCD _ G1	12	LCD _ VSYNC
13	LCD _ HSYNC	14	LCD _ R3
15	GND	16	LCD _ R4
17	LCD _ R5	18	LCD _ R6
19	LCD _ R7	20	LCD _ G2
21	LCD _ G3	22	GND
23	LCD _ G5	24	LCD _ G4
25	LCD _ G7	26	LCD _ G6
27	GND	28	LCD _ EN
29	LCD _ B4	30	LCD _ B3

续表

引脚	信号	引脚	信号
31	LCD _ B6	32	LCD _ B5
33	LCD _ B7	34	GND
35	P0 _ TX _ CLK _ I	36	LCD _ CLK
37	P0 _ MDIO	38	P0 _ MDC
39	GND	40	SYS _ RST#
41	P0 _ TXCTL	42	P0 _ TXD3
43	P0 _ TXD2	44	P0 _ TXD1
45	P0 _ TXD0	46	GND
47	P0 _ TX _ CLK _ O	48	P0 _ RX _ CLK
49	P0 _ RXD3	50	P0 _ RXD2
51	GND	52	P0 _ RXD1
53	P0 _ RXD0	54	P0 _ RXCTL
55	+3.3 V	56	GND
57	+3.3 V	58	GND
59	+3.3 V	60	BAT+3.3 V

(6) J10(核心板 JTAG)。

引脚	信号	引脚	信号
1	EJTAG _ TRST	2	GND
3	EJTAG _ TDI	4	GND
5	EJTAG _ TDO	6	GND
7	EJTAG _ TMS	8	GND
9	EJTAG _ TCK	10	GND
11	NC	12	NC
13	NC	14	+3.3 V

(7) J38:跳线帽,上拉 3.3 V 电源。

(8) J39:跳线帽,下拉接地。

(9) J12(GPIO)。

引脚	信号	引脚	信号
1	+5 V	2	+3.3 V
3	UART0 _ DTR/LCD _ G1	4	GND
5	UART0 _ CTS/P1 _ RXD2/LCD _ B2	6	UART0 _ RI/P1 _ MDIO/LCD _ R2
7	UART0 _ RTS/P1 _ RXD1/LCD _ B1	8	UART0 _ DCD/P1 _ MDC/LCD _ R1
9	UART0 _ DSR/P1 _ RXD3/LCD _ G0	10	UART0 _ TX/P1 _ RXD0/LCD _ R0
11	GND	12	UART0 _ RX/P1 _ RXCTL/LCD _ B0

(10) J16(GPRS 接口)。

引脚	信号	引脚	信号
1	GND	2	UART1_TX/P1_TX1
3	UART1_RX/P1_TX0	4	GND
5	UART1_RTS/P1_TX2	6	UART1_CTS/P1_TX3
7	GND	8	GPRS_PWRKEY/PWM2/GPIO2

(11) J14(GPIO)。

引脚	信号	引脚	信号
1	+5 V	2	+3.3 V
3	I2C_SCL/GPIO_32	4	I2C_SDA/GPIO_33
5	GND	6	UART2_TX
7	UART2_RX	8	UART4_RX
9	UART4_TX	10	GND
11	UART5_TX	12	UART5_RX
13	CAN1_TX/GPIO_41	14	CAN1_RX/GPIO_40

(12) J15。

引脚	信号	引脚	信号
1	UART3_RX	2	UART3_TX
3	GND		

(13) J3:网口座子。

(14) J13(音频输出)。

引脚	信号	引脚	信号
1	HP_OUT_L	2	HP_OUT_R
3	AGND	4	NC

(15) J6(音频输入)。

引脚	信号	引脚	信号
1	MIC_IN_1	2	MIC_IN_2
3	AGND	4	NC

(16) J4(VGA 标准 D-SUB 接母座,与 J9 选焊)。

引脚	信号	引脚	信号
1	VGA_R	2	VGA_G
3	VGA_B	4	NC
5	AGND_VGA	6	AGND_VGA
7	AGND_VGA	8	AGND_VGA
9	NC	10	AGND_VGA
11	NC	12	NC

续表

引脚	信号	引脚	信号
13	VGA _ HSYNC	14	VGA _ VSYNC
15	NC	16	CHGND _ EXT3
17	CHGND _ EXT3		

注意:J4 与 J9 选择其中一个焊接,二者不可同时焊接。

(17) J9(VGA 信号板对线连接器,去掉 J4 后选焊)。

引脚	信号	引脚	信号
1	AGND _ VGA	2	VGA _ VSYNC
3	VGA _ HSYNC	4	AGND _ VGA
5	VGA _ R	6	AGND _ VGA
7	VGA _ G	8	AGND _ VGA
9	VGA _ B	10	AGND _ VGA

注意:J9 与 J4 选择其中一个焊接,二者不可同时焊接。

(18) J18(7 寸 TFTLCD 接口)。

引脚	信号	引脚	信号
1	+3.3 V	2	+3.3 V
3	+5 V	4	+5 V
5	LCD _ B0	6	LCD _ B1
7	LCD _ B2	8	LCD _ B3
9	LCD _ B4	10	LCD _ B5
11	LCD _ B6	12	LCD _ B7
13	GND	14	LCD _ G0
15	LCD _ G1	16	LCD _ G2
17	LCD _ G3	18	LCD _ G4
19	LCD _ G5	20	LCD _ G6
21	LCD _ G7	22	GND
23	LCD _ R0	24	LCD _ R1
25	LCD _ R2	26	LCD _ R3
27	LCD _ R4	28	LCD _ R5
29	LCD _ R6	30	LCD _ R7
31	GND	32	LCD _ CLK
33	LCD _ VSYNC	34	LCD _ HSYNC
35	LCD _ EN	36	GND
37	PWM3	38	L/R
39	U/D	40	GND

(19) J19:单层 USBhostA 型接口。

(20) J17:单层 USBhostA 型接口。

(21) J7(触摸屏接口)。

引脚	信号	引脚	信号
1	X+	2	Y+
3	X−	4	Y−

(22) J5:5 V 电源输入。

(23) J20(控制单片机启动)。

引脚	信号	引脚	信号
1	+5 V	2	GND
3	54331_+3.3 V_EN/STM8S_PXXX		

(24) J8:电池座子接口。

(25) J11 双层 DB9 串口公座,上下层都是普通 RS232 三线串口。K3 复位开关。

(26) J29(TF 卡座子):焊接一个翻盖式 MSHN08－A0－1010TF 卡座子。

6.3 应用领域

- 单板机;
- 开发板;
- RDP 终端;
- 工业控制;
- 通信装置;
- 物联网终端。

7 开发工具

7.1 IAR

7.1.1 IARFOR2530 简介

IAR Systems 是全球领先的嵌入式系统开发工具和服务的供应商。公司成立于 1983 年，迄今已有 30 年，提供的产品和服务涉及嵌入式系统的设计、开发和测试的每一个阶段，包括：带有 C/C++编译器和调试器的集成开发环境(IDE)、实时操作系统和中间件、开发套件、硬件仿真器以及状态机建模工具。

CC2530 采用 51 内核，开发版本用 EW8050－7601。IAR EW8050－7601 软件提供了工程管理，程序编辑，代码下载，调试等所有功能。并且软件界面和操作方法与 IAREW for ARM 等开发软件一致。因此，学会了 IAREW8050－7601，就可以很顺利地过渡到另一种新处理器的开发工作。

7.1.2 IAR 软件的安装

1) 软件的下载

IAR EW8050－7601 在 google 或百度上很容易找到下载连接，也可以在 IAR 官网上下载，不过一定要将与版本相配套的注册机一并下载。

2) 软件的安装

①运行 autorun. exe(见图 7.1)。②点击 Next(见图 7.2)。③点击 Accept(见图 7.3)。Name、Company 自己可以随意填。④点击 Next，修改安装路径。⑤修改好后，点击 Next(见图 7.4)。⑥选择 Full，继续 Next 之后基本不用设置什么了，一路 Next 就 OK 了。⑦出现成功安装的提示。

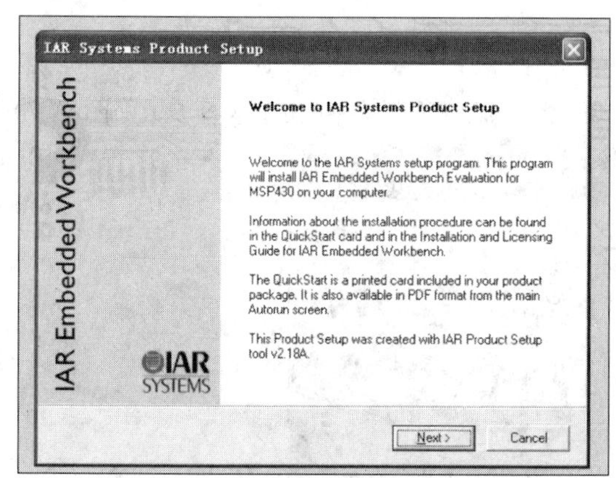

图 7.1 IAR 安装步骤(1)

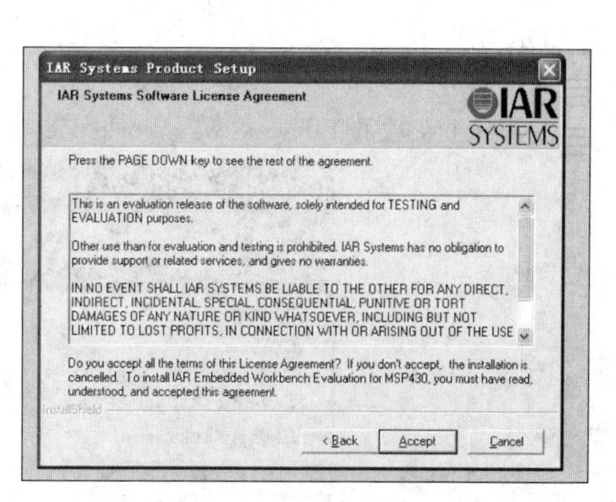

图 7.2 IAR 安装步骤(2)

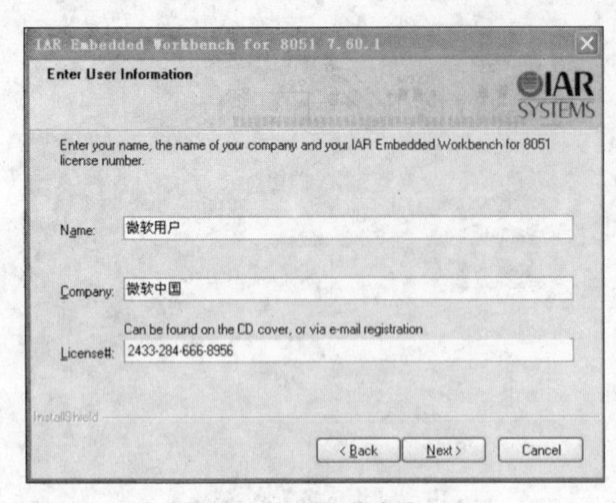

图 7.3　IAR 安装步骤(3)

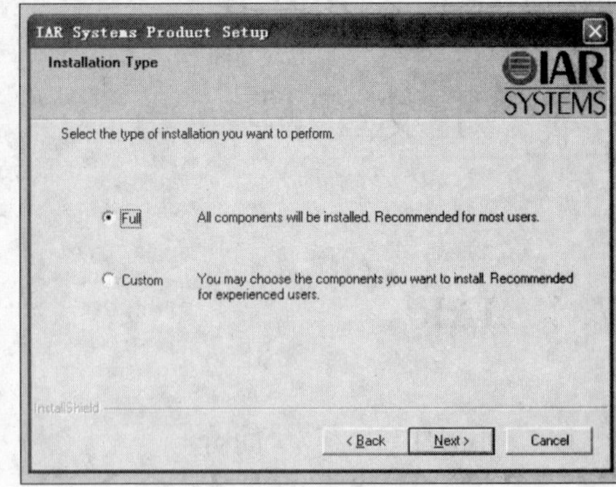

图 7.4　IAR 安装步骤(4)

7.1.3　软件的设置与调试

1）运行 IAR Embeded Workbench(见图 7.5)

图 7.5　启动 IAR 软件

2）project 的建立(见图 7.6)

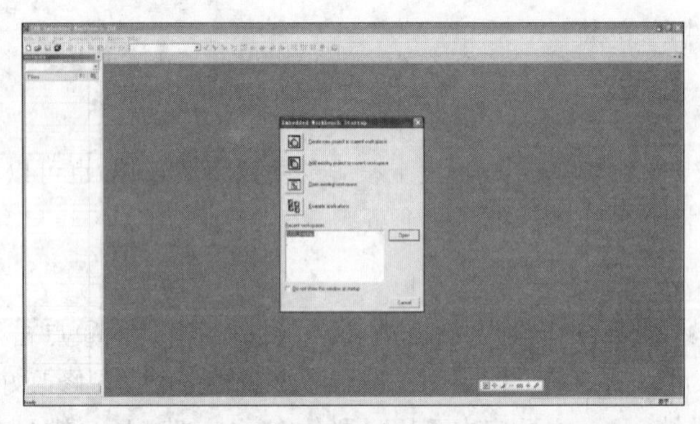

图 7.6　建立工程

会出现一个工程建立的向导，选第一个就可以在现在的 workspace 建立一个 new project，再点 OK 就行了。

如果不用向导，可以按以下步骤：

①选择主菜单的 File>New>Workspace 命令，然后开启一个空白工作区窗口(见图 7.7)。

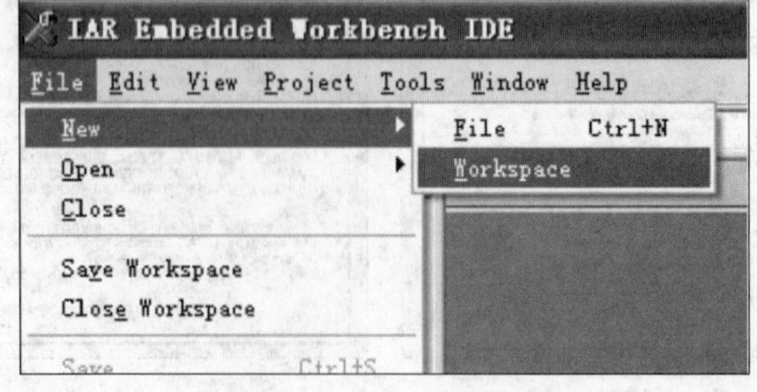

图 7.7　新建一个工作区

②选择主菜单 Project＞Create New Project(见图 7.8)。

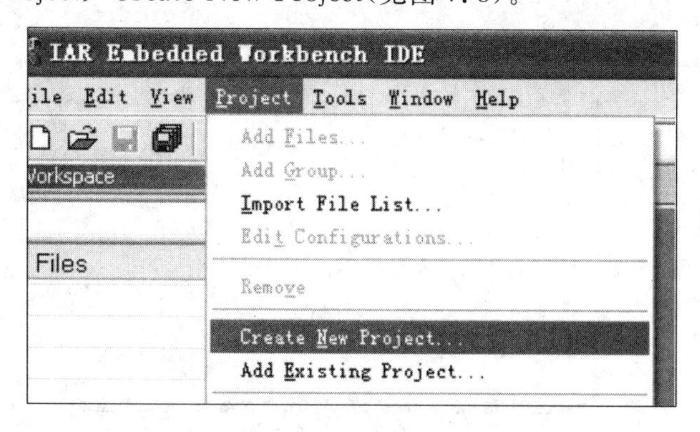

图 7.8　创建新工程

弹出生成新项目窗口,在此我们选择 Empty project。单击 OK 后,会出现图 7.9 的界面:

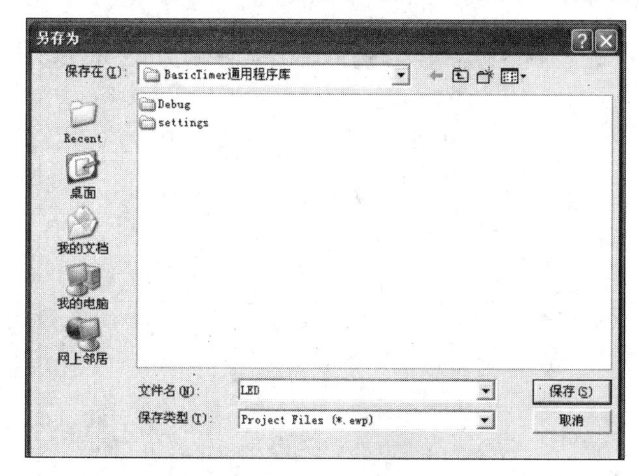

图 7.9　文件名的输入

选择保存路径后,点击保存,会出现图 7.10 的界面:

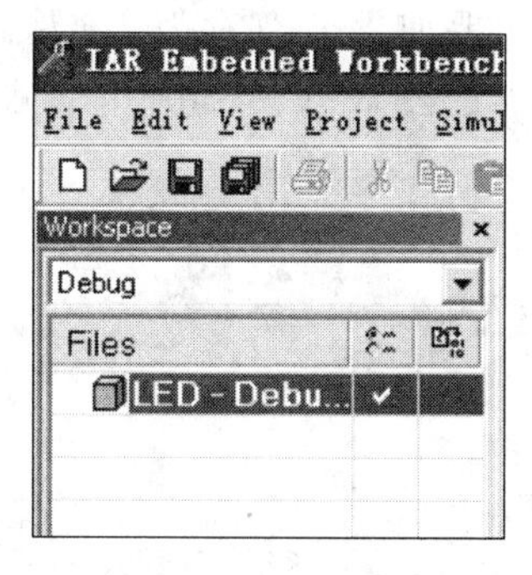

图 7.10　工程建立完后显示

到此新工程建立完毕。

③加入文件(见图 7.11)。

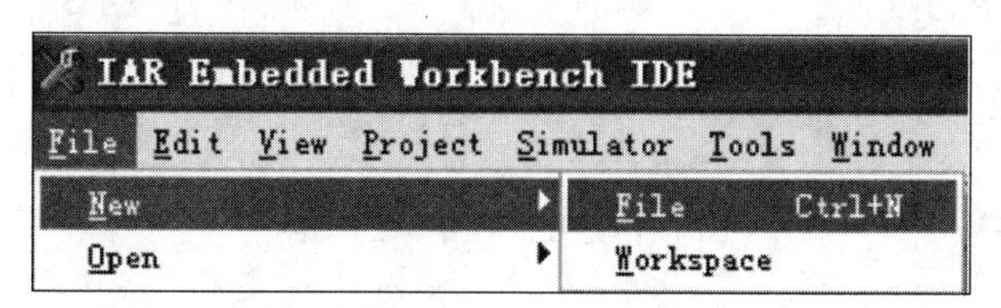

图 7.11　加入文件步骤

可以建立一个空白的文件(见图 7.12):

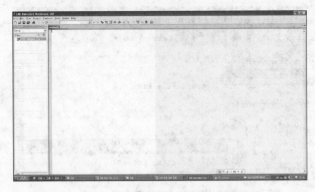

图 7.12　建立空白文件后显示

写好代码后,选择主菜单的 File>Save 命令(见图 7.13):

图 7.13　保存文件

文件名可以自己起,但后面一定要加".c",保存为 c 文件。

右击工程名,将写好的程序添加进去 Add>Add Files(见图 7.14、图 7.15)。

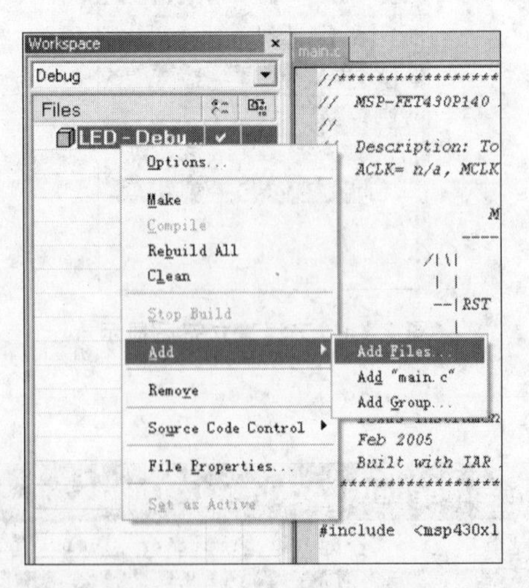

图 7.14　在工程中添加文件

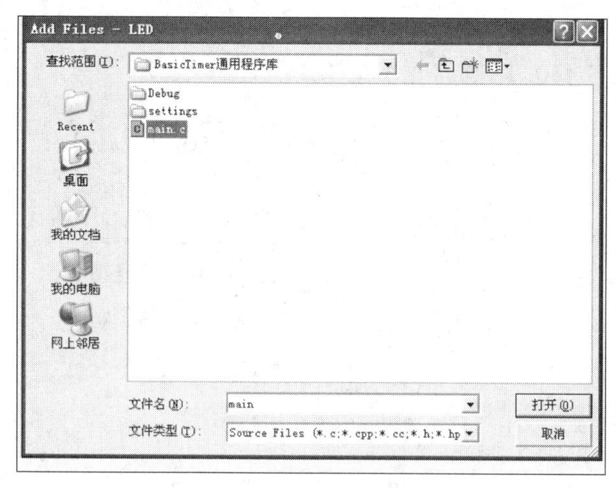

图 7.15 选择要增加的文件

选好后点击打开。

对于刚存好的程序，例如例子中的 main. c，也可以用 Add>Add“main. c”添加入工程。

如果工程很庞大，需要添加的文件很多。可以用 Add>AddGroup，加入新的组，将加入的文件分组管理。

3）软件的设置

将工程建好后，往往需要先进行设置，才能正常使用。

现在介绍一些常用的设置。

在下图中右击工程名，点击 Option（见图 7.16）：

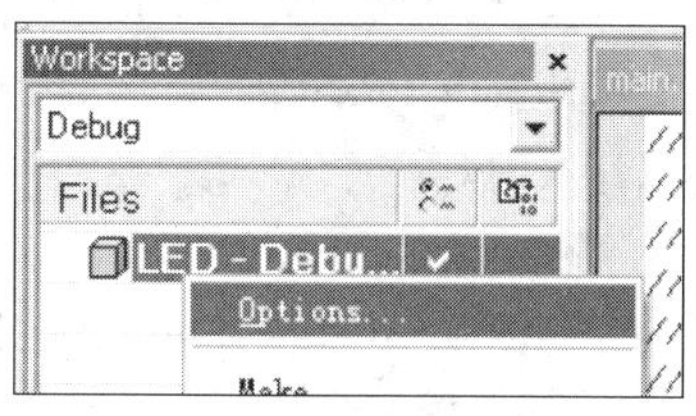

图 7.16 工程设置

可以看到如图 7.17 所示的界面：

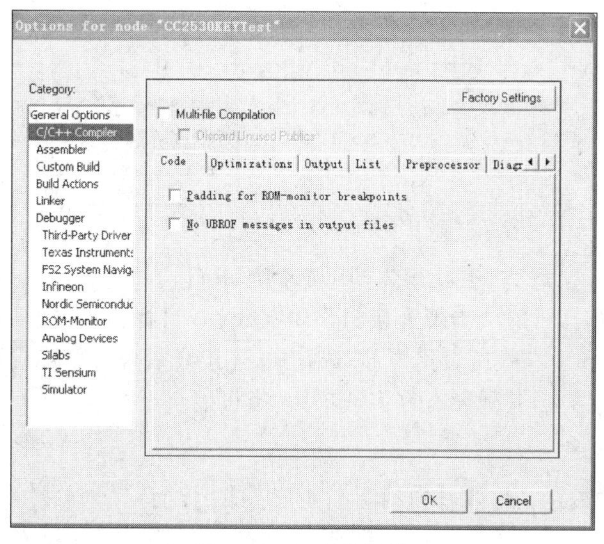

图 7.17 工程设置栏

首先是在 General Option 中修改 Device，这要根据你所用的芯片选取。

然后在 Debugger 中修改 Driver(见图 7.18)。

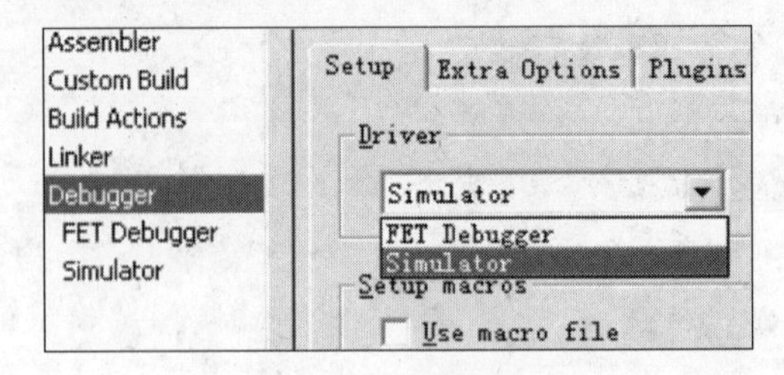

图 7.18　驱动选择

Simulator 是用软件仿真。

FET Debugger 是用 Jtag 调试。

接下来在 FET Debugger 中修改 Connection(见图 7.19)。

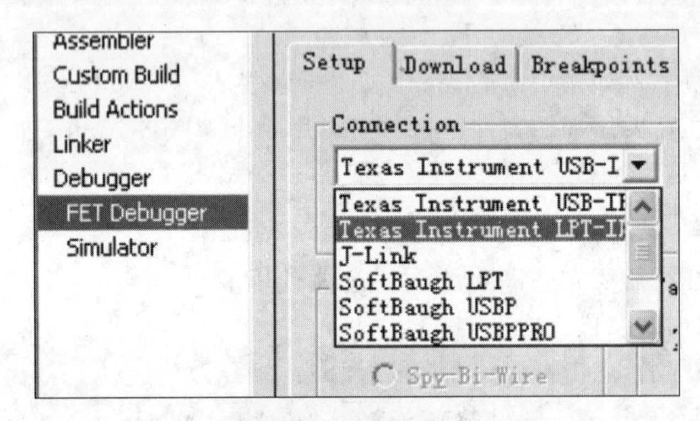

图 7.19　选择连接方式

第一项是 TI 的 USB-Jtag 可以用 U 口调试；

第二项是普通的 Jtag，要用到计算机的并口调试；

第三项是 J-link，在新版本的 IAR EW430 中没有这一项；

后面的几项不常用。

现在选择第二项，如果电脑有多个并口，还需选择并口号(见图 7.20)。

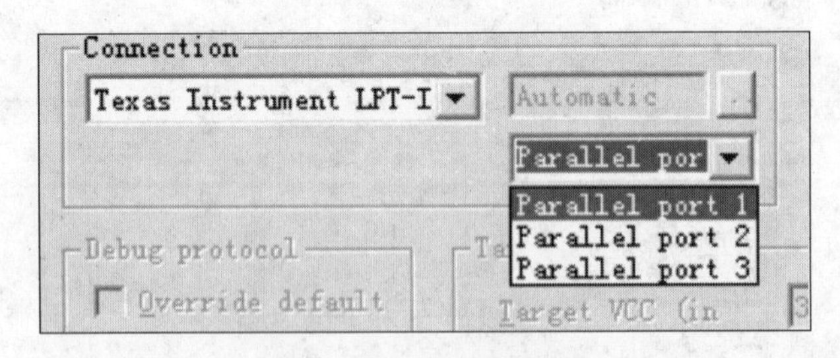

图 7.20　选择调试接口

注意：在连到并口时，可能会出现连接错误，应该检查目标板电源是否正常，是否有其他程序占用了并口，在 BIOS 中将并口设置为 ECP 方式，连接线是否有断路或短路。

至此，基本的设置结束，其他还有许多选项，大家可以自己摸索。

4) 程序的调试

添加好文件后，应该在工程下看到如图 7.21 所示的界面。

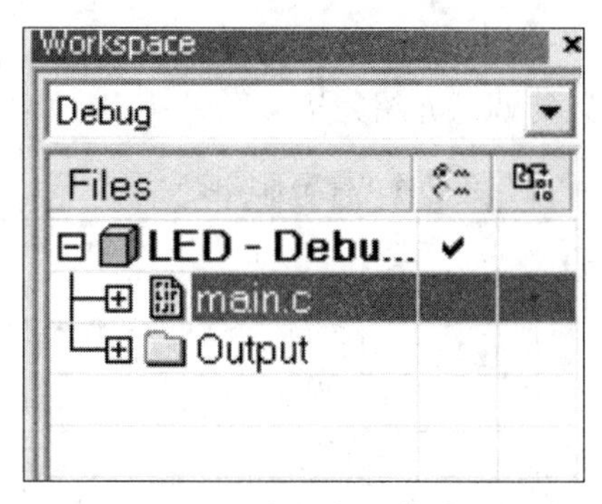

图 7.21　工程添加文件后显示

选择需要调试的文件，如 main. c；

选择“ ”(Compile)按钮，对 main. c 进行编译；

第一次编译是需要保存 WorkspaceFiles；

改好文件名和路径后点“保存”；

底下会出现 Build 信息窗口(见图 7.22)。

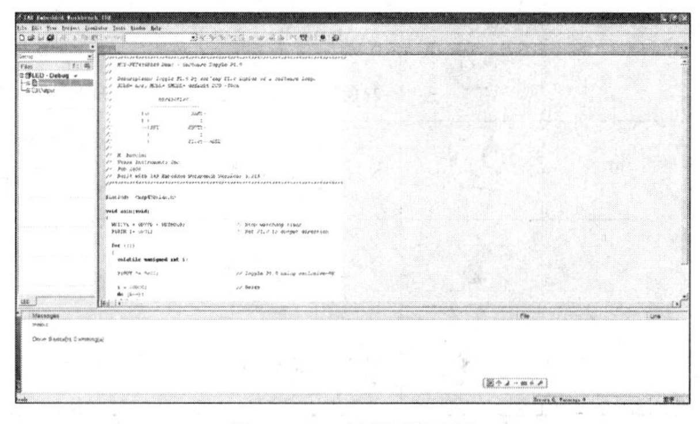

图 7.22　编译后显示

如果是 Done. 0error(s)，0warning(s)，就可以点击“ ”(make)；

如果在信息窗口显示没有错误，就可以点击“ ”(Debug)。

进行调试，若已经用下载器和开发板相连，此时程序就能烧入芯片。

进入调试界面(见图 7.23)。

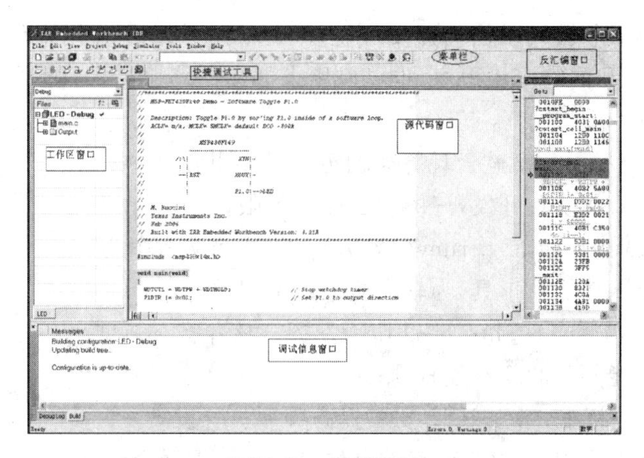

图 7.23　调试界面

大家可以按照表 7.1 中的介绍进行调试。

到此为止,IAR 的基本设置与调试介绍完毕。

表 7.1 程序调试命令表

命令选项	快捷键	工具按钮	功能说明
Step Over	F10		在同一函数中将运行至下一步点,而不会跟踪进入调用函数内部
Step Into	F11		控制程序从当前位置运行至正常控制流中的下一个步点,无论它是否在同一函数内
Step Out	Shift+F11		使用 Step Into 单步运行跟进入一个函数体内之后,如不想一直跟踪到该函数末尾,运用此命令可执行完整个函数调用并返回到调用语句的下一条语句
Next Statement			直接运行到下一条语句
Run to Cursor			使程序运行至用户光标所在的源代码处,也可在反汇编窗口以及堆栈调用窗口中使用
Go	F5		从当前位置开始,一直运行到一个断点或是程序末尾
Break			中止程序运行
Stop Debugging			退出调试器,返回 IAR EWARM 环境

7.2 Visual Studio 2010

7.2.1 Visual Studio 简介

Visual Studio 是微软公司推出的开发环境,Visual Studio 可以用来创建 Windows 平台下的 Windows 应用程序和网络应用程序,也可以用来创建网络服务、智能设备应用程序和 Office 插件。具有如下特点:

- 支持 Windows Azure,微软云计算架构迈入重要里程碑;
- 助力移动与嵌入式装置开发,三屏一云商机无限;
- 实践当前最热门的 Agile/Scrum 开发方法,强化团队竞争力;
- 升级的软件测试功能及工具,为软件质量严格把关;
- 搭配 Windows7,Silverlight4 与 Office,发挥多核并行运算威力;
- 创建美感与效能并重的新一代软件;
- 支持最新 C++标准,增强 IDE,切实提高程序员开发效率。

后面将要用本软件实现 ZigBee 节点的上位机演示。下面介绍下 Visual Studio 的安装。

7.2.2　Visual Studio 的安装

启动 Visual Studio 2010 的安装程序，点击【安装 Microsoft Visual Studio 2010】(见图 7.24)。

图 7.24　安装 Visual Studio

安装程序开始复制安装文件(见图 7.25)。

图 7.25　复制 Visual Studio 软件至电脑(自动)

复制文件完成后，开始加载安装组件(见图 7.26)。

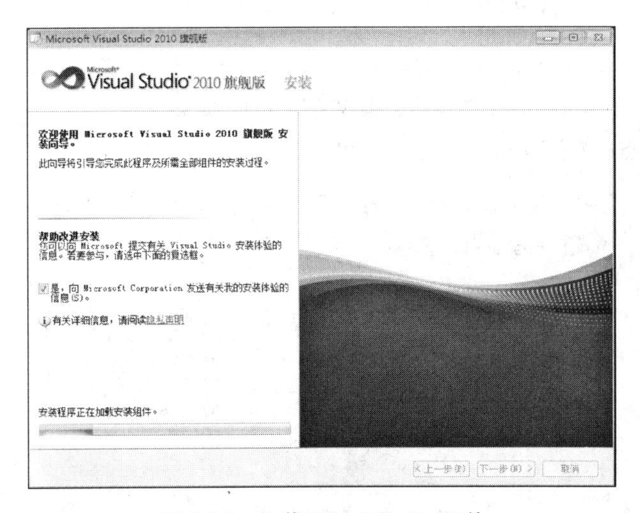

图 7.26　加载 Visual Studio 组件

组件加载完成后，点击【下一步】按钮(见图 7.27)。

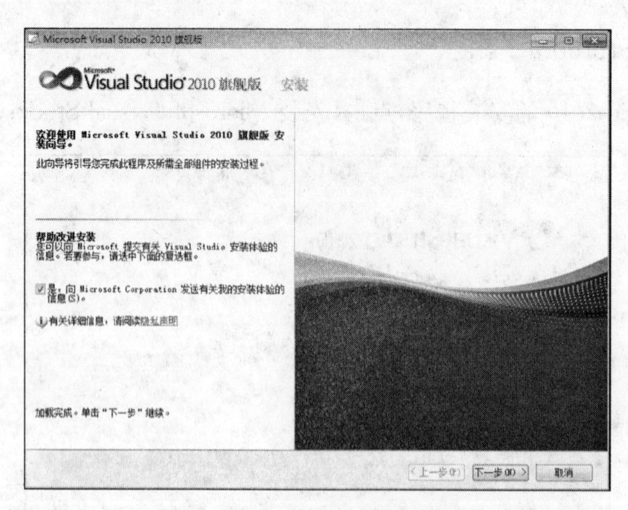

图 7.27　安装 Visual Studio 步骤(1)

接受许可协议后，点击【下一步】按钮(见图 7.28)。

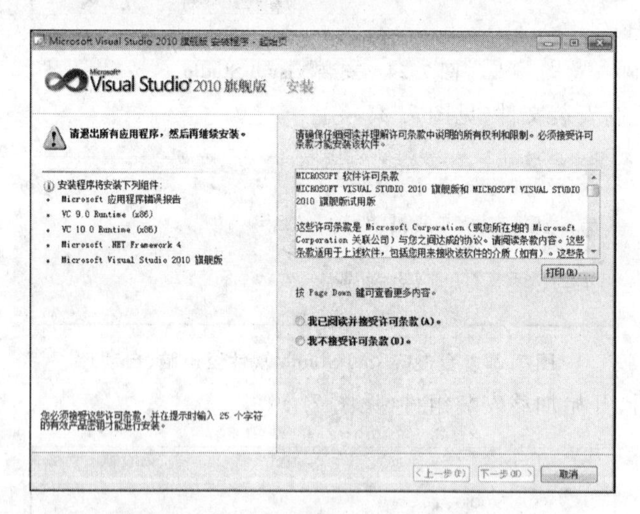

图 7.28　安装 Visual Studio 步骤(2)

选择【完全】后，点击【安装】按钮(见图 7.29)。

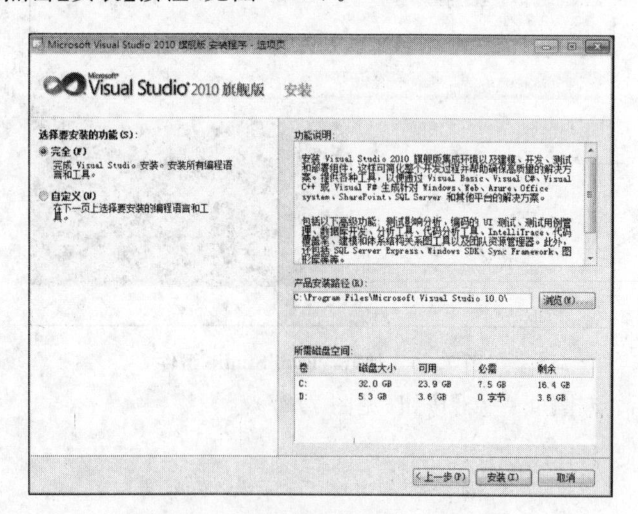

图 7.29　安装 Visual Studio 步骤(3)

也可以选择【自定义】以选择要安装的组件。

安装程序开始安装，并显示进度(见图 7.30)。

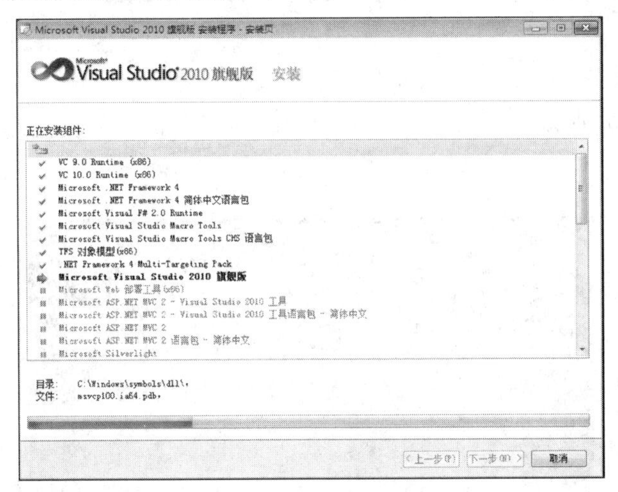

图 7.30　Visual Studio 安装步骤(4)

根据系统情况，安装过程中或安装完成后会弹出要求重新启动的对话框(见图 7.31)。

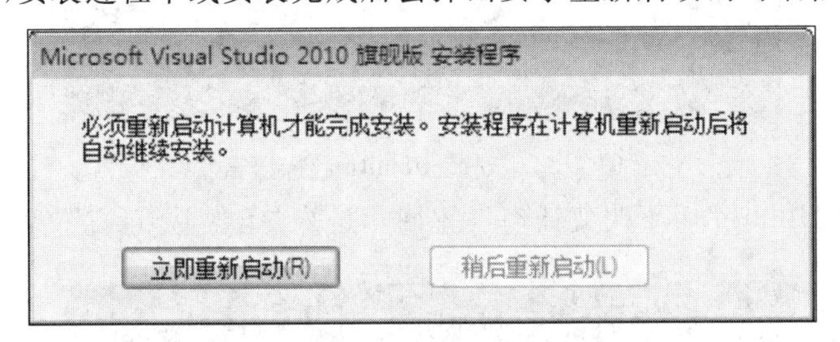

图 7.31　Visual Studio 安装完成后显示

系统重新启动后，将加载安装组件继续安装(见图 7.32)。

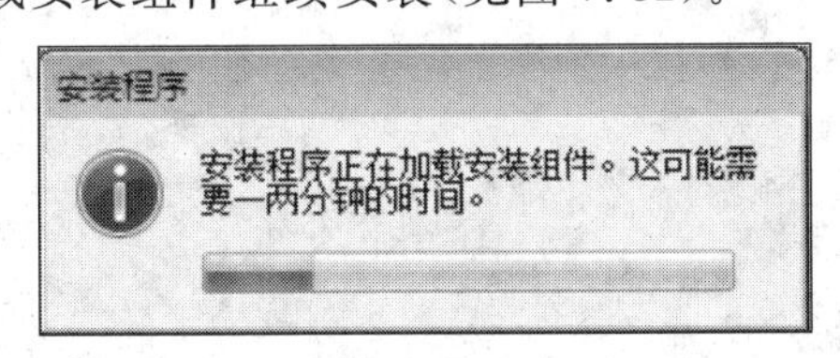

图 7.32　继续安装组件

安装完成后，将打开"完成页"(见图 7.33)。

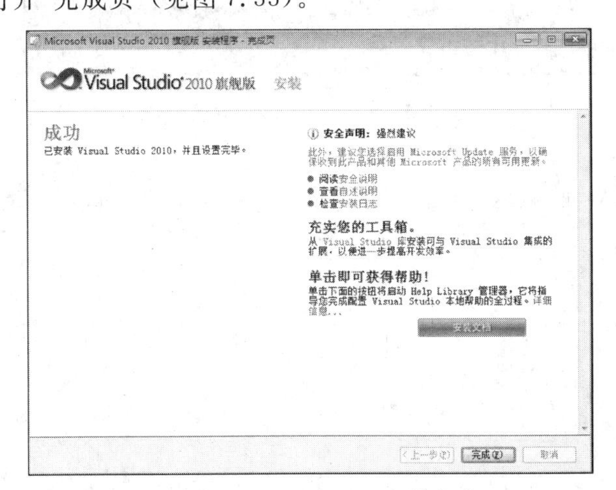

图 7.33　Visual Studio 安装完成

7.3　Ubuntu Linux 9.04 安装和配置教程

1）光盘安装过程

(1) 把光盘放入光驱，启动电脑，出现如下界面（见图 7.34）。用键盘选择：简体中文——按回车。

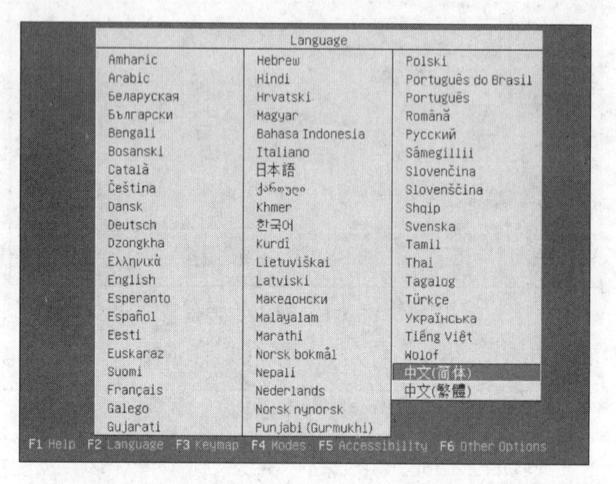

图 7.34　安装 Ubuntu 选择语言

(2) 选择：试用 Ubuntu 而不改变任何设置回车进入"光盘 LiveCD"（见图 7.35）。

图 7.35　安装 Ubuntu 步骤(1)

(3) 点击开始安装。

(4) 第一步，欢迎界面，默认就选择好了"简体中文"，点击 Forward 继续（见图 7.36）。

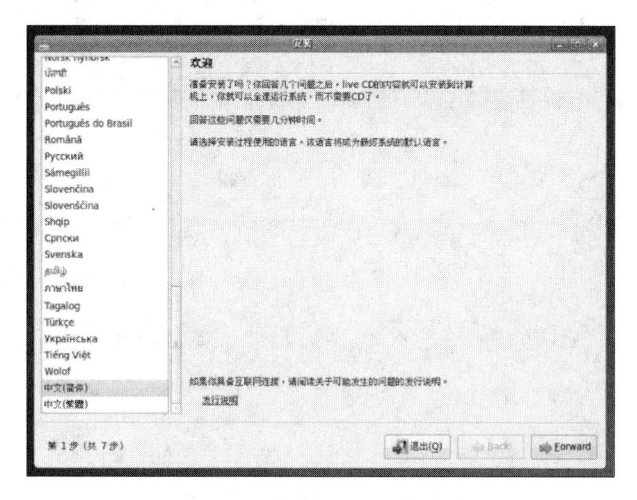

图 7.36 安装 Ubuntu 步骤(2)

(5) 第二步,时区选择,默认选择上海,直接继续 Forward(见图 7.37)。

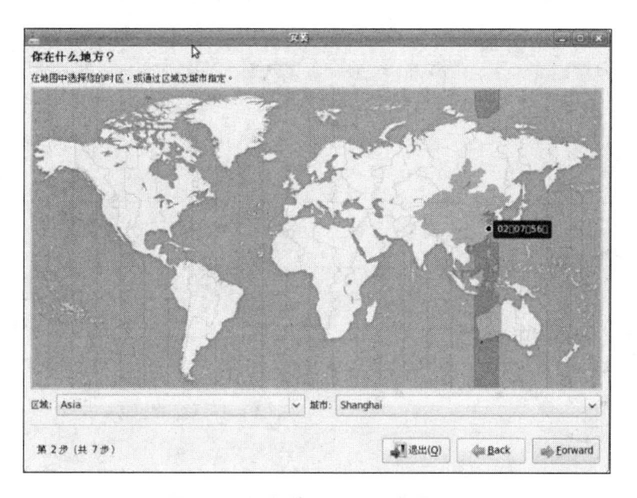

图 7.37 安装 Ubuntu 步骤(3)

(6) 第三步,键盘布局。默认就行,继续下一步(见图 7.38)。

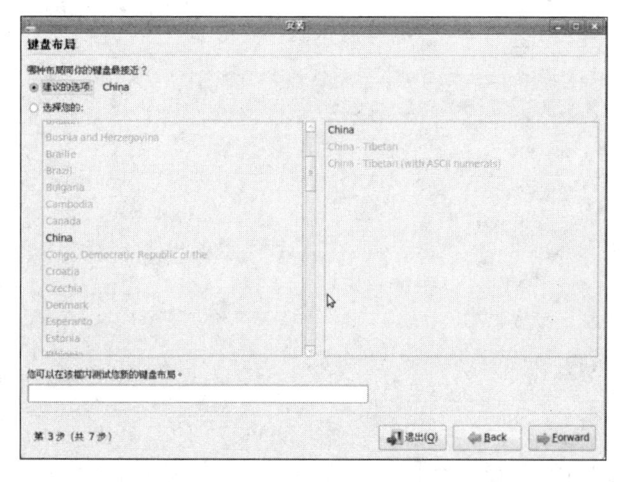

图 7.38 安装 Ubuntu 步骤(4)

(7) 第四步,硬盘“分区”(见图 7.39)。

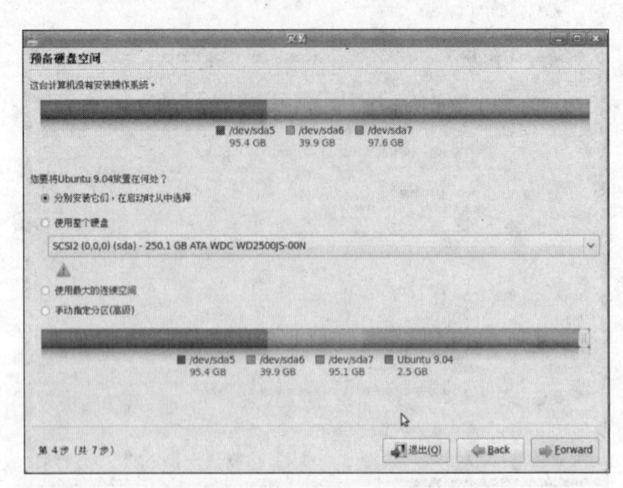

图 7.39　安装 Ubuntu 步骤(5)

(8) 手动指定分区，然后再进一步编辑(见图 7.40～图 7.42)。

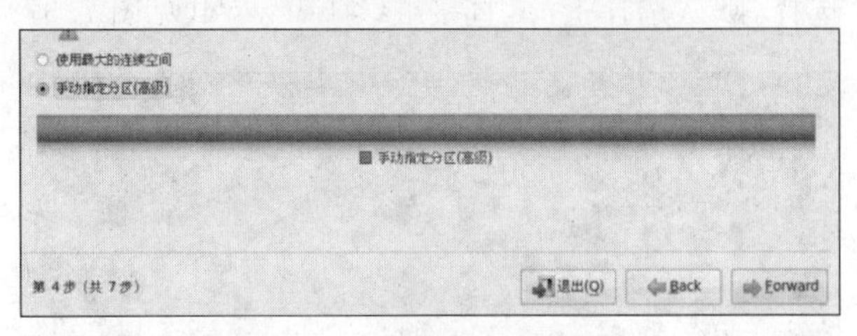

图 7.40　安装 Ubuntu 步骤(6)

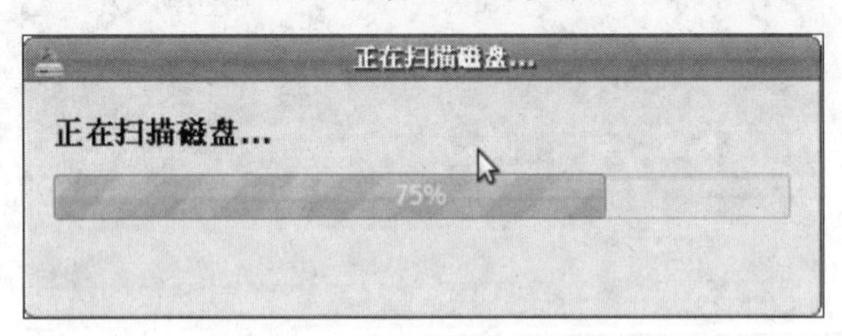

图 7.41　安装 Ubuntu 步骤(7)

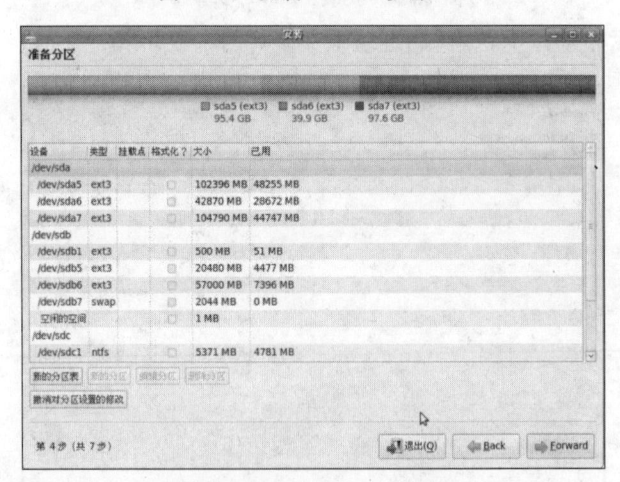

图 7.42　安装 Ubuntu 步骤(8)

①如果是用 wubi 硬盘安装的，分区这里不用理会，直接下一步就行。wubi 不需要单独再自己分区了。

②以 80G 的硬盘为例,"分区"情况是:/boot200M,/15G,swap1G,剩下的都给/home 了(见图 7.43、图 7.44)。

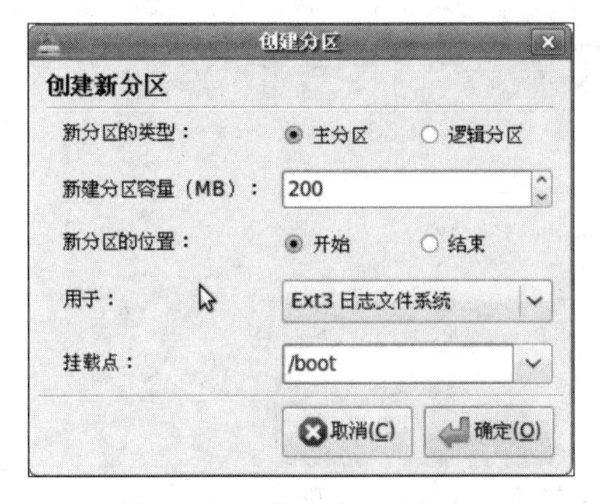

图 7.43　安装 Ubuntu 步骤(9)

图 7.44　安装 Ubuntu 步骤(10)

③特别注意！建议把/boot 单独分出来的,这样有助于建立双系统。对于 9.04 版本,新推出的 ext4 格式分区,绝不能用于/boot 上面。其他格式都行,否则系统就无法安装成功。

④看图 7.45 的分区情况。

/dev/sdb					
/dev/sdb1	ext3	/boot	☑	200 MB	未知
/dev/sdb5	ext4	/	☑	20480 MB	未知
/dev/sdb6	ext4	/home	☑	58345 MB	未知
/dev/sdb7	swap		☐	1000 MB	未知
空闲的空间			☐	0 MB	

图 7.45　安装 Ubuntu 步骤(11)

(9) 第五步,个人信息,密码输入 2 次(见图 7.46)。

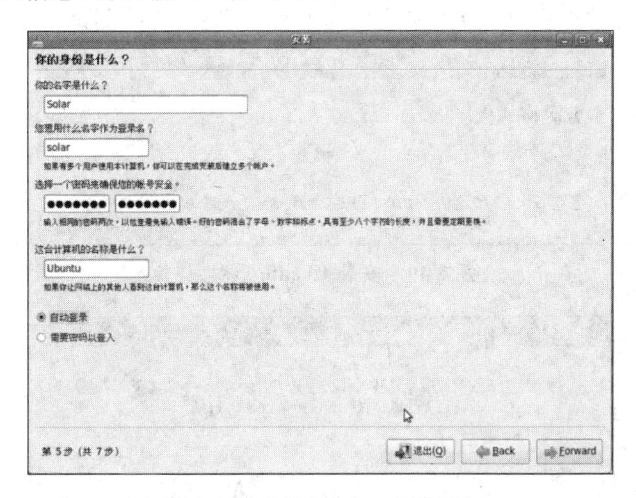

图 7.46　安装 Ubuntu 步骤(12)

注意:从 9.04 开始,Ubuntu 也加入了"密码检测"小功能,以前没有,并且如果你密码太简单,它就提示你(见图 7.47),点击"继续"就行了。

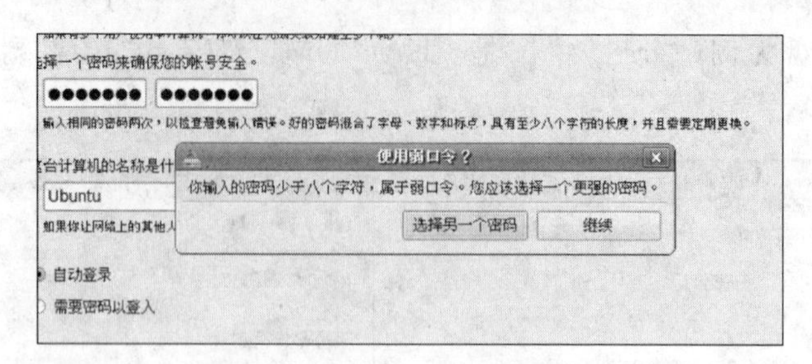

图 7.47　安装 Ubuntu 步骤(13)

(10) 第六步,迁移设置。

(11) 第七步,准备安装(见图 7.48)。

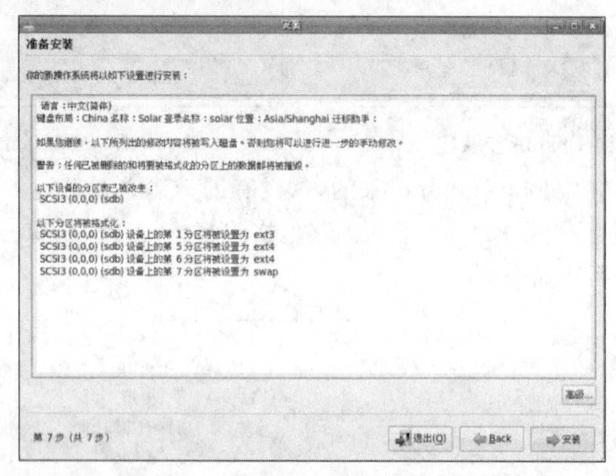

图 7.48　安装 Ubuntu 步骤(14)

注意:如想构建双系统的,在这里,点击:高级,然后勾选:安装 grub 启动器,在下面框里选择你刚才分的 boot“挂载点”(见图 7.49),然后就能开始安装了(见图 7.49)。

最后安装完成,出现图 7.50,会让你选择马上重启,还是继续测试。

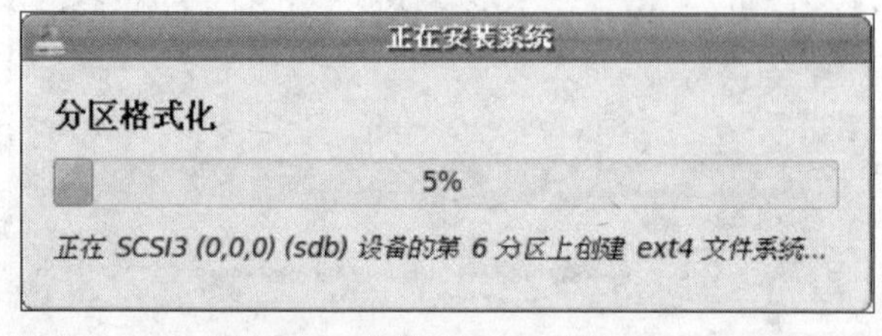

图 7.49　安装 Ubuntu 步骤(15)

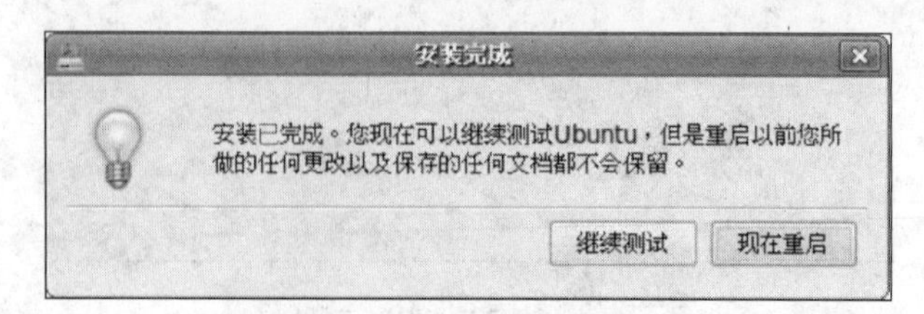

图 7.50　安装 Ubuntu 步骤(16)

2) 桌面配置

现在,要正常试用这个系统,建议按下面的优先按顺序完成如下操作:

(1) 配置“系统更新源”(DVD 同样必做!);

(2) 更新源列表(DVD 同样必做!);

（3）安装“简体中文语言包”（此步骤，就是完成系统的进一步汉化和中文输入法的安装）；

（4）给系统默认的 firefox 网页浏览器，安装 flash 播放插件（DVD 同样必做!）；

（5）更新系统（DVD 同样必做!）；

（6）设置系统时间，日期，地理位置（DVD 同样必做!）。

下面，逐步图文详解：

（1）源，在 ubuntu 里面是非常重要的概念，源，就是指“系统升级”，软件升级，所需要的服务器。不管你安装哪个版本的 Ubuntu，进系统第一件事情就是配置源。

从桌面左上角的：System—Administration—软件源，运行 Ubuntu 系统的“软件源配置界面”，如图 7.51，选择中间部分（点击），选择里面的“Others（其他）”。

进入下面的图 7.52，我们从对话框里面，找到：“中国台湾”，并选中里面的：tw.archive.ubuntu.com（这个源目前算是比较快的了）。

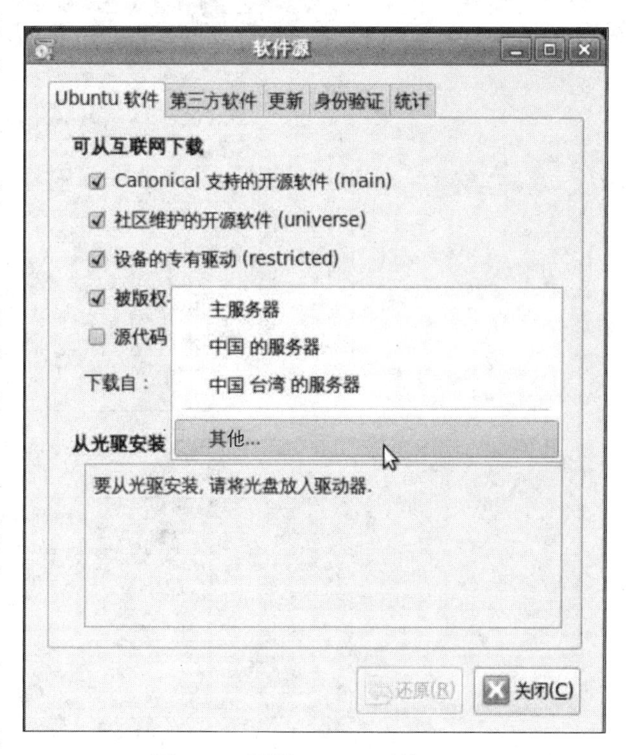

图 7.51　配置 Ubuntu 系统（1）

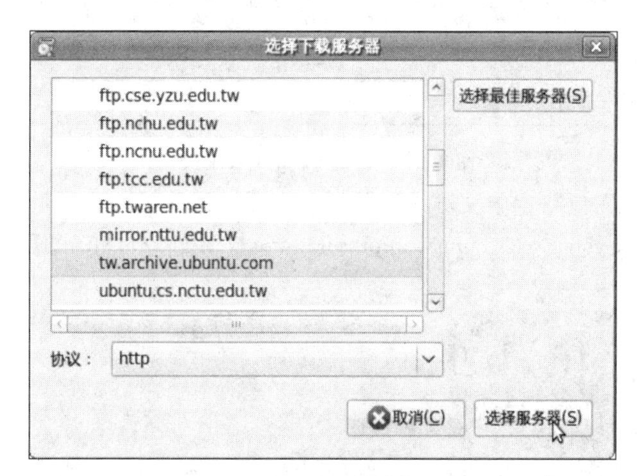

图 7.52　配置 Ubuntu 系统（2）

最后点击“OK”关闭“软件源”对话框即可。

（2）更新“源上的列表”

从桌面左上角的：Applications—System—Terminal，运行 Ubuntu 系统的“终端”，输入：sudoapt－getupdate，回车，如图 7.53～图 7.55 所示。

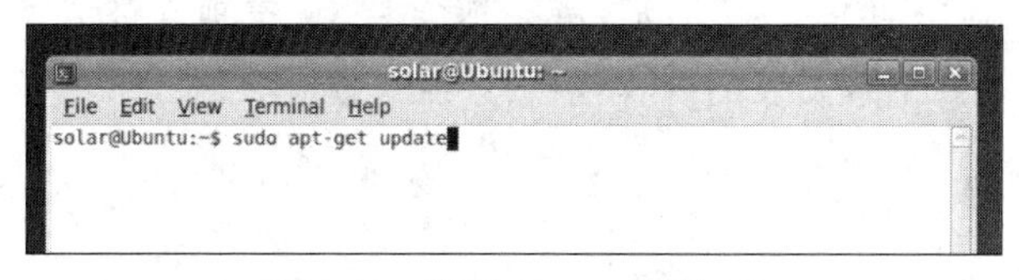

图 7.53　配置 Ubuntu 系统（3）

```
solar@Ubuntu: ~
File  Edit  View  Terminal  Help
solar@Ubuntu:~$ sudo apt-get update
获取：1 http://security.ubuntu.com jaunty-security Release.gpg [189B]
忽略 http://security.ubuntu.com jaunty-security/main Translation-zh_CN
获取：2 http://archive.canonical.com jaunty Release.gpg [189B]
忽略 http://archive.canonical.com jaunty/partner Translation-zh_CN
忽略 http://security.ubuntu.com jaunty-security/restricted Translation-zh_CN
忽略 http://security.ubuntu.com jaunty-security/universe Translation-zh_CN
忽略 http://security.ubuntu.com jaunty-security/multiverse Translation-zh_CN
获取：3 http://security.ubuntu.com jaunty-security Release [41.7kB]
获取：4 http://archive.canonical.com jaunty Release [7862B]
忽略 http://archive.canonical.com jaunty/partner Packages
忽略 http://archive.canonical.com jaunty/partner Sources
获取：5 http://security.ubuntu.com jaunty-security/main Packages [4605B]
获取：6 http://archive.canonical.com jaunty/partner Packages [1174B]
获取：7 http://security.ubuntu.com jaunty-security/restricted Packages [14B]
获取：8 http://security.ubuntu.com jaunty-security/main Sources [1659B]
获取：9 http://security.ubuntu.com jaunty-security/restricted Sources [14B]
获取：10 http://security.ubuntu.com jaunty-security/universe Packages [2908B]
获取：11 http://security.ubuntu.com jaunty-security/universe Sources [14B]
获取：12 http://security.ubuntu.com jaunty-security/multiverse Packages [14B]
获取：13 http://security.ubuntu.com jaunty-security/multiverse Sources [14B]
获取：14 http://archive.canonical.com jaunty/partner Sources [610B]
99% [正在等待报头]                                              9698B/s 0s
```

图 7.54　配置 Ubuntu 系统(4)

```
solar@Ubuntu: ~
File  Edit  View  Terminal  Help
忽略 http://cn.archive.ubuntu.com jaunty-updates/restricted Translation-zh_CN
忽略 http://cn.archive.ubuntu.com jaunty-updates/universe Translation-zh_CN
忽略 http://cn.archive.ubuntu.com jaunty-updates/multiverse Translation-zh_CN
获取：20 http://cn.archive.ubuntu.com jaunty Release [74.6kB]
命中 http://cn.archive.ubuntu.com jaunty-updates Release
获取：21 http://cn.archive.ubuntu.com jaunty/main Packages [1253kB]
获取：22 http://cn.archive.ubuntu.com jaunty/restricted Packages [8848B]
获取：23 http://cn.archive.ubuntu.com jaunty/main Sources [555kB]
获取：24 http://cn.archive.ubuntu.com jaunty/restricted Sources [3156B]
获取：25 http://cn.archive.ubuntu.com jaunty/universe Packages [4757kB]
获取：26 http://cn.archive.ubuntu.com jaunty/universe Sources [2375kB]
获取：27 http://cn.archive.ubuntu.com jaunty/multiverse Packages [197kB]
获取：28 http://cn.archive.ubuntu.com jaunty/multiverse Sources [107kB]
获取：29 http://cn.archive.ubuntu.com jaunty-updates/main Packages [14B]
获取：30 http://cn.archive.ubuntu.com jaunty-updates/restricted Packages [14B]
获取：31 http://cn.archive.ubuntu.com jaunty-updates/main Sources [14B]
获取：32 http://cn.archive.ubuntu.com jaunty-updates/restricted Sources [14B]
获取：33 http://cn.archive.ubuntu.com jaunty-updates/universe Packages [14B]
获取：34 http://cn.archive.ubuntu.com jaunty-updates/universe Sources [14B]
获取：35 http://cn.archive.ubuntu.com jaunty-updates/multiverse Packages [14B]
获取：36 http://cn.archive.ubuntu.com jaunty-updates/multiverse Sources [14B]
下载 9662kB，耗时 21min 27s (7502B/s)
正在读取软件包列表... 完成
solar@Ubuntu:~$
```

图 7.55　配置 Ubuntu 系统(5)

(3) 安装“简体中文包”+“中文输入法”

从上边面板点击:System—Administration—Language Support,打开“语言支持”(见图 7.56)。

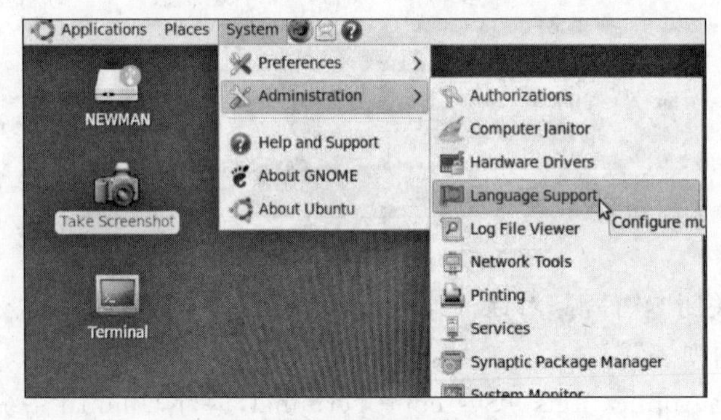

图 7.56　配置 Ubuntu 系统(6)

打开后,就会立刻弹出一个菜单,提示:语言不完整,是否现在就安装(见图 7.57)? 点击:install,就自动开始安装。下载安装的内容包括:系统的汉化文件以及中文输入法。

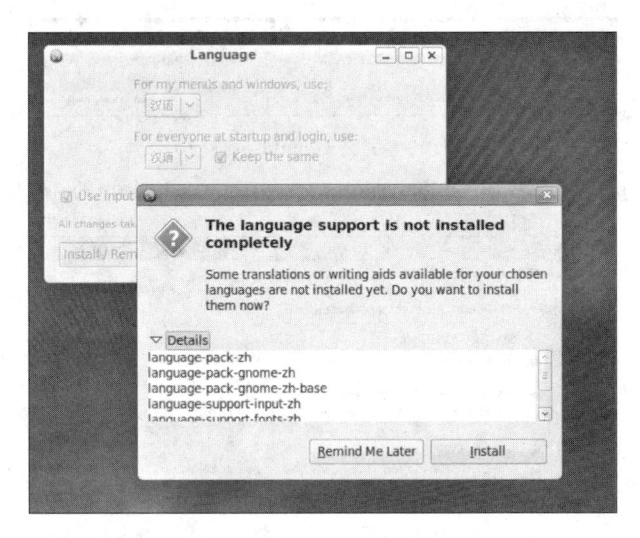

图 7.57　配置 Ubuntu 系统(7)

下载后会自动安装(见图 7.58)。完成后,点击:Close,关闭窗口(见图 7.59),然后重启电脑。再回到 ubuntu 就是全中文的,而且可以用 Ctrl+空格,切换中英文输入法了。

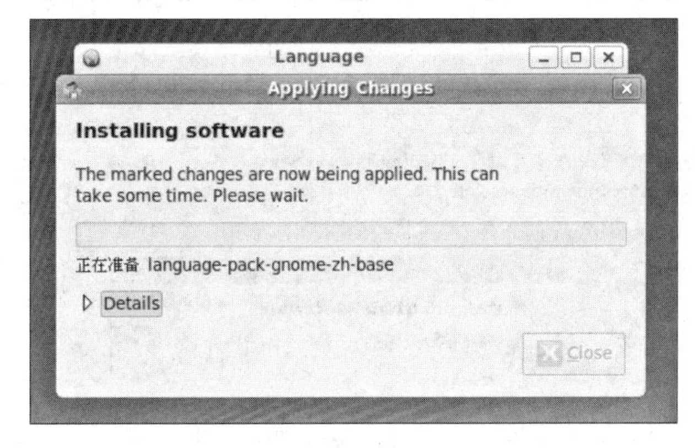

图 7.58　配置 Ubuntu 系统(8)

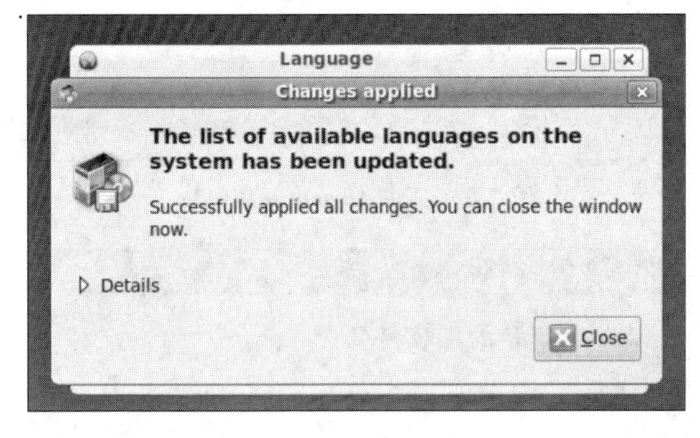

图 7.59　配置 Ubuntu 系统(9)

(4) 给系统默认的 Firefox 网页浏览器,安装 Flash 播放插件

打开 Firefox 浏览器,访问:http://web.qq.com,就会出现图 7.60 中的提示。点击:installmissing Plugins,弹出 Flash 插件安装界面。

图 7.60　配置 Ubuntu 系统(10)

有 3 个可供选择的,我们选择中间的:Adobe Flash Player(installer),点击 Next(见图 7.61)。

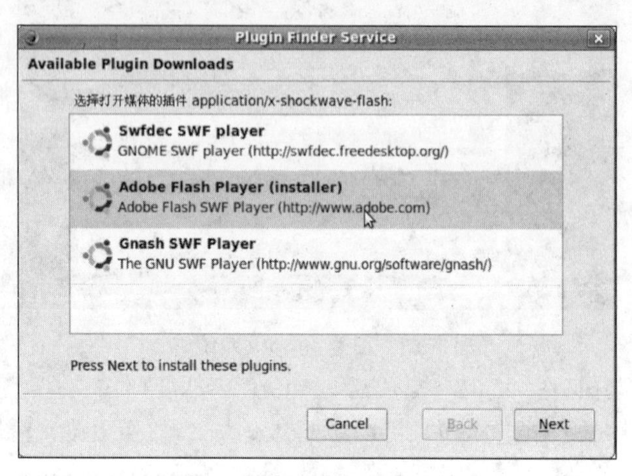

图 7.61　配置 Ubuntu 系统(11)

弹出一个提示(见图 7.62),点击:安装,就能自动开始下载安装了。完成后如图 7.63 所示。

图 7.62　配置 Ubuntu 系统(12)

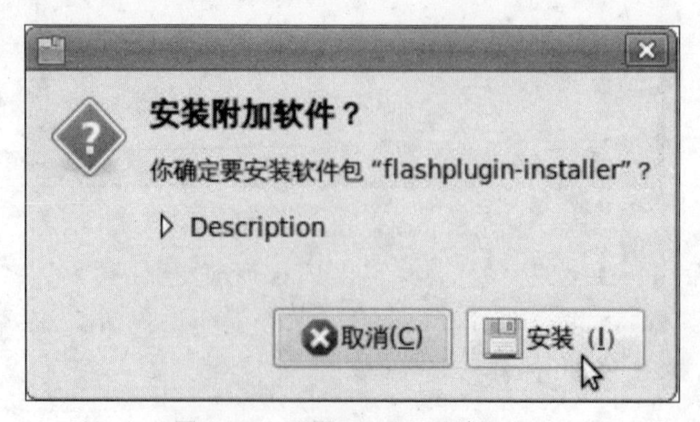

图 7.63　配置 Ubuntu 系统(13)

(5) 从你刚开始进入桌面，就会不停地弹出系统更新界面(见图 7.64、图 7.65)，点击安装，安装后不需要重启系统。

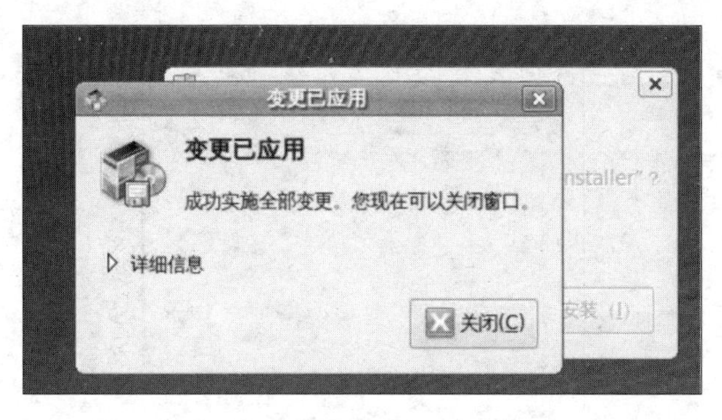

图 7.64　配置 Ubuntu 系统(14)

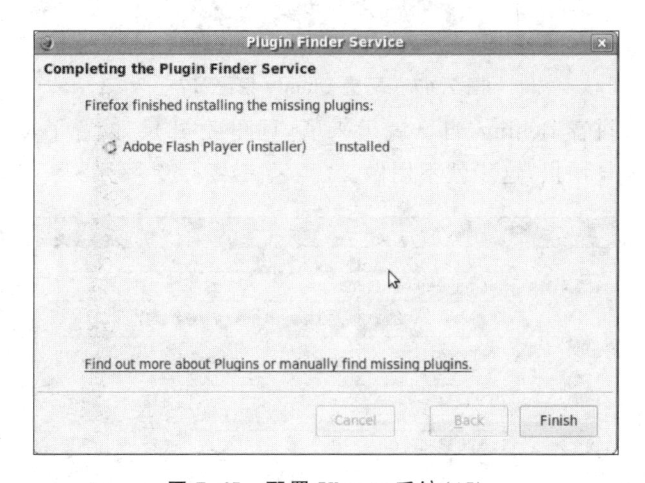

图 7.65　配置 Ubuntu 系统(15)

(6) 时间，位置设置

安装完成后，还需要手动设置一下时间位置。

点击你系统面板上的时间，就能弹出图 7.66，再点击：位置——编辑。

图 7.66　配置 Ubuntu 系统(16)

首先进入“位置”设置，如果想在 Ubuntu 的面板上，显示天气预报，就点击“添加”设置自己的位置吧(见图 7.67)。

图 7.67　配置 Ubuntu 系统(17)

若是北京，就输入拼音 Beijing，自己就出来了(见图 7.68)。设置了位置，就能显示天气预报了，如果你不需要天气预报，这步就不用做。

图 7.68　配置 Ubuntu 系统(18)

现在点击：常规——时间设置，就能设置具体的时间了(见图 7.69)。设置系统时间时，要输入密码(见图 7.70、图 7.71)。

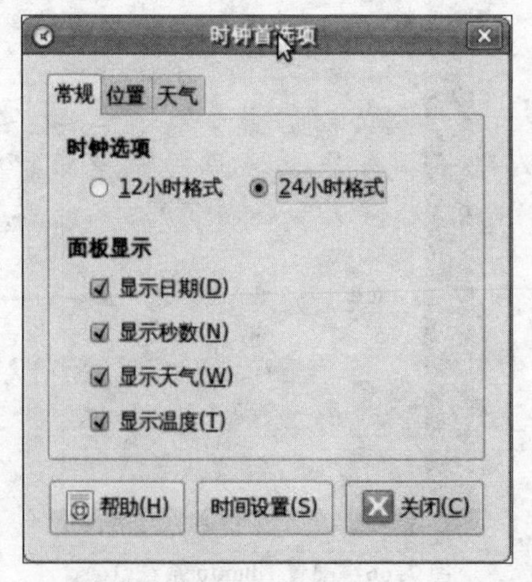

图 7.69　配置 Ubuntu 系统(19)

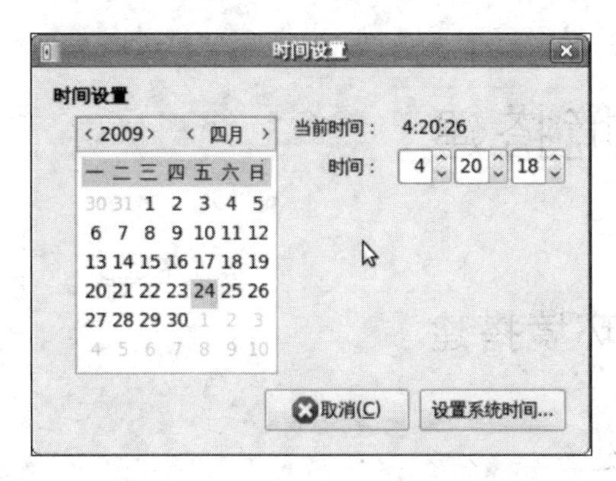

图 7.70　配置 Ubuntu 系统(20)

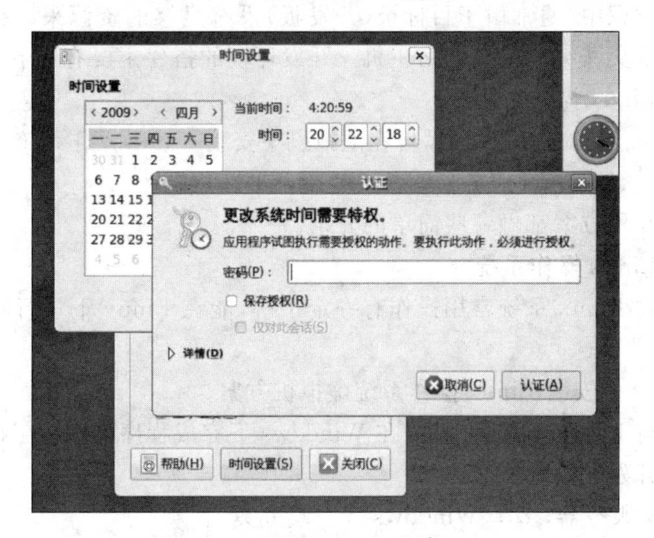

图 7.71　配置 Ubuntu 系统(21)

8 开发环境搭建

8.1 调试开发环境搭建

8.1.1 开发环境搭建

在嵌入式开发过程中，通常由于目标板(开发板)没有足够的资源来运行开发和调试工具，所以需要借助建立了交叉编译环境的宿主机。开发环境的搭建主要有以下几个方案：

(1) 直接安装 Linux 操作系统。

(2) 在 Windows 下安装虚拟机后，再在虚拟机中安装 Linux 操作系统；

(3) 两台电脑，一台 Linux 服务器，一台 Windows 客户端。

我们这里对这几种方案都做一些简单的介绍：

(1) 直接安装 Linux 操作系统。

这种方式适合对 Linux 系统常用操作有一定了解，能在 Linux 下进行程序编写，交叉编译的开发人员。

(2) 在 Windows 中安装 Linux 操作系统虚拟机方案。

这种方式适合对 Linux 不是太了解，在 Windows 下完成程序的编写工作，只在 Linux 环境下进行交叉编译的开发人员。

(3) 一台 Linux 服务器，多个 Windows 客户端方案。

这种方式主要是方便多人同时开发，Linux 服务器用来进行交叉编译程序使用。Windows 客户端主要是通过 SSH 远程登录到 Linux 服务器进行操作。

不管使用的是哪种方式，最终交叉编译程序所使用的 Linux 环境基本是一样的。对于所使用的 Linux 操作系统(我们没有特殊要求，只要 Linux 系统能够正常工作即可)安装好网络服务，TFTP 服务，NFS 服务就可以(这里不再讲述各种服务的搭建)。

8.1.2 交叉编译工具安装

交叉编译环境的安装配置：

(1) 将交叉编译工具(gcc-4.3-ls232.tar.gz)拷贝到 Linux 下，进行解压缩。

(2) 命令：tar xzvf gcc-4.3-ls232.tar.gz-C/。

(3) 这样会在/opt/安装交叉编译工具。

(4) 为交叉编译工具的路径添加环境变量。

命令：export PATH=/opt/gcc-4.3-ls232/bin:$PATH

输入命令：mipsel-linux-gcc-v 查看交叉编译工具版本信息，来验证交叉

编译工具是否正常安装(提示版本信息即认为交叉编译工具已经正常安装)。

这条命令的作用只在当前终端有效，即交叉编译环境只在当前终端起作用。

需要在整个系统建立交叉编译环境，可以把

export PATH=/opt/gcc-4.3-ls232/bin:$PATH 添加到/root/.bashrc 文件最后一行。

也可以运行命令：

echo"exportPATH=/opt/gcc-3.4.6-2f/bin:$PATH">>/root/.bashrc

然后打开新终端切换到超级用户权限(sudo su)，运行 echo $PATH 查看验证。

如果需要交叉编译程序只要指定交叉编译工具即可(一般的交叉编译程序会有 CROSS_COMPILE 和 ARCH 两个变量，只要指定 CROSS_COMPILE=mipsel-linux-ARCH=mips 就可以了；或者只有 CC 变量这时只要指定 CC=mipsel-linux-gcc 就可以了)。

8.1.3 常用调试环境搭建

为了通过串口连接开发板，需要在 PC 机上使用一个终端仿真程序。

如果 PC 机是 Windows 操作系统，可以使用 SecureCRT 或者超级终端。WindowsXP 上自带有超级终端软件，位于"开始—>程序—>附件—>通信"，而 Windows7 上需要额外安装，超级终端的设置请参考"附录 Windows 超级终端使用说明"。

如果 PC 机是 Linux 操作系统，可以使用 Minicom(详细请参考"附录 Minicom 使用指南")。

下面以 Windows 操作系统上的 SecureCRT 终端仿真软件为例。

(1) 打开 SecureCRT，如图 8.1 所示。

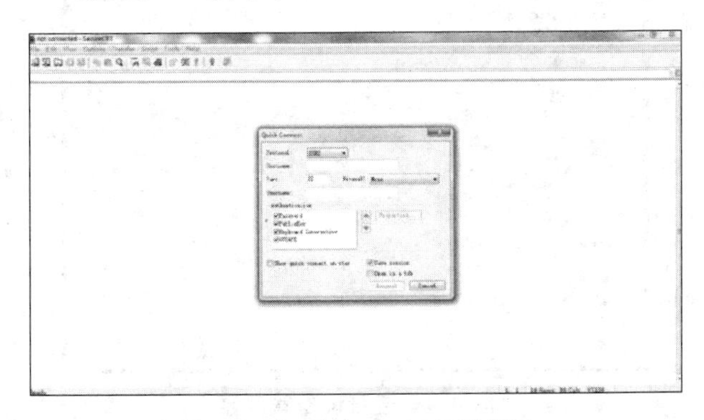

图 8.1 打开 SecureCRT 后显示

(2) 点击工具栏的带闪电图标，快速建立连接，如图 8.2 所示。

图 8.2 点击工具栏连接

(3) 在 Quick Connect 对话框中，Protocol 的下拉菜单选择 Serial 协议选项(见图 8.3)。

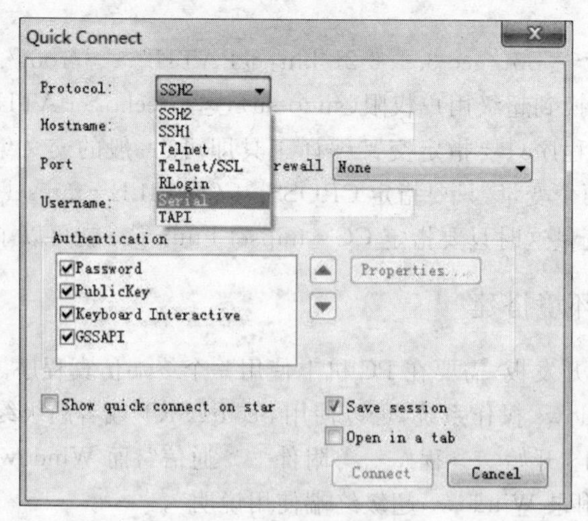

图 8.3　选择连接方式

选择串口协议，如图 8.4 所示。

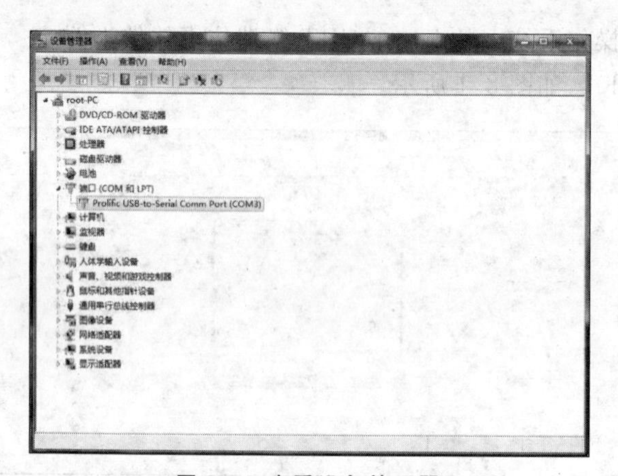

图 8.4　查看设备管理器

(4) 在 Quick Connect 对话框中，设置端口 Port 为 COM3，在“设备管理器”中可以看到串口的端口信息(注意：应根据具体信息设置正确的端口)；设置波特率 Baud rate 为 115200；去掉 Flow Control 中所有的勾选；最后 Connect，如图 8.5 所示。

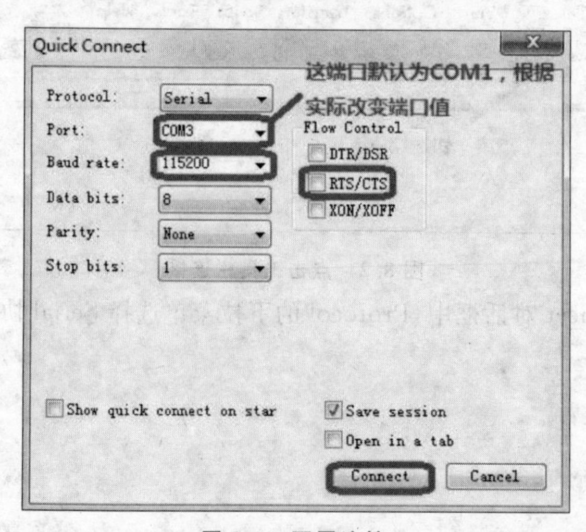

图 8.5　配置连接

（5）开发板上电，按空格键，进入 BIOS(PMON)，如图 8.6 所示。

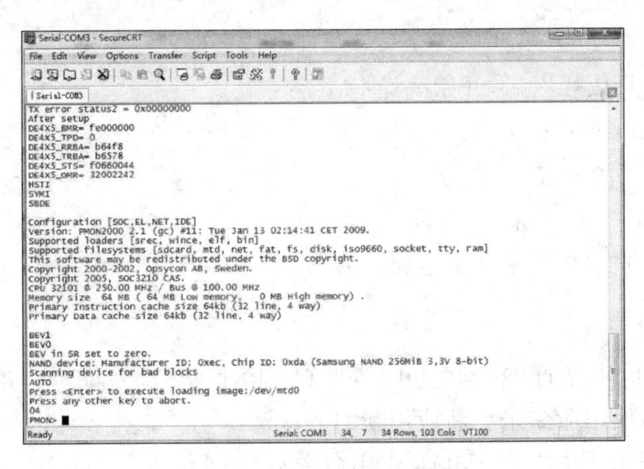

图 8.6 配置成功后显示

8.2 基本开发

8.2.1 PMON

PMON 是一个兼有 BIOS 和 Bootloader 部分功能的开放源码软件，多用于嵌入式系统。基于龙芯的系统采用 PMON 作为类 BIOS 兼 Bootloader，并在其基础上做了很多完善工作，支持 BIOS 启动配置，内核加载，程序调试，内存寄存器显示、设置以及内存反汇编等。

1）PMON 编译

工具与依赖库的安装有两种方式：有互联网时使用 Ubuntu 系统命令来安装；无互联网时使用源码包来安装。对于我们这里例子使用的 Ubuntu 系统使用 apt-get 命令安装，要求 PC 机连接有互联网。

（1）因为编译 PMON 过程需要使用到工具 pmoncfg，该工具 1b-pmon/tools/pmoncfg 目录下，编译该工具又需要依赖下面的工具：

```
#apt-get install bison
#apt-get install flex
```

（2）解压 1b-pmon.tar.gz，编译生成 pmoncfg 工具：

```
#tar xzvf 1b-pmon.tar.gz
#cd 1b-pmon
#cd 1b-pmon/tools/pmoncfg
#make
```

（3）编译完成后会在当前目录下生成 pmoncfg，拷贝该工具至用户工具目录或交叉编译工具链的 bin 目录(参看建立交叉编译环境)下。(推荐拷贝至交叉编译工具链目录中)

```
#cp pmoncfg/opt/gcc-4.3-ls232/bin
```

（4）PMON 编译还依赖于工具 makedepend：

```
#apt-get install xutils-dev
```

2）配置与编译 PMON

(1) 建立交叉编译环境(第 2 章建立交叉编译环境)。

(2) 解决库与工具依赖以后，开始编译 PMON：

```
#cd 1b-pmon/zloader.ls1b
```

(3) 编译 bin 格式的 pmon

```
#make cfg;make tgt=rom
```

执行后就在当前目录下生成了 gzrom.bin。

3）PMON 更新

将新编译好的 pmon 文件(gzrom.bin)拷贝到 tftp 目录(确认能够正常访问 tftp 服务)，设置好板子的 IP 地址，使用命令来更新应用新的 pmon。

(1) 设置板子 IP 地址(参见 PMON 常用命令)

(2) 更新 PMON 命令：load - r - f0xbfc00000 tftp://tftp-server-ip/gzrom.bin

该命令在执行完毕后会自动提示新 PMON 更新完成。重新启动即可应用新的 PMON。

注：①在这里我们只介绍在现有的 PMON 之上更新新的 PMON。

②在整个更新 Pmon 的过程中，注意不要断电。

4）PMON 常用命令

参见附录。

8.2.2 Kernel

Linux 内核很庞大，Linux 初学者以及致力于 Linux 应用软件开发的技术人员，熟悉内核的好的开始就是对内核进行配置，得到符合自己需求的经过裁剪的内核，并将编译后的内核下载到开发板中运行使用。本篇内容是为想要对内核进行个性配置的人员准备的，不涉及到代码编写，学习 Linux 不必一切从"零"开始，一切可从学会配置、编译、下载运行开始。Linux 内核的编译分为两个步骤：一、内核配置；二、内核编译。开发包默认提供一个配置文件，用户可以根据此配置文件对内核进行裁剪或者增加新的功能。

注：Linux-2.6.21 内核为例，描述整个 Linux 系统的配置编译更新运行过程。

1）Kernel 编译

(1) 建立交叉编译环境(参见交叉编译工具安装和环境搭建)。

(2) 解压缩并进入 Linux 源代码树根目录。

命令：

```
tar xzvf 1b-linux-2.6.21.tar.gz
cd 1b-linux-2.6.21
```

(3) 确认安装图形化配置"make menuconfig"依赖的工具 Ncurses(如果安装过跳过此步骤)：

命令：

```
#apt-get install libncurses5-dev
```

(4) 图形化配置(调整终端窗口到合适的大小)。

命令：

```
make menuconfig
```

注：①在内核的源代码中我们会提供一个默认的配置文件(名字为 config.def)。

②参见附录中内核常用配置说明。

2）内核的编译

最终在内核源码树根目录中，生成内核映像文件 vmlinux。

命令：make vmlinux

mipsel-linux-strip vmlinux（去除无用的调试和符号信息来减小内核的大小）

注：如果在环境变量中没有指定 CROSS _ COMPILE 和 ARCH，需要指定这两个环境变量的值（参见交叉编译工具安装），CROSS _ COMPILE＝mipsel-linux-ARCH＝mips。

3）Kernel 更新

将新编译好的内核文件（vmlinux）拷贝到 tftp 目录（确认能够正常访问 tftp 服务），设置好板子的 IP 地址，使用命令来更新应用新的内核（此操作在 PMON 中进行）。

（1）设置板子 IP 地址（参见 PMON 常用命令）

（2）使用命令：devcp tftp：//tftp-server-ip/vmlinux/ dev/mtd0 将内核烧写到 nandflash 中。

（3）设置启动参数：set al/dev/mtd0

8.3 文件系统

8.3.1 文件系统制作

说明：这里只介绍在提供的 ramdisk 基础上如何修改编辑文件系统内容，如要定制自己全新的文件系统，请参考网上资料。

首先将 ramdisk-fs. tar. gz 文件系统拷贝到一个目录下（假设：是 path 目录），解压，然后挂载到/mnt/ramdisk-fs 目录。

命令：tar xzvf ramdisk-fs. tar. gz-C path

mkdir-p/mnt/ramdisk-fs

mount-o loop-text2 path/ramdisk-fs /mnt/ramdisk-fs

修改自启动文件/mnt/ramdisk-fs/etc/init. d/rcS

命令：vim/mnt/ramdisk-fs/etc/init. d/rcS

添加需要的命令后，保存退出。

卸载制作好的文件系统：

命令：umount/mnt/ramdisk-fs

这样文件系统就制作完成。

8.3.2 文件系统烧写

挂载制作好的文件系统到/mnt/ramdisk-fs

命令：mount-o loop-text2 ramdisk-fs /mnt/ramdisk-fs

1）yaffs2

使用 yaffs2 文件系统格式，并将文件系统烧写到 nandflash 上面：

（1）使用 yaffs2 镜像制作工具制作 yaffs2 的镜像文件 rootfs-yaffs2. img。

＃mkyaffs2image/mnt/ramdisk-fs rootfs-yaffs2. img

＃chmod777 rootfs-yaffs2. img//修改文件系统权限，防止出现无法烧写的情况

(2) 将制作好的 yaffs2 镜像文件(rootfs-yaffs2.img)烧写到 nandflash 上面(这里提供通过网络烧写的命令)。

命令:devcp tftp://tftp-server-ip/rootfs-yaffs2.img/dev/mtdxc

注:这里的/dev/mtdx 指代是 nandflash 分区,参见附录 nandflash 分区。

2) jffs2

使用 jffs2 文件系统格式,并将文件系统烧写到 nandflash 上面:

(1) 使用 jffs2 镜像制作工具制作 jffs2 的镜像文件 rootfs-jffs2.img。

＃mkfs.jffs2-r/mnt/ramdisk-fs-o rootfs-jffs2.img-e 0x20000-pad＝0x2000000-n

＃chmod777 rootfs-jffs2.img//修改文件系统权限,防止出现无法烧写的情况

mkfs.jffs2 各参数的意义:

-r:指定要生成 image 的目录名。

-o:指定输出 image 的文件名。

-e:每一块要擦除的 block size,不同的 flash,其 block size 会不一样。这里为 128 KB。

-pad:用 16 进制来表示所要输出文件的大小,也就是 rootfs-jffs2.img 的大小,如果实际大小不足此设定的大小,则用 0xFF 补足。

-n,-no-cleanmarkers:指明不添加清楚标记(nandflash 有自己的校检块,存放相关的信息)。

(2) 将制作好的 jffs2 镜像文件(rootfs-jffs2.img)烧写到 nandflash 上面(这里提供通过网络烧写的命令)。

命令:devcp tftp://tftp-server-ip/rootfs-jffs2.img/dev/mtdx

注:这里的 nandflash 分区。

3) cramfs

使用 cramfs 文件系统格式,并将文件系统烧写到 nandflash 上面:

(1) 使用 cramfs 镜像制作工具制作 jffs2 的镜像文件 rootfs-cramfs.img

＃mkfs.cramfs/mnt/ramdisk-fs rootfs-cramfs.img

＃chmod777 rootfs-cramfs.img//修改文件系统权限,防止出现无法烧写的情况

(2) 将制作好的 cramfs 镜像文件(rootfs-cramfs.img)烧写到 nandflash 上面(这里提供通过网络烧写的命令)。

命令:devcp tftp://tftp-server-ip/rootfs-cramfs.img/dev/mtdx

注:这里的 nandflash 分区。

8.4 附录

8.4.1 PMON 常用命令

PMON 常用命令见表 8.1。

表 8.1 PMON 常用命令

类型	命令	说明	例子	例子含义
帮助	h	查看帮助信息	h	列出所有可以使用命令
			h ping	查看 ping 命令的用法

续表 8.1

类型	命令	说明	例子	例子含义
调试	d1	读某个地址的值（读一个 byte）	d1 0x80300000	查看地址 0x80300000 处的值
	d2	读某个地址的值（读一个 halt word）	d2 0x80300000	查看地址 0x80300000 处的值
	d4	读某个地址的值（读一个 word）	d4 0x80300000	查看地址 0x80300000 处的值
	m1	在某个地址处写入一个值（写入一个 byte 大小）	m1 0x80300000 0x12	在地址 0x80300000 处写入 0x12
	m2	在某个地址处写入一个值（写入一个 halt word 大小的值）	m2 0x80300000 0x1234	在地址 0x80300000 处写入 0x1234
	m4	在某个地址处写入一个值（写入一个 word 大小的值）	m4 0x80300000 0x 12345678	在地址 0x80300000 处写入 0x12345678
内存	mt	内存测试命令	mt	测试板的内存是否正常
	load	下载 linux 内核到内存	load tftp：// 192. 168. 3. 18/vmlinux	从网络 IP 为 192.168.3.18 的主机下载内核 vmlinux 到内存
内存	ifaddr	设置板的 ip 地址（只当次有效，断电后会丢失）	ifaddr syn0 192.168.3. 25	设置板的 ip 地址为 192.168.3.25
	ifconfig	查看设置的 ip 地址信息	ifconfig syn0	查看网络口 syn0 的信息
	ping	测试网络	ping 192.168.3.1	测试与 192.168.3.1 网口是否连通
环境管理	set	设置环境变量；设置的参数会保存到 norflash 高位地址，在 pmon 一开始运行时就会自动去调用	set	列出所有已经设置好的环境变量
	ping	测试网络	set ifconfig syn0：192. 168.3.88	设置开发板的 IP 地址，重启开发板后 IP 地址固定存在
flash 管理	set env devcp	设置环境变量；设置的参数会保存到 nandflash 高位地址，在 pmon 一开始运行时就会自动去调用查看板上已经设好的环境变量 PMON 上的拷贝下载，通常拷贝从网络下载的文件到 NandFlash 中	set al/dev/mtd0	自动从 nandflash 的 mtd0 分区 load 内存，设置板在一上电时自动执行 load 内核到内存操作
			set append 'console=ttyS0'	设置板的运行的启动参数
			set	列出所有环境变量
			devcp tftp://192.168.3.18 /vmlinux /dev/mtd0	从网络下载 vmlinux 到内存中并拷贝到 nandflash 中
	mtd _ e-rase	擦除 NandFlash 某分区的数据	mtd _ erase/dev/mtd1	擦除 NandFlash 分区 1 的数据

续表 8.1

类型	命令	说明	例子	例子含义
其他	reboot	重启 PMON	reboot	重启 PMON
	devls	查看设备列表	devls-n	查看网络设备

8.4.2　NandFlash 分区说明

一般我们只添加了两个 nand 分区，在 PMON 中分别对应设备名字是/dev/mtd1 和/dev/mtd2 来表示。/dev/mtd1 指的是第一个分区，/dev/mtd2 指的是第二个分区；而/dev/mtd0 指的是整个 nandflash，将整个 nandflash 看成一个分区(/dev/mtd0/dev/mtd1/dev/mtd2 不包括 spare(oob)区域)。而设备文件/dev/mtd0c/dev/mtd1c/dev/mtd2c(名字的后面多一个字符"c")，指的是包括 spare(oob)区域对应分区。

在烧写 yaffs2 镜像文件的时候需要读写 nandflash 的 spare(oob)区域，所以用的设备文件是/dev/mtd0c/dev/mtd1c 或者/dev/mtd2c。而在烧写 jffs2 或者 cramfs 镜像文件的时候，不需要操作 spare(oob)区域，所以使用的是/dev/mtd0/dev/mtd1 或者/dev/mtd2。

8.4.3　Windows 超级终端使用说明

(1) 打开超级终端(见图 8.7～图 8.10)：

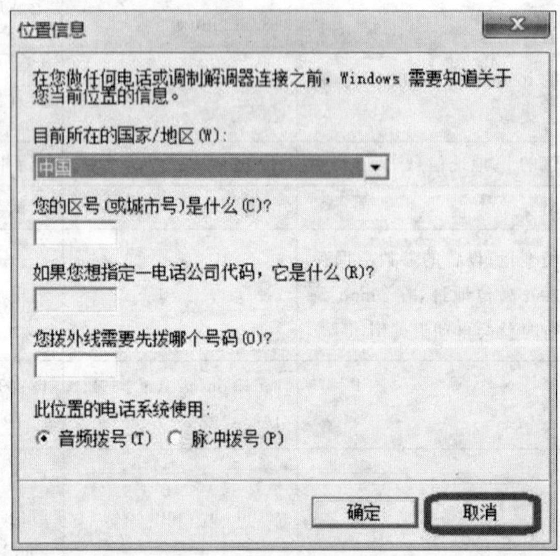

图 8.7　超级终端(1)

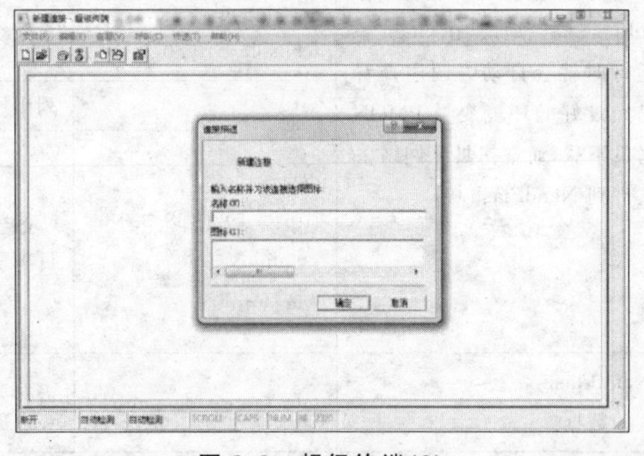

图 8.8　超级终端(2)

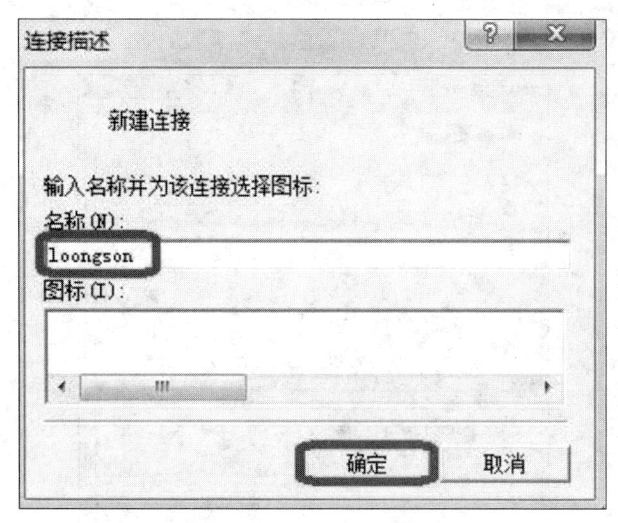

图 8.9　配置超级终端(1)

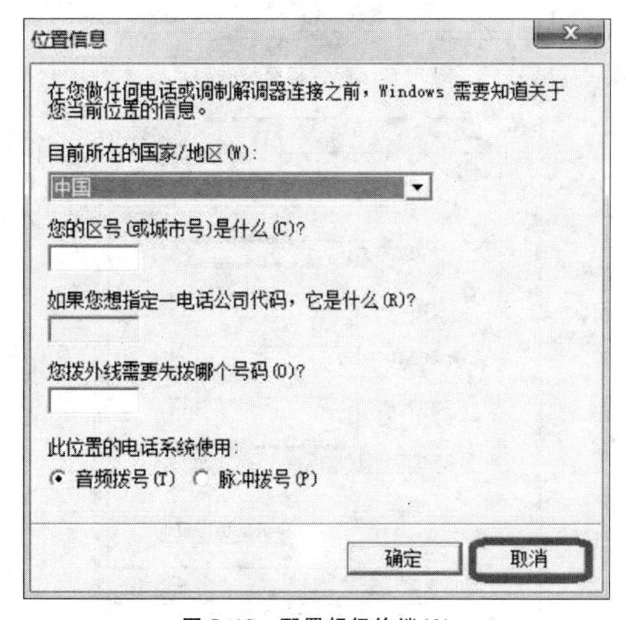

图 8.10　配置超级终端(2)

(2) 新建连接,修改名称(见图 8.11):

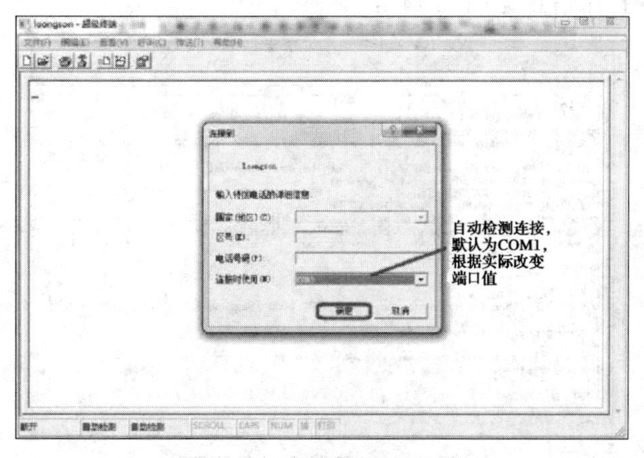

图 8.11　配置超级终端(3)

(3) 设置(见图 8.12、图 8.13)：

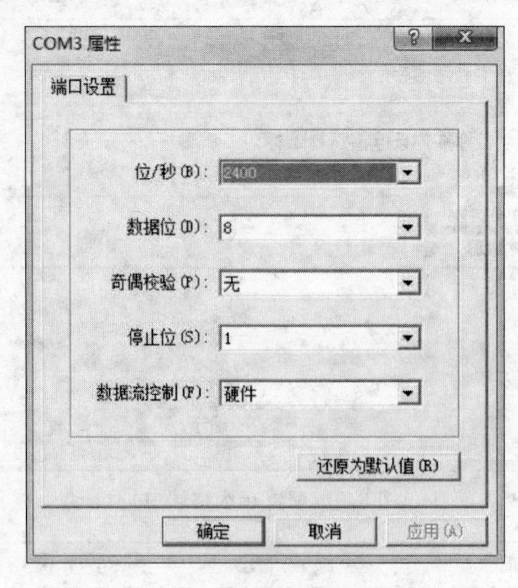

图 8.12　配置超级终端(4)

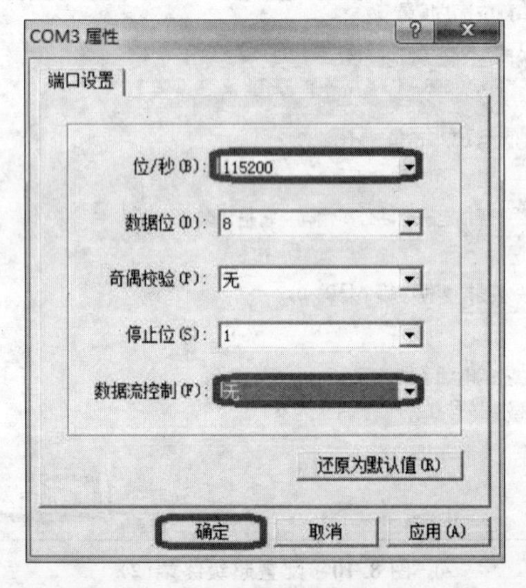

图 8.13　配置超级终端(5)

(4) 开发板上电(打印信息见图 8.14)：

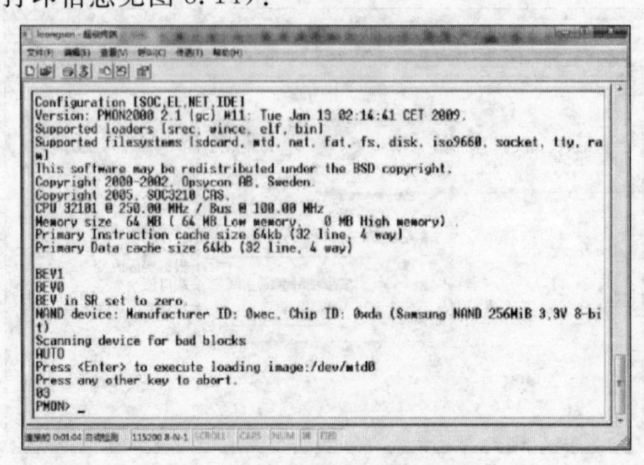

图 8.14　配置完成后显示

8.4.4　Minicom 使用指南

Minicom 是 Linux 上最常用的终端仿真程序，它类似 Windows 下的“超级终端”的程序，一般完全安装大部分发行版的 Linux 时都会包含它，下面介绍它的使用方法。

(1) 安装 Minicom，如果没有安装 Minicom，先安装：apt-get install minicom。

(2) 配置 Minicom

使用 Minicom 之前先设置一下：

①Linux 终端输入

运行 minicom-s，出现如图 8.15 所示的界面。

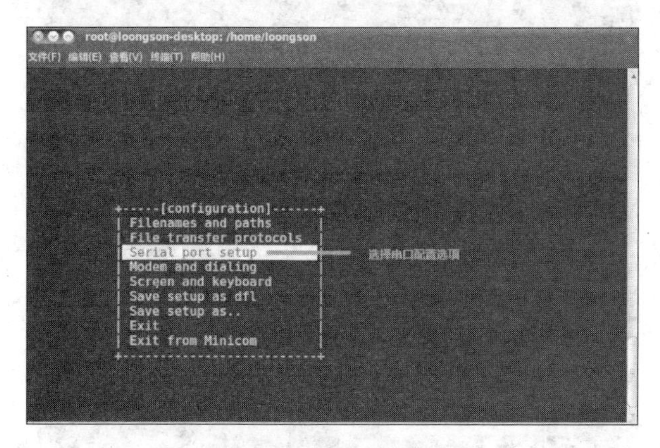

图 8.15　minicom-s 界面

②进入“Serial port setup”，会出现如图 8.16 所示的界面。

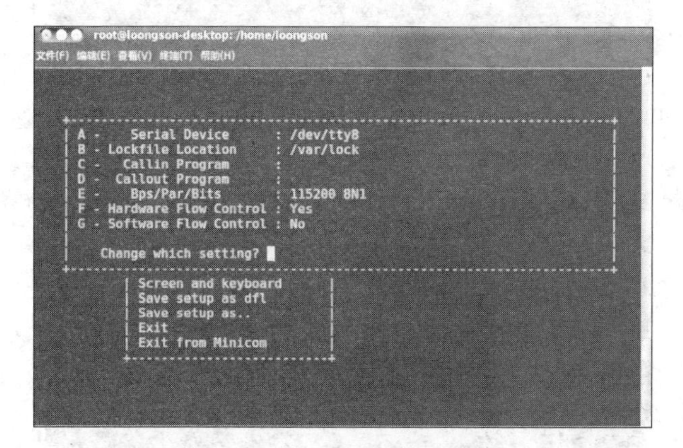

图 8.16　Serial port setup 界面

提示：

A 对应的是键盘‘A’键，按下‘A’键配置串口设备。通常的配置是/dev/ttyS0 或/dev/tty0 或者/dev/ttyUSB0，对应于 Windows 操作系统的 COM1。

F 对应的是硬件流设置，按‘F’进行配置，通常选择 NO。

E 对应的是键盘‘E’键，是用来配置串口波特率的，按键‘E’选择波特率。

键盘‘ESC’键，退出，返回上一层。

键盘‘Enter’键，确定，保存。

③配置串口设备、波特率和硬件流，会出现如图 8.17 所示的界面。

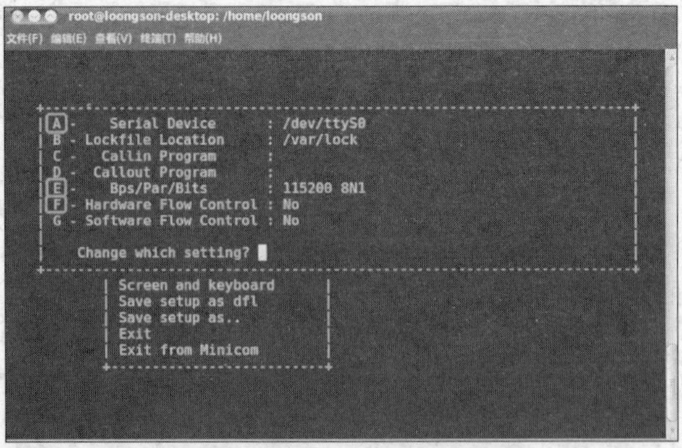

图 8.17　配置 Serial port 界面(1)

④保存退出到主配置界面,会出现如图 8.18 所示的界面。

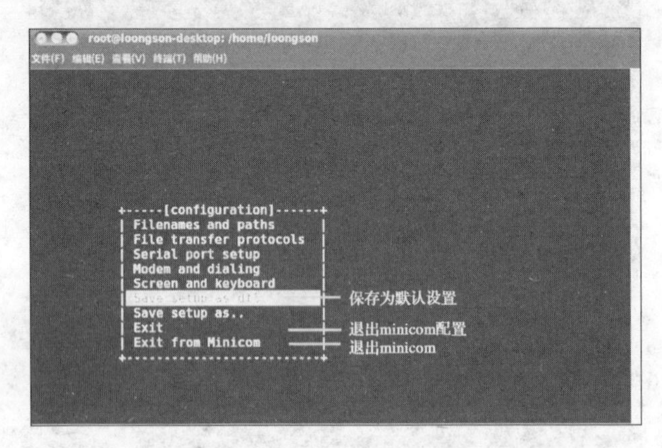

图 8.18　配置 Serial port 界面(2)

(3) 使用 Minicom

先连接好串口线或 USB 转串口。

退出 Minicom 配置,进入 Minicom,会出现如图 8.19、图 8.20 所示的界面。

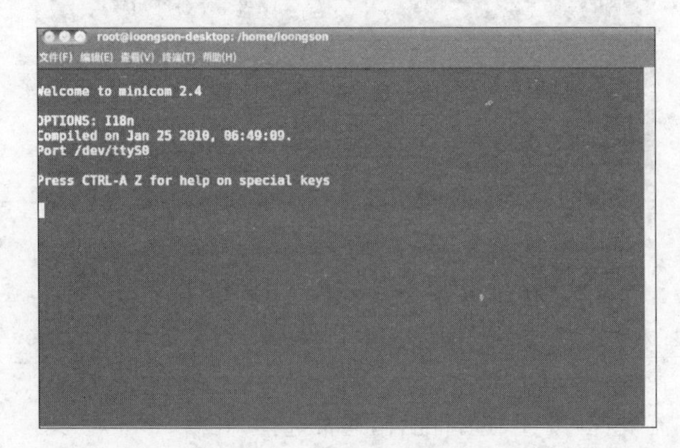

图 8.19　Minicom 界面(1)

```
root@loongson-desktop: /home/loongson
文件(F) 编辑(E) 查看(V) 终端(T) 帮助(H)
SBDE

Configuration [SOC,EL,NET,IDE]
Version: PMON2000 2.1 (gc) #11: Tue Jan 13 02:14:41 CET 2009.
Supported loaders [srec, wince, elf, bin]
Supported filesystems [sdcard, mtd, net, fat, fs, disk, iso9660, socket, tty,]
This software may be redistributed under the BSD copyright.
Copyright 2000-2002, Opsycon AB, Sweden.
Copyright 2005, SOC3210 CAS.
CPU 32101 @ 250.00 MHz / Bus @ 100.00 MHz
Memory size  64 MB ( 64 MB Low memory,   0 MB High memory) .
Primary Instruction cache size 64kb (32 line, 4 way)
Primary Data cache size 64kb (32 line, 4 way)

BEV1
BEV0
BEV in SR set to zero.
NAND device: Manufacturer ID: 0xec, Chip ID: 0xda (Samsung NAND 256MiB 3,3V 8)
Scanning device for bad blocks
AUTO
Press <Enter> to execute loading image:/dev/mtd0
Press any other key to abort.
01
PMON>
```

图 8.20 Minicom 界面(2)

在进入 Minicom 后，如果想退出，则可以按下 Ctrl+A，松开 Ctrl+A 后再紧接着按下 Q 就可以看到退出提示了，选择 Yes 退出，如图 8.21 所示。

```
root@loongson-desktop: /home/loongson
文件(F) 编辑(E) 查看(V) 终端(T) 帮助(H)

Welcome to minicom 2.4

OPTIONS: I18n
Compiled on Jan 25 2010, 06:49:09.
Port /dev/ttyS0

Press CTRL-A Z for help on sp+--------------------+
                             | Leave without reset? |
                             |   Yes        No      |
                             +--------------------+
```

图 8.21 Minicom 界面(3)

8.4.5 PMON 下常用操作

(1) 查看设备

命令：devls。

(2) 配置 ip 地址

命令：ifaddr syn0 xxx. xxx. xxx. xxx(syn0 为用 devls 查看得到的网卡名字)。

(3) 简单测试网络

命令：ping other-ip(other-ip 为在同一网段其他 PC 机器 IP)。

(4) pmon 下通过网络加载内核到内存

命令：load tftp://tftp-server-ip/vmlinux。

注：此命令正常执行会打印加载信息

(5) PMON 下通过网络烧写更新替换新 pmon

命令：load-r-f 0xbfc00000 tftp://tftp-server-ip/gzrom. bin。

注：0xbfc00000 为龙芯处理器启动的第一条指令地址(映射到 Spiflash 中，即从 Spiflash 启动)。

gzrom. bin 为 pmon 的二进制名字。

(6) 烧写内核到 nandflash(通过网络)

命令：devcp tftp://tftp-server-ip/vmlinux/dev/mtd0。

注:这里也可以是/dev/mtd1 或者/dev/mtd2,分别烧写到不同分区,需要在内核加载参数中设置不同的内核启动位置。

(7) 从 nandflash 中加载内核

命令:load/dev/mtd0。

注:/dev/mtd0 需要根据内核的实际位置来修改(可能是/dev/mtd1/dev/mtd2 等)。

(8) 内核添加参数启动

命令:g console=ttyS0,115200 rdinit=/sbin/init。

注:使用方式是 g 后面跟内核参数,例子中的参数根据实际的使用来修改。

(9) 设置内核启动加载位置环境变量

命令:set al/dev/mtd0。

注:/dev/mtd0 需要根据内核的实际位置来修改(可能是/dev/mtd1/dev/mtd2 等)。

PMON 启动后会自动根据 al(autoload)的值来自动加载内核。

(10) 设置内核启动参数的环境变量

命令:set append "console=ttyS0,115200 rdinit=/sbin/init"。

注:内核启动参数根据实际情况修改。

PMON 在启动后根据 al 的值自动加载内核,而后自动用 append 的值做为内核启动参数来启动内核系统。

(11) 设置延时启动时间环境变量

命令:set bootdelay3。

注:单位为秒(3:为延时 3 s)

PMON 启动后根据 bootdelay 的值来延时加载启动系统内核。

(12) 重启 PMON

命令:reboot。

第四部分　C-MAC 开发设计

9　C-MAC 与 Loongson1B 开发板

9.1　简介

C-MACRA3000＋是采用 Silicon Laboratories 的 Si4432B1 版本的芯片研发的低功耗远程无线通信收发模块。结合有十余年无线技术资历的射频专家进行的 IC 设计和阻抗匹配等优化设计，充分发挥了射频芯片的优异性能，通信距离远超同行产品。实测 100 mW 发射功率下，最远通信距离在 3 000 m 以上，具有体积小、发射功率大、接收灵敏度高、稳定性好、性价比高等特点，提供 433 M/780 M 等频段的型号，可广泛用于无线抄表、无线数据采集、无线遥控、智能家居、无线工业控制等领域。

9.2　产品特性

(1) 频率范围：433 MHz/780 MHz。
(2) 灵敏度：高达－120～－121 dBm(1.2 Kb/s)。
(3) 通信距离：3 000 m 以上(1.2 Kb/s 可视距离)。
(4) 数据传输率：0.12～256 Kb/s。
(5) 调制模式：FSK，GFSK 和 OOK 调制模式。
(6) 供电：3.6 V。
(7) 数字接收信号强度指示(RSSI)。
(8) 定时唤醒功能，无线唤醒功能(WUT)。
(9) 天线自动匹配及双向开关控制。
(10) 可配置数据包结构。
(11) 同步信号检测。
(12) 64 字节收发数据寄存器(FIFO)。
(13) 芯片内集成低电池电量检测。
(14) 芯片内温度传感器和 8 位模数转换器。
(15) 工作温度范围：－40～＋80 ℃。
(16) 集成稳压器。
(17) 跳频功能。
(18) 上电复位功能。
(19) 内置晶体误差调整功能。
(20) 芯片自动计算并校验 CRC-16，并且支持三种 16 位 CRC 多项式。
(21) 最多 4 字节的帧头可用，在接收端使用帧头过滤器，这样可以设置按地址接收。

9.3　应用范围

智能农业、智能家居、智能交通、智能安防、无线点菜机、车辆监控、无线抄表、工业遥控、遥控遥测、排队系统、小型无线网络、无线抄表、门禁系统、小区传呼、工业数据采集系统、小型无线数据终端、安全防火系统、无线遥控系统、生物信号采集、水文气象监控、机器人控制、无线报警系统等。

9.4　电气参数

(1) 工作电压 1.8～3.6 V。

(2) 工作温度－40～85 ℃。

(3) 接收电流 18.5 mA,发射最大电流 80 mA(20 DB 输出时)。

(4) 频率范围 428～438 MHz,其他频率需要定制。

(5) FSK 调制速率 0.12～256 Kb/s。

(6) 发射功率 1 到 20 dBm。

(7) 接收灵敏度－120 dBm,在 1 200 b/s 下测试。

(8) 超低耗在掉电模式为 10 nA(4.21 ms)、在待机模式 300 nA、睡眠模式 600 nA(1.21 ms);传感器模式 245 μA(1.21 ms);接收电流 18.5 mA、最大发射电流 80 mA(200 μs)。

9.5　管脚定义

管脚定义见图 9.1,管脚定义对照表见表 9.1 所示。

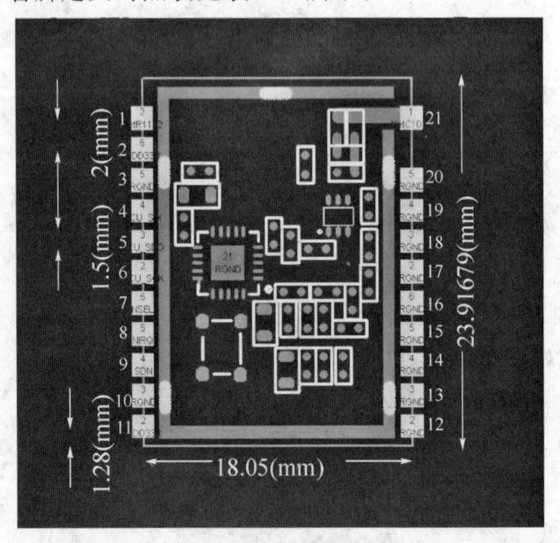

图 9.1　管脚定义

表 9.1　管脚定义对照表

编号	名称	功　能
1	GPIO2	接到了 Si4432IC 的 GPIO2 脚上
2	VDD33	电源

续表 9.1

编号	名称	功　能
3	GND	接电源地
4	SDO	0 - VDDV 数字输出，提供了对内部控制寄存器的串行回读功能。
5	SDI	串行数据输入。0 - VDDV 数字输入。该引脚为 4 线串行数据串行数据流总线
6	SCK	时钟串行时钟输入。0 - VDDV 数字输入。该引脚提供了 4 线串行数据时钟功能。
7	NSEL	串行时钟输入引脚 0 - VDDV，数值输入，这个引脚为 4 线串行数据总线提供选择/使能功能，这个信号也用于表示突发读、写模式
8	NIRQ	中断输出引脚
9	SDN	关断输入引脚。0 - VDDV 数字输入。SDN＝应在除关机模式下，所有的模式 0。当 SDN＝1 的芯片将被彻底关闭和寄存器的内容将丢失。
10	GND	接电源地
11	VDD33	工作电源 1.8～3.6 V
12	GND	接电源地
13	GND	接电源地
14	GND	接电源地
15	GND	接电源地
16	GND	接电源地
17	GND	接电源地
18	GND	接电源地
19	GND	接电源地
20	GND	接电源地
21	ANT	接天线，阻抗 50 Ω

9.6 参考接口电路

C-MACRA3000＋参考接口电路见图 9.2。

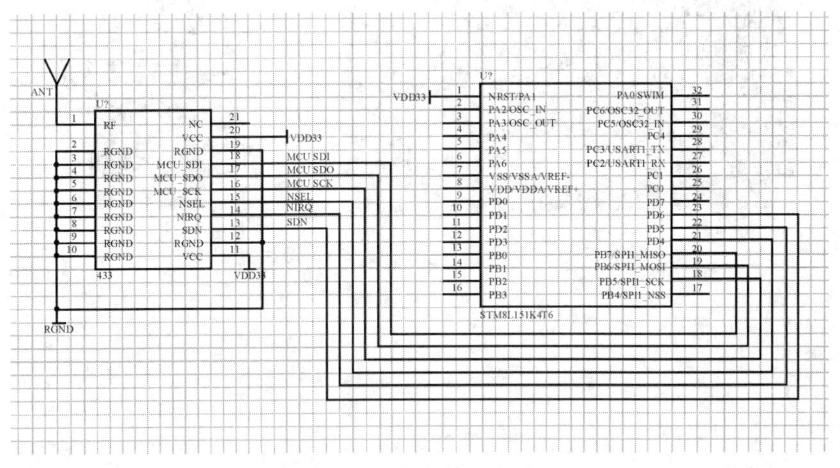

图 9.2　参考接口电路

9.7　机械尺寸

C-MACRA3000＋机械尺寸见图 9.3～图 9.5。

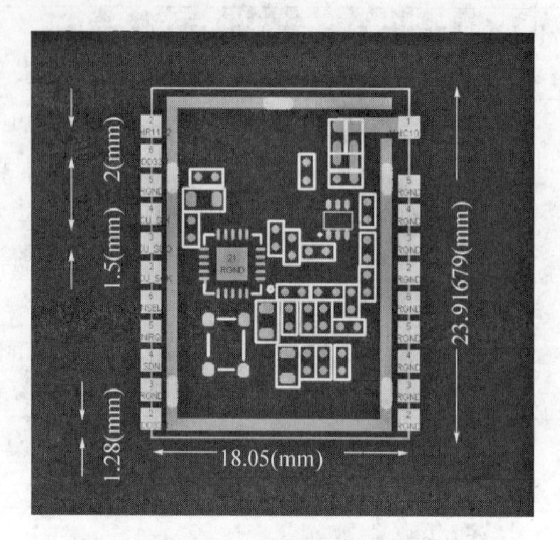

图 9.3　开发板机械尺寸

图 9.4　C-MACRA3000＋

图 9.5　C-MAC 量产板与 C-MAC 无线测试板

10 CC2530 介绍

10.1 CC2530 图样

图 10.1 CC2530 核心板

(1) LYCC2530 核心板(见图 10.1)。

特点:体积小,引出全部 I/O 口,标准的 2.54 排阵接口。可直接应用在万用板和自制 PCB 板上。模块使用 TI 公司的 CC2530 F256 单片机芯片和 2.4G 全向天线。

(2) LYZigBee 底板(见图 10.2)。

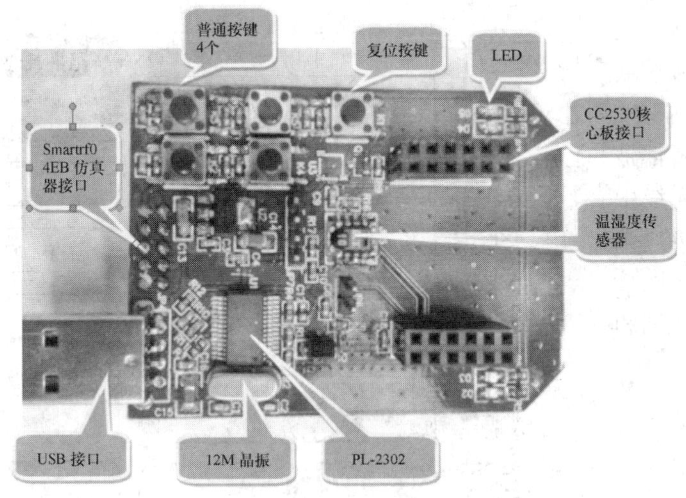

图 10.2 LYZigBee 底板

设备参数:

4 个普通按键,一个复位按键;4 个 LED 灯;一个温湿度传感器;CC2530 核心板接口;Smartrf04EB 仿真器接口;一个 USB 接口;一个 12M 晶振。

10.2 CC2530 概述

CC2530 是 Chipcon 公司推出的用来实现嵌入式 ZigBee 应用的片上系统。它支持2.4GHz IEEE802.15.4/ZigBee 协议。CC2530 是用于 IEEE802.15.4、ZigBee 和 RF4CE 应用的一个真正的片上系统(SoC)解决方案。它能够以非常低的总的材料成本建立强大的网络节点。CC2530 结合了领先的 RF 收发器的优良性能,业界标准的增强型 8051CPU,系统内可编程闪存,8 KB RAM 和许多其他强大的功能。CC2530 有四种不同的闪存版本:CC2530F32/64/128/256,分别具有 32/64/128/256KB 的闪存。CC2530 具有不同的运行模式,使得它尤其适应超低功耗要求的系统。运行模式之间的转换时间短进一步确保了低能源消耗。

CC2530F256 结合了德州仪器的业界领先的黄金单元 ZigBee 协议栈(Z-Stack™),提供了一个强大和完整的 ZigBee 解决方案。

CC2530 的尺寸只有 7 mm×7 mm 48-pin 的封装，采用具有内嵌闪存的 0.18µm CMOS 标准技术。这可实现数字基带处理器，RF、模拟电路及系统存储器整合在同一个硅晶片上。

MCU 和存储器子系统

针对协议栈，网络和应用软件的执行对 MCU 处理能力的要求，CC2530 包含一个增强型工业标准的 8 位 8051 微控制器内核，运行时钟 32 MHz。由于更快的执行时间和通过除去被浪费掉的总线状态的方式，使得使用标准 8051 指令集的 CC2530 增强型 8051 内核，具有 8 倍的标准 8051 内核的性能。

CC2530 包含一个 DMA 控制器。8 K 字节静态 RAM，其中的 4 K 字节是超低功耗 SRAM。32 K，64 K 或 128 K 字节的片内 Flash 块提供在电路可编程非易失性存储器。

CC2530 集成了 4 个振荡器用于系统时钟和定时操作：一个 32 MHz 晶体振荡器，一个 16 MHz RC-振荡器，一个可选的 32.768 kHz 晶体振荡器和一个可选的 32.768 kHz RC 振荡器。

CC2530 也集成了用于用户自定义应用的外设。一个 AES 协处理器被集成在 CC2530，以支持 IEEE802.15.4 MAC 安全所需的(128 位关键字)AES 的运行，以实现尽可能少的占用微控制器。

中断控制器为总共 18 个中断源提供服务，它们中的每个中断都被赋予 4 个中断优先级中的某一个。调试接口采用两线串行接口，该接口被用于在电路调试和外部 Flash 编程。I/O 控制器的职责是 21 个一般 I/O 口的灵活分配和可靠控制。

CC2530 包括四个定时器：一个 16 位 MAC 定时器，用以为 IEEE802.15.4 的 CS-MA-CA 算法提供定时以及为 IEEE802.15.4 的 MAC 层提供定时。一个一般的 16 位和两个 8 位定时器，支持典型的定时/计数功能，例如，输入捕捉、比较输出和 PWM 功能。功能图如图 10.3 所示。

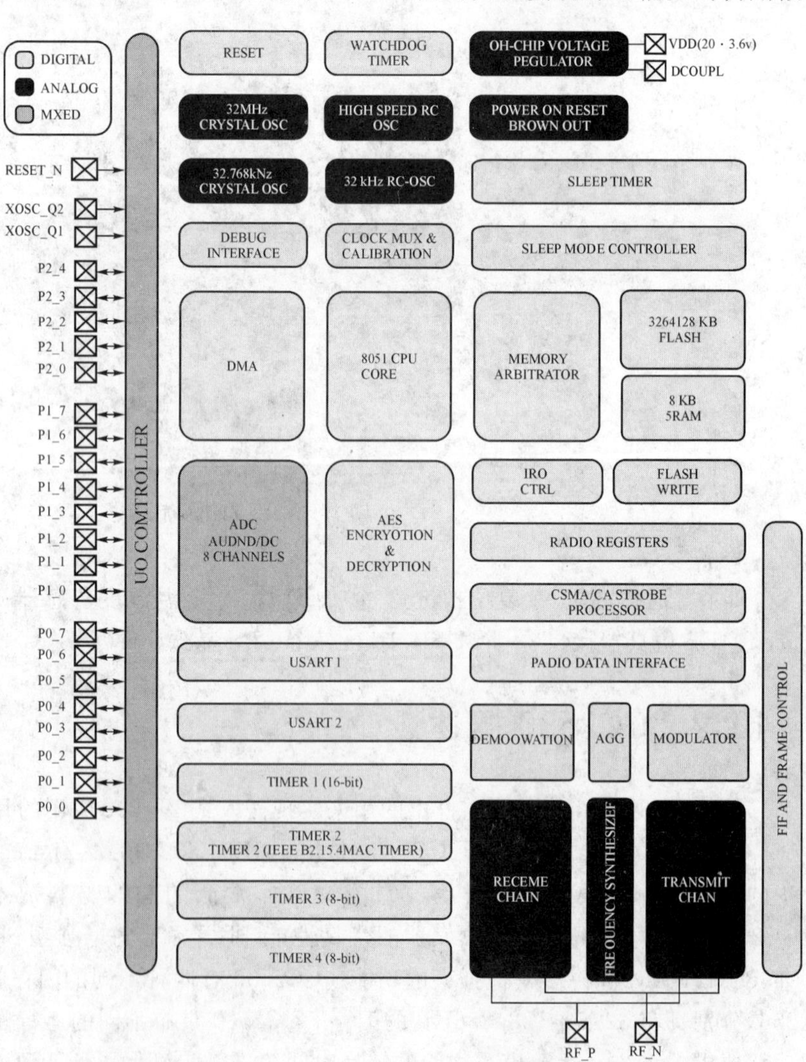

图 10.3　CC2530 片上系统的功能模块结构

10.3 CC2530芯片的主要特点

(1) RF/布局

①适应2.4 GHz IEEE802.15.4的RF收发器；

②极高的接收灵敏度和抗干扰性能；

③可编程的输出功率高达4.5 dBm；

④只需极少的外接元件；

⑤只需一个晶振，即可满足网状网络系统需要；

⑥6 mm×6 mm的QFN40封装；

⑦适合系统配置符合世界范围的无线电频率法规：ETSIEN300328和EN300440(欧洲)，FCCCFR47第15部分(美国)和ARIBSTD-T-66(日本)。

(2) 低功耗

①主动模式RX(CPU空闲)：24 mA；

②主动模式TX在1 dBm(CPU空闲)：29 mA；

③供电模式1(4 μs唤醒)：0.2 mA；

④供电模式2(睡眠定时器运行)：1 μA；

⑤供电模式3(外部中断)：0.4 μA；

⑥宽电源电压范围(2～3.6 V)。

(3) 微控制器

①优良的性能和具有代码预取功能的低功耗8051微控制器内核；

②32-、64-或128-KB的系统内可编程闪存；

③8-KB RAM，具备在各种供电方式下的数据保持能力；

④支持硬件调试。

(4) 外设

CC2530包括许多不同的外设，允许应用程序设计者开发先进的应用。

①调试接口执行一个专有的两线串行接口，用于内电路调试。通过这个调试接口，可以执行整个闪存存储器的擦除、控制使能哪个振荡器、停止和开始执行用户程序、执行8051内核提供的指令、设置代码断点，以及内核中全部指令的单步调试。使用这些技术，可以很好地执行内电路的调试和外部闪存的编程。

设备含有闪存存储器以存储程序代码。闪存存储器可通过用户软件和调试接口编程。闪存控制器处理写入和擦除嵌入式闪存存储器。闪存控制器允许页面擦除和4字节编程。

②I/O控制器负责所有通用I/O引脚。CPU可以配置外设模块是否控制某个引脚或它们是否受软件控制，如果是的话，每个引脚配置为一个输入还是输出，是否连接衬垫里的一个上拉或下拉电阻。CPU中断可以分别在每个引脚上使能。每个连接到I/O引脚的外设可以在两个不同的I/O引脚位置之间选择，以确保在不同应用程序中的灵活性。

系统可以使用一个多功能的五通道DMA控制器，使用XDATA存储空间访问存储器，因此能够访问所有物理存储器。每个通道(触发器、优先级、传输模式、寻址模式、源和目标指针和传输计数)用DMA描述符在存储器任何地方配置。许多硬件外设(AES内核、闪存控制器、USART、定时器、ADC接口)通过使用DMA控制器在SFR或XREG地址和闪存/SRAM之间进行数据传输，获得高效率操作。定时器1是一个16位定时器，具有定时器/PWM功能。它有一个可编程的分频器，一个 16 位周期值，和五个各自可编程的计数器/捕获通道，每个都有一个 16 位比较值。每个计数器/捕获通道可以用作一个 PWM 输出或捕获输入信号边沿的时序。它还可以配置在 IR 产生模式，计算定时器 3 周期，输出是 ANDed，定时器 3 的输出是用最小的 CPU 互动产生调制的消费型 IR 信号。

③MAC 定时器(定时器 2)是专门为支持 IEEE802.15.4MAC 或软件中其他时槽的协议设计。定时器有一个可配置的定时器周期和一个 8 位溢出计数器，可以用于保持跟踪已经经过的周期数。一个 16 位捕获寄存器也用于记录收到/发送一个帧开始界定符的精确时间，或传输结束的精确时间，还有一个 16 位输出比较寄存器可以在具体时间产生不同的选通命令(开始 RX，开始 TX 等)到无线模块。定时器 3 和定时器 4 是 8 位定时器，具有定时器/计数器/PWM 功能。它们有一个可编程的分频器，一个 8 位的周期值，一个可编程的计数器通道，具有一个 8 位的比较值。每个计数器通道可以用作一个 PWM 输出。

④睡眠定时器是一个超低功耗的定时器，计算 32 kHz 晶振或 32 kHz RC 振荡器的周期。睡眠定时器在除了供电模式 3 的所有工作模式下不断运行。这一定时器的典型应用是作为实时计数器，或作为一个唤醒定时器跳出供电模式 1 或 2。

ADC 支持 7 到 12 位的分辨率，分别在 30 kHz 或 4 kHz 的带宽。DC 和音频转换可以使用高达八个输入通道(端口 0)。输入可以选择作为单端或差分。参考电压可以是内部电压、AVDD 或是一个单端或差分外部信号。ADC 还有一个温度传感输入通道。ADC 可以自动执行定期抽样或转换通道序列的程序。

⑤随机数发生器使用一个 16 位 LFSR 来产生伪随机数，这可以被 CPU 读取或由选通命令处理器直接使用。例如随机数可以用作产生随机密钥，用于安全。

⑥AES 加密/解密内核允许用户使用带有 128 位密钥的 AES 算法加密和解密数据。这一内核能够支持 IEEE802.15.4 MAC 安全、ZigBee 网络层和应用层要求的 AES 操作。

一个内置的看门狗允许 CC2530 在固件挂起的情况下复位自身。当看门狗定时器由软件使能，它必须定期清除；否则，当它超时就复位它就复位设备。或者它可以配置用作一个通用 32 kHz 定时器。

⑦USART0 和 USART1 每个被配置为一个 SPI 主/从或一个 UART。它们为 RX 和 TX 提供了双缓冲以及硬件流控制，因此非常适合于高吞吐量的全双工应用。每个都有自己的高精度波特率发生器，因此可以使普通定时器空闲出来用作其他用途。

⑧无线设备

CC2530 具有一个 IEEE802.15.4 兼容无线收发器。RF 内核控制模拟无线模块。另外，它提供了 MCU 和无线设备之间的一个接口，这使得可以发出命令，读取状态，自动操作和确定无线设备事件的顺序。无线设备还包括一个数据包过滤和地址识别模块。

(5) 开发工具

①CC2530 开发套件；

②CC2530ZigBee 开发套件；

③用于 RF4CE 的 CC2530 RemoTI™开发套件；

④SmartRF™软件；

⑤数据包嗅探器；

⑥可用的 IAR 嵌入式工作台。

(6) 应用

①2.4 GHz IEEE802.15.4 系统；

②RF4CE 远程控制系统(需要大于 64 KB 闪存);
③ZigBee 系统(256 KB 闪存);
④家庭/楼宇自动化;
⑤照明系统;
⑥工业控制和监控;
⑦低功耗无线传感网络;
⑧消费型电子;
⑨医疗保健。

10.4 硬件应用电路

CC2530 芯片需要很少的外围部件配合就能实现信号的收发功能。图 10.4 为 CC2530 芯片的一种典型硬件应用电路。

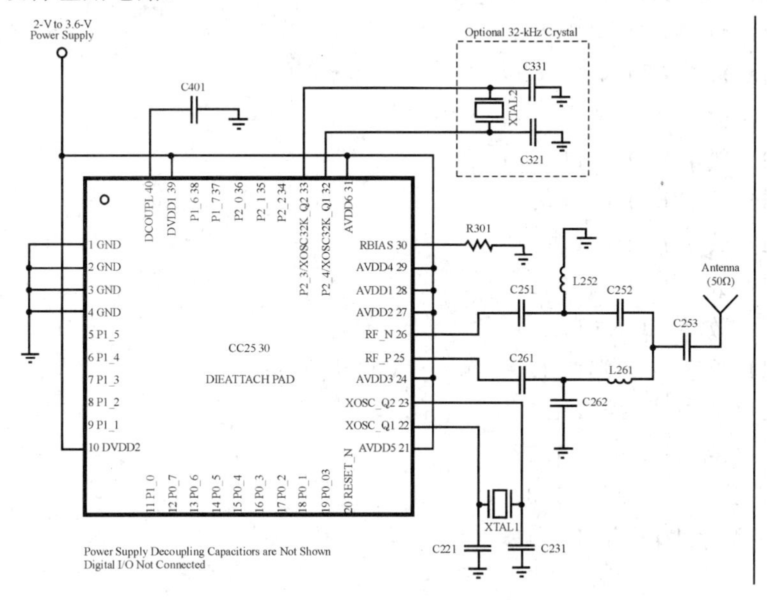

图 10.4 CC2530 芯片的典型应用电路

10.5 CC2530 芯片的引脚功能

CC2530 芯片采用 7 mm×7 mm QLP 封装,共有 48 个引脚。全部引脚可分为 I/O 端口线引脚、电源线引脚和控制线引脚三类。

CC2530 有 21 个可编程的 I/O 口引脚,P0、P1 口是完全的 8 位口,P2 口只有 5 个可使用的位。通过软件设定一组 SFR 寄存器的位和字节,可使这些引脚作为通常的 I/O 口或作为连接 ADC、计时器或 USART 部件的外围设备 I/O 口使用。

I/O 口有下面的关键特性:

- 可设置为通常的 I/O 口,也可设置为外围 I/O 口使用;
- 在输入时有上拉和下拉能力;
- 全部 21 个数字 I/O 口引脚都具有响应外部的中断能力。

如果需要外部设备,可对 I/O 口引脚产生中断,同时外部的中断事件也能被用来唤醒休眠模式。

引脚名称、引脚号、引脚类型描述如下：

- AVDD1 28 电源(模拟) 2-V～3.6-V 模拟电源连接；
- AVDD2 27 电源(模拟) 2-V～3.6-V 模拟电源连接；
- AVDD3 24 电源(模拟) 2-V～3.6-V 模拟电源连接；
- AVDD4 29 电源(模拟) 2-V～3.6-V 模拟电源连接；
- AVDD5 21 电源(模拟) 2-V～3.6-V 模拟电源连接；
- AVDD6 31 电源(模拟) 2-V～3.6-V 模拟电源连接；
- DCOUPL 40 电源(数字) 1.8V 数字电源去耦。不使用外部电路供应；
- DVDD1 39 电源(数字) 2-V～3.6-V 数字电源连接；
- DVDD2 10 电源(数字) 2-V～3.6-V 数字电源连接；
- GND - 接地 接地衬垫必须连接到一个坚固的接地面；
- GND 1,2,3,4 未使用的引脚 连接到 GND；
- P0_0 19 数字 I/O 端口 0.0；
- P0_1 18 数字 I/O 端口 0.1；
- P0_2 17 数字 I/O 端口 0.2；
- P0_3 16 数字 I/O 端口 0.3；
- P0_4 15 数字 I/O 端口 0.4；
- P0_5 14 数字 I/O 端口 0.5；
- P0_6 13 数字 I/O 端口 0.6；
- P0_7 12 数字 I/O 端口 0.7；
- P1_0 11 数字 I/O 端口 1.0～20-mA 驱动能力；
- P1_1 9 数字 I/O 端口 1.1～20-mA 驱动能力；
- P1_2 8 数字 I/O 端口 1.2；
- P1_3 7 数字 I/O 端口 1.3；
- P1_4 6 数字 I/O 端口 1.4；
- P1_5 5 数字 I/O 端口 1.5；
- P1_6 38 数字 I/O 端口 1.6；
- P1_7 37 数字 I/O 端口 1.7；
- P2_0 36 数字 I/O 端口 2.0；
- P2_1 35 数字 I/O 端口 2.1；
- P2_2 34 数字 I/O 端口 2.2；
- P2_3/XOSC32K_Q2 33 数字 I/O 模拟端口 2.3/32.768kHz XOSC；
- P2_4/XOSC32K_Q1 32 数字 I/O 模拟端口 2.4/32.768kHz XOSC；
- RBIAS 30 模拟 I/O 参考电流的外部精密偏置电阻；
- RESET_N 20 数字输入 复位,活动到低电平；
- RF_N 26 RFI/O RX 期间负 RF 输入信号到 LNA；
- RF_P 25 RFI/O TRXX 期间正 RF 输入信号到 LNA；
- XOSC_Q1 22 模拟 I/O 32 MHz 晶振引脚 1,或外部时钟输入；
- XOSC_Q2 23 模拟 I/O 32 MHz 晶振引脚 2。

11 C-MAC 设计

11.1 整体机构与功能

研发的 C-MAC 协议是开放无线通信协议。C-MAC 协议是应用于无线传感网上的通用协议。通过此协议，无线传感器相互之间、传感器经由无线网络和其他设备之间可以通信。有了它，不同厂商生产的控制设备可以连成工业网络，进行集中监控。

此协议定义了一个控制器能认识使用的消息结构，而不管它们是经过何种网络进行通信的。它描述了控制器请求访问其他设备的过程，如何回应来自其他设备的请求，以及怎样侦测错误并记录。它制定了消息域格局和内容的公共格式。

当在 C-MAC 网络上通信时，此协议决定了每个控制器需要知道它们的设备地址，识别按地址发来的消息，决定要产生何种行动。如果需要回应，控制器将生成反馈信息并用 C-MAC 协议发出。在其他网络上，包含了 C-MAC 协议的消息转换为在此网络上使用的帧或包结构。这种转换也扩展了根据具体的网络解决节地址、路由路径及错误检测的方法。

11.2 系统组成的主要功能

1）多频自适应切换

C-MAC 协议采用各种抗干扰技术，可靠性高，并支持双频段自适应技术，可在 433 MHz 和 780 MHz 频段之间自动选择干扰小的频段通信。可支持 TCP 协议，保证稳定连接。具体功能如下：

认知无线电中的频谱感知技术：能够感知周围的电磁环境、无线信道特征以及用户需求，并通过推理和对以往经验的学习，自适应地调整其内部配置，优化其系统性能，以适应环境和需求的变化。

频谱认知要素包括环境的感知、推理、学习流程以及状态控制，构成一个激励—体验—响应模式的过程，节点不断进行着从观察到行动的循环，其认知信息的循环流动形成一个完整的认知环路。

认知引擎的功能包括观察、判断、计划、决策、执行和学习等阶段的认知环路，可视为认知引擎实现自身功能的响应序列。对于认知环路中响应序列的遍历与转换过程可以理解为有限状态机的转移过程。

节点从对外部环境的观察阶段开始到执行阶段结束，中间贯穿了两个过程：一个是观察、判断、计划、决策、执行的过程，可以称为决策和自适应环路(外环)；另一个是在这个过程中知识的发现、形成、使用和积累的过程，可以称为学习环路(内环)。

在认知无线电领域用于检测某频段内是否有信号存在、有哪些信号存在的方法有多种。以检测类型划分，可分为信号存在性检测和信号覆盖范围检测两类；以检测节点个数划分，可分为单节点检测和多节点联合检测；以检测方法划分，主要分为匹配滤波、能量检测、周期特性检测三类(见图 11.1)。

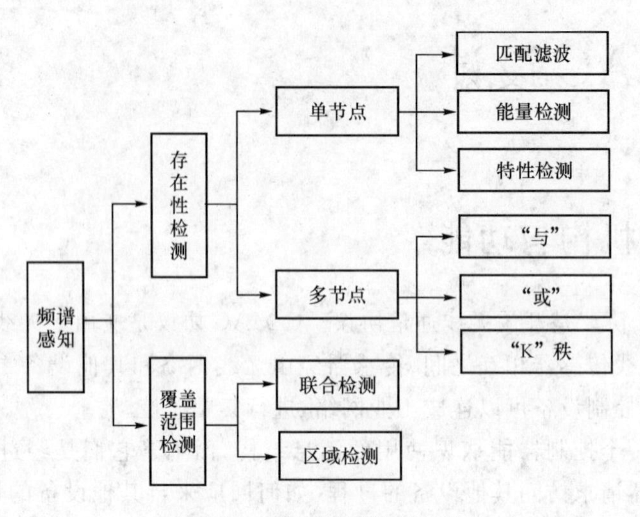

图 11.1　频段信号检测方法

系统由以下四个部分构成:跳频网络同步方案、链路层的多址接入技术、网络层的路由协议以及支持网内语言传输的 Qos 算法。其中跳频网络同步方案和多址接入技术都属于链路层的协议。

为了满足不同业务类型的传输要求,我们采用了时元、时帧、时隙、跳等 4 级时隙结构管理时隙资源。即将时间轴划分为一定长度的周期性时元,每个时元划分为若干个时间长度相等的时帧,每个时帧划分为若干个长度相等的时隙,每个时隙固定包括若干跳。跳是物理上可分配的最小单位。跳频时隙结构如图 11.2 所示。

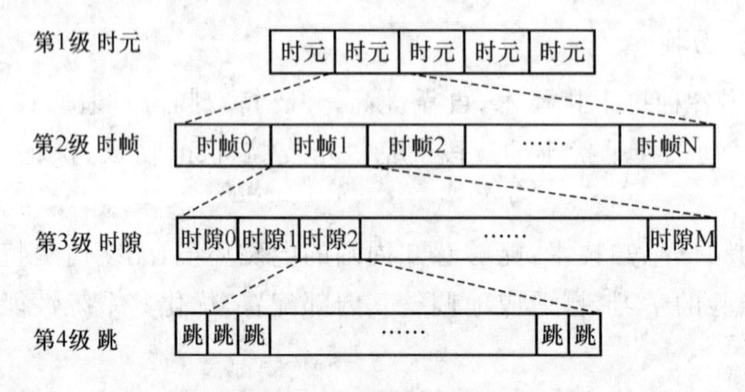

图 11.2　跳频时隙结构

每个时隙的竞争接入将采用 CSMA 载波监听的方式。具体方式为:当预约型业务(主要是话音业务)成功预约到某个时隙后,将由该业务的收发双方节点在该时隙的前几跳发送忙音指示,表明该时隙已被占用。所有的竞争型数据(如话音预约分组和数据业务)则采用 CSMA 方式不断监听时隙的占用情况。如果在当前时隙的前几跳没有听到载波信号,则表明该时隙空闲,可用于竞争接入;否则,表明该时隙已被占用,则等待下一时隙继续监听信道。

终端模式的切换将是研究的重点。由于各种模式工作在不同的频段,因此切换除了协议的切换外,还有频率的切换。同时,频率利用效率也是考虑的一个问题,为了使得频谱利用率得到提高,将使用软件无线电技术,对空白频谱进行认知与管理。对于多频段的切换,将采用智能天线技术,保证终端能够在多频段下进行切换。将针对现有的各种无线通信标准进行模块化,当终端进入某个无线环境中后,通过认知技术对无线环境以及网络协议进行识别,然后进行自动切换与配置。

2）搭建网络拓扑架构

在星型拓扑结构之间建立通信设备和一个单一的中央控制器，被称为PAN的协调器。设备通常有一些相关的应用程序，要么是起始点要么是网络通信的终止点。PAN协调器也可能有一个特定的应用程序，但它可用于启动、终止，或周围网络的通信路由。PAN协调器是PAN的主控制器。拓扑结构或网络上的所有设备的运行应具有独特的64位地址。这个地址可能被用于PAN的直接沟通，或可能是一个短地址分配时，该设备可用来代替PAN协调器。PAN协调器经常被主电源供电，而设备将最有可能是电池供电的。星型拓扑结构常用于家庭自动化，个人计算机(PC)的外围设备，玩具和游戏，个人保健。

3）数据协议转换

在中继器、网关实现多种网络协议的转换，融合。网关支持C-MAC、ZigBee、Wi-Fi、3G等无线模块和协议。中继模块支持多种网络协议的数据通信，可以实现对Wi-Fi宽带协议的支持，以增加中继的数据传输速度。定义可编程的传感器网络框架，包括了目前的主流路由协议。其体系结构主要包括一个配置服务模块、状态收集模块、数据转发模块并维护一个状态信息内容，向上提供网络接口和控制包。路由服务将路由协议封装为状态收集模块和数据转发模块，并提供给上层一个统一的网络层接口。配置服务根据上层应用的要求为不同模块选择不同的路由协议，并将这些配置信息传达到整个网络，以保持路由协议在网络中的一致。

另外，此关键技术必须考虑异构融合，实现异构网的无缝切换。

在异构网切换应注意如下几个方面：

(1) 异构网络支持的数据传输速率不同，应尽可能多利用传输速率大的网络，同时也应注意各网络的负载平衡情况。

(2) 同时处于两个或多个异构网络覆盖之下，利用这点可将切换时延与包丢失率减少到尽量小的限度，最大限度提供较好的服务质量。另外，还需考虑如何制定网络选择策略，选择最佳的切换网络。

(3) 异构网间切换时接受的导频功率强度不具可比性，对不同的网络应采用不同的信号门限值。移动台在异构网边界时，与同构网一样，可能产生乒乓效应。

如何选择最优的网络接口，在何种情况下需要进行网络间的切换，这就需要一个评估机制来管理异构网间的切换。这个评估机制需要综合考虑多个因素，如每个网络的数据传输速率，连接的ISP的收费情况，每个网络接口的功耗以及移动设备的电池状态等信息。

整个切换算法步骤如下：

预准备阶段：

- 添加所有可用的网络接口到一个待选表；
- 依据用户的设定信息，将不符合条件的网络接口去除；
- 如果待选表为空，则返回初始项，进入正式切换阶段。

正式切换阶段：

- 从设备监控器中收集每个待选网络接口的信息；
- 从系统监控器中收集当前系统状态；
- 应用决策模块中的评估系统，为每个待选接口评分；
- 将当前的传输信息切换到得分最高的接口。

为了既保证整个网络稳定性，又保证该网络具有一定的自组织、多跳、自管理、自愈合和自我平衡等功能，设计的异构网络体系架构如图11.3所示。

针对无线接入环境的异构性特点，以异构资源的最优化使用为目标，结合可编程、可配置、可抽象的硬件环境以及模块化的软件设计思想，实现终端对不同网络技术的支持，在多模移动终端中主要采用重配置技术通过软件来实现不同硬件配置，以适应具体应用的计算平台，可为异构终端提供广泛接入模式，提高终端的兼容性，减少体积，降低功耗和节约成本。多模终端拥有多个无线接口，不同的接口可以接入不同的口通过无线模块来实现，这要求有全新的终端管理的架构作为支撑，为此设计出一种新的异构多模终端协议架构。

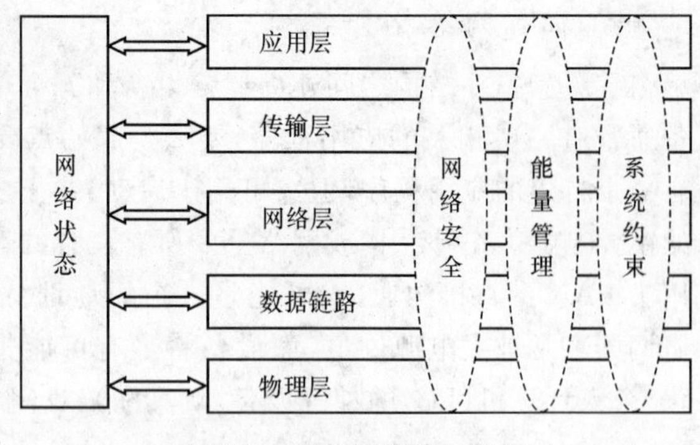

图 11.3　异构网络体系架构

4）多级路由

C-MAC 模块支持最多 255～512 级路由，通过多级中继，可实现数十甚至数百千米的通信，非常适用于高速公路、铁路、城市道路、矿道等线状的网络组网，达到国际领先水平。

支持 255～512 级超级路由，而且不会因为路由深度的增加而牺牲网络的稳定性和路由的准确性。C-MAC 是具有路由功能的终端节点和中继节点组成的多跳网络，数据的传输需要多个中继节点的协作才能完成，因此路由协议是 C-MAC 中至关重要的一部分。与传统有线网络相比，C-MAC 路由协议有自己的特点，如节点功能极化、动态变化的网络拓扑结构。C-MAC 路由协议应该具有以下特点：

（1）自适应能力强；可适应快速变化的网络拓扑结构。

（2）功能极化网络路由策略；一般自组网每个节点具有路由功能，结果大大增加了功耗，对低功耗的要求造成了影响。

C-MAC 协议采用功能极化路由策略，根据节点的功能来采用不同的路由配置，以在相应的应用中取得最好的效率和性能。如网络中终端节点配置为只经中继节点或网关节点通信和路由，限制路由的对象，以便节约能耗，将低功耗的性能做到最好。而中继节点由于数量少，能量有保障，在多级路由方面配置为性能最好，可实现 512 级路由。通过功能极化路由策略，解决自组网络低功耗和多级路由的矛盾，使得整个无线传感器网络在低功耗和路由级数两个方面都能做到最好。

（3）多路径路由；适应于大规模网络；健壮性、可扩展性好。

C-MAC 路由协议会根据信号质量迅速探测多条路由的路径，能在极短时间内选择出最佳链路质量的路径做路由，并且在必要时可以选择次最近路径作为路由。

5）大规模组网技术

C-MAC 模块支持大规模节点组网，最大组网规模达到 10 万点以上，理论组网数量无限制。随着传感器节点数量的增加，原有的体系结构不适于大规模网络节点的管理。传统的传感器节点硬件资源受到限制，为了更高效地进行数据处理，放弃了分层的思想而使用跨层设计。

（1）在依照跨层设计的原理：

● 保持原有网络协议栈结构，增加各层之间信息交互。

● 保证网络具有可扩展性，保证各层之间机制能够相互适应。

● 跨层设计要达到更高的效率，不能使网络性能降低，否则失去跨层设计的意义，然后采用具有如下优点的协议栈。

(2) C-MAC 协议栈具有如下优点:

● 网络设计可能最初以延长网络的生命周期为目标,但采用这种跨层设计可同时改善网络的其他性能指标,如数据包的延迟、网络的动态适应性、降低节点的能量消耗等。

● 跨层设计可以在整个网络层面上进行优化,而不是在某一层进行改进。跨层设计可以利用其他层的信息去改善本层的机制。

● 各层能够完全了解网络的状况,在网络发生变化的时候,能够通过网络状态信息,得到网络当前状态,并及时做出响应。

● 跨层设计可以减少数据包的控制开销,即增大了数据发送的效率。

● 采用跨层协议可以消除传统网络各层协议不协调的问题,如 MAC 采取了睡眠机制会对网络层路由选择策略带来负面影响;同时,采用这种跨层设计会消除各层中重复冗余的机制;此外还能针对应用特点去整体考虑优化网络某一方面的性能,在满足系统性能要求的同时获得最高的网络性能指标。

(3) 协议栈基本功能:

● 协议栈运行于单片机系统上,具有较强的兼容性,可以在以太网上正确运行,同时在此基础上可以借助 IEEE802.15.4 MAC 的无线数据传输功能来传送数据包。

● 实现 IPv6 基本协议栈核心协议的最基本功能,包括 IPv6 基本描述协议,ND(邻居发现)协议、ICMPv6(因特网控制报文)协议和 IPv6 地址的自动配置协议等。

● IPv6 基本描述协议;IPv6 数据包的发送、接收、处理等基本功能。

● ND(邻居发现)协议:邻居发现的地址解析功能,实现邻居请求和邻居通告。

● ICMPv6(因特网控制报文)协议:主要实现控制报文的消息处理,以及对网络诊断功能的回应请求和回应答复。

● IPv6 地址自动配置协议:根据 IPv6 地址格式的要求,主要实现 IPv6 链路本地地址的配置和请求节点多播地址的配置。

● 利用对校验和字段的计算与处理来提高 ICMPv6、TCP 等协议运行的正确性。

● 实现简单的应用层协议(如 TELNET/SNMP 协议),利用远程终端可以登录到运行嵌入式 IPv6 协议栈的单片机系统,以及进行简单的控制和管理操作。

(4) 协议栈的结构:

嵌入式 IPv6 协议栈采用分层结构进行设计,将整个协议栈(包括 TCP 及上层应用)分为 4 个层次,事件触发接口层、TCP/IP 网络协议层、NIC 网络接口核心层和网络设备驱动接口层。

● 事件触发接口层。该层对应于 TCP/IP 模型的应用层协议(OSI 模型的高层协议),主要功能是定义网络数据的格式以及网络的应用。

● TCP/IP 网络协议层。该层对应于 TCP/IP 模型的传输层协议和网络层协议(OSI 模型的 3、4 两层),主要功能是定义数据如何传输到目的地的,使用 TCP 协议在两台主机之间建立端到端的连接,保证可靠的传输,IP 协议进行路由选择和基于 IP 的寻址。

● NIC 网络接口核心层。该层是整个网络接口的关键部位,其上层是具体的网络协议,下层是驱动程序,它为上层提供统一的发送接口,屏蔽各式各样的物理介质,同时负责把来自下层的包向合适的协议发送。

● 网络设备驱动接口层,该层是分层结构的最底层,其主要功能是控制具体物理介质,从物理介质接收和发送数据,并对物理介质进行诸如最大数据包之类的各种设置。

(5) 协议模块划分:

结合对嵌入式 IPv6 协议栈设计要求和分层结构的全面分析,将设计实现划分为 4 个模块:

● 网络接口核心模块,该模块为网络协议提供统一的发送接口,屏蔽各式各样的物理介质,同时负责把来自下层的包向合适的协议配送。

● 事件接口模块,嵌入式 IPv6 协议栈没有采用 BSD 套接口,而是采用了事件驱动接口,当特定 TCP/IP 事件发生时,将调用应用程序,而当应用程序产生输出数据时,也通过此接口发送出去。

● SNMP 网管模块。该模块负责获取 IPv6 无线传感器网络节点的相关 MIB 信息。

● 配置显示调试命令模块,该模块用于提供用户配置和调试的界面。包括配置 IP 地址、子网掩码、默认网关和 MAC 地址等,在程序正常运行前,由超级终端进入配置模式,由用户进行配置管理。

6) 终端节点低功耗

通过综合低功耗管理技术,C-MAC 无线模块功耗低于 ZigBee 模块 20%～80%。为了实现低功耗,采取如下方法:

为了降低节点能量消耗,提供灵活、可靠的通信,并提高网络的可扩展性,通常采用分布式控制方式控制网络,且常用的分布式控制方式是分级分布式,即网络分级结构,这要借助于网络的自组织功能来完成。

为了能够适用于多种网络,网络需要根据应用环境和网络条件自主选择适用的网络协议,并在各个协议之间自主切换。

网络在收集数据的过程中采用了数据融合的技术。数据融合是指将多份数据或信息进行处理,组合出更多有效、更符合用户需求的数据的过程。而数据融合在网络中起着十分重要的作用,主要表现在整个网络的能量节省、增强收集数据的准确性及提高收集效率三方面。

低功耗睡眠技术:设备都可以休眠包括网关/集中器设备,休眠设备和非休眠的设备也可以混合组网。异步休眠模式下节点会在网络空闲后自动按照预设的频率进行周期性的睡眠,在"休眠时间片"结束时会打开无线射频设备监听网络中的数据报文。如果节点在"监听时间片"内监听到网络中有数据报文(唤醒报文或其他报文)会在必要时进入正常工作模式;否则进入下一个休眠的时间片。"休眠时间片"和"监听时间片"的长度可以根据实际需要灵活设定。异步模式下不同节点进入休眠的时间点的误差最大为睡醒周期的一半。

7) 自带互联网云平台接口

C-MAC 模块内集成互联网服务平台通信接口,可通过物联网网关自动接入到互联网上的物联网业务平台,自动实现进行数据采集等各种应用。物联网服务平台为每个模块分配一个网页,用户可通过物联网平台访问联网的模块。

8) 支持远距离组网模块

C-MAC 模块支持自主开发的无线远程组网本模块,采用高灵敏度射频芯片和高性能 IC 电路设计,户外最远通信距离达到 3 000 m,在室内使用,穿透力强,可穿多层楼板、电梯。可减少布点数量,节约总投入。

高精度无线定位技术:基于矢量技术的自主无线定位引擎,结合测向天线实现传感器节点自主定位,和 ZigBee 定位技术相比,在定位点的数量和定位的速度等方面的指标有大大地提高。可以在最少一个定位节点的参照下实现自主定位,而 ZigBee 需要 4 个定位节点的参照。通过矢量定位技术还可以实现在有障碍物阻碍下的准确定位,避免了 ZigBee 定位有障碍物的情况下无法准确定位的难题。在示范工程中实现城市社区、商务区,室内 0.5 m 和室外 1 m 精确定位。

9) 即插即用,全自动配置,组网

任何节点的接入网络组网无需人工操作,就像插入一个灯泡一样简单。节点自动完成网络搜索,服务器注册,ID 配置。减少人工操作流程,降低安装技术难度,有利于大规模的普及使用。

11.3 C-MAC 协议系统硬件

C-MAC 传感器节点的硬件电路主要包括:感电路、信号处理电路、STM32 主控模块、C-MAC 无线通信模块,太阳能电池模块,以及串口电路和数据存储电路。整个系统硬件结构如图 11.4 所示。

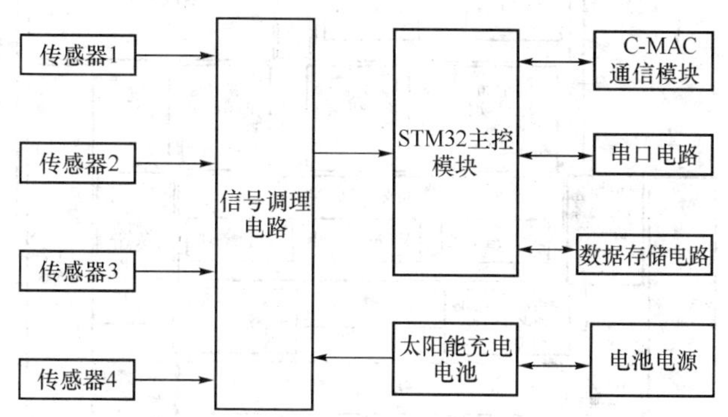

图 11.4 C-MAC 无线传感器硬件结构框图

STM32 主控模块的设计:

STM32F103VB 是一款高性能、低功耗的 32 位 ARM 处理器。该处理器在系统架构上进行了改造,具备单周期乘法、硬件除法和高效的 Thumb2 指令集,并且将中断之间的延迟降到 6 个 CPU 周期。STM32 时钟频率最高可达 72 MHz,每秒可完成 200 万次的乘加运算。在待机模式下,消耗电流下降到 2 μA,具有较低的功耗,完全适用于 C-MAC 通信系统。

11.4 C-MAC 协议的设计

C-MAC 通信协议系统主要分为 4 个功能模块(见图 11.5):

- C-MAC 协议终端软件:负责传感数据的接受,封包,对中继模块传输。
- C-MA 协议中继软件:负责数据包的中继和路由传输。
- C-MAC 网关软件:负责数据包的转换,从 C-MAC 协议转换为 TCP/IP 协议接入以太网。
- C-MAC 上位机测试软件:运行在 PC 机,从以太网接受从 C-MAC 终端模块传输过来的数据,进行解析并显示在人机界面上,并提供反向的控制操作。

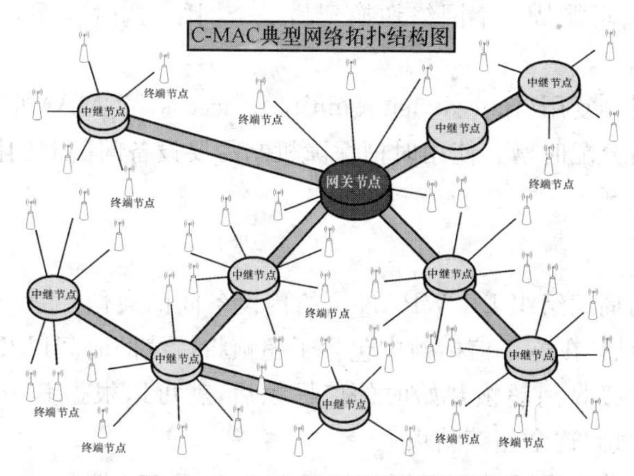

图 11.5 C-MAC 网络拓扑结构图

在C-MAC协议栈中(见图11.6),MAC子层提供两种服务:MAC层数据服务和MAC层管理服务(MACsub-layer management entity,MLME)。前者保证MAC协议数据单元在物理层数据服务中的正确收发,后者维护一个存储MAC子层协议状态相关信息的数据库。MAC子层主要功能包括下面六个方面:

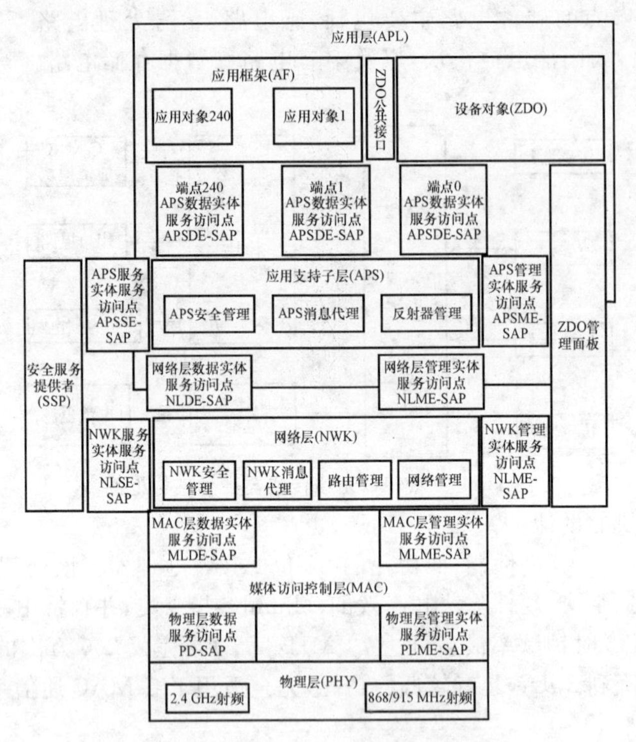

图11.6 C-MAC协议栈框架图

- 协调器产生并发送信标帧,普通设备根据协调器的信标帧与协议器同步;
- 支持PAN网络的关联(association)和取消关联(disassociation)操作;
- 支持无线信道通信安全;
- 使用CSMA-CA机制访问信道;
- 支持时槽保障(guaranteed time slot,GTS)机制;
- 支持不同设备的MAC层间可靠传输。

关联操作是指一个设备在加入一个特定网络时,向协调器注册以及身份认证的过程。LR-WPAN网络中的设备有可能从一个网络切换到另一个网络,这时就需要进行关联和取消关联操作。

时槽保障机制和时分复用(time division multiple access,TDMA)机制相似,但它可以动态地为有收发请求的设备分配时槽。使用时槽保障机制需要设备间的时间同步,时间同步通过下面介绍的"超帧"机制实现。

1) 时间同步

可以选用以超帧为周期组织LR-WPAN网络内设备间的通信。每个超帧都以网络协调器发出信标帧(beacon)为始,在这个信标帧中包含了超帧将持续的时间以及对这段时间的分配等信息。网络中普通设备接收到超帧开始时的信标帧后,就可以根据其中的内容安排自己的任务,例如进入休眠状态直到这个超帧结束。

超帧将通信时间划分为活跃和不活跃两个部分。在不活跃期间,PAN网络中的设备不会相互通信，从而可以进入休眠状态以节省能量。超帧活跃期间划分为三个阶段：信标帧发送时段、竞争访问时段（contention access period，CAP）和非竞争访问时段（contention free period，CFP）。超帧的活跃部分被划分为16个等长的时槽，每个时槽的长度、竞争访问时段包含的时槽数等参数，都由协调器设定，并通过超帧开始时发出的信标帧广播到整个网络。

在超帧的竞争访问时段，网络设备使用带时槽的CSMA-CA访问机制，并且任何通信都必须在竞争访问时段结束前完成。在非竞争时段，协调器根据上一个超帧PAN网络中设备申请GTS的情况，将非竞争时段划分成若干个GTS。每个GTS由若干个时槽组成，时槽数目在设备申请GTS时指定。如果申请成功，申请设备就拥有了它指定的时槽数目。每个GTS中的时槽都指定分配给了时槽申请设备，因而不需要竞争信道。

超帧中规定非竞争时段必须跟在竞争时段后面。竞争时段的功能包括网络设备可以自由收发数据，域内设备向协调者申请GTS时段，新设备加入当前PAN网络等。非竞争阶段由协调者指定的设备发送或者接收数据包。如果某个设备在非竞争时段一直处在接收状态，那么拥有GTS使用权的设备就可以在GTS阶段直接向该设备发送信息。

2）数据传输模型

LR-WPAN网络中存在着三种数据传输方式：设备发送数据给协调器、协调器发送数据给设备、对等设备之间的数据传输。星型拓扑网络中只存在前两种数据传输方式，因为数据只在协调器和设备之间交换；而在点对点拓扑网络中，三种数据传输方式都存在。

LR-WPAN网络中，有两种通信模式可供选择：信标使能通信和信标不使能通信。在信标使能的网络中，PAN网络协调器定时广播标帧。信标帧表示超帧的开始。设备之间通信使用基于时槽的CSMA-CA信道访问机制，PAN网络中的设备都通过协调器发送的信标帧进行同步。在时槽CSMA-CA机制下，每当设备需要发送数据帧或命令帧时，它首先定位下一个时槽的边界，然后等待随机数目个时槽。等待完毕后，设备开始检测信道状态：如果信道忙，设备需要重新等待随机数目个时槽，再检查信道状态，重复这个过程直到有空闲信道出现。在这种机制下，确认帧的发送不需要使用CSMA-CA机制，而是紧跟着接收帧发送回源设备。

在信标不使能的通信网络中，PAN网络协调器不发送信标帧，各个设备使用非分时槽的CSMA-CA机制访问信道。该机制的通信过程如下：每当设备需要发送数据或者发送MAC命令时，它首先等候一段随机长的时间，然后开始检测信道状态：如果信道空闲，该设备立即开始发送数据；如果信道忙，设备需要重复上面的等待一段随机时间和检测信道状态的过程，直到能够发送数据。在设备接收到数据帧或命令帧而需要回应确认帧的时候，确认帧应紧跟着接收帧发送，而不使用CSMA-CA机制竞争信道。

3）MAC层帧结构

MAC层帧结构的设计目标是用最低复杂度实现在多噪声无线信道环境下的可靠数据传输。每个MAC子层的帧都由帧头、负载和帧尾三部分组成。帧头由帧控制信息、帧序列号和地址信息组成。MAC子层负载具有可变长度，具体内容由帧类型决定。帧尾是帧头和负载数据的16位CRC校验序列。

在MAC子层中设备地址有两种格式：16位（两个字节）的短地址和64位（8个字节）的扩展地址。16位短地址是设备与PAN网络协调器关联时，由协调器分配的网内局部地址；64位扩展地址是全球唯一地址，在设备进入网络之前就分配好了。16位短地址只能保证在PAN网络内部是唯一的，所以在使用16位短地址通信时需要结合16位的PAN网络标识符才有意义。两种地址类型的地址信息的长度是不同的，从而导致MAC帧头的长度也是可变的。一个数据帧使用哪种地址类型由帧控制字段的内容指示。在帧结构中没有表示帧长度的字段,这是因为在物理层的帧里面有表示 MAC 帧长度的字段,MAC 负载长度可以通过物理层帧长和 MAC 帧头的长度计算出来。

共定义了四种类型的帧:信标帧,数据帧,确认帧和 MAC 命令帧。

(1) 信标帧

信标帧的负载数据单元由四部分组成:超帧描述字段、GTS 分配字段、待转发数据目标地址字段和信标帧负载数据。

● 信标帧中超帧描述字段规定了这个超帧的持续时间,活跃部分持续时间以及竞争访问时段持续时间等信息;

● GTS 分配字段交无竞争时段划分为若干个 GTS,并把每个 GTS 具体分配给了某个设备;

● 转发数据目标地址列出了与协调者保存的数据相对应的设备地址。一个设备如果发现自己的地址出现在待转发数据目标地址字段里,则意味着协调器存有属于它的数据,所以它就会向协调器发出请求传送数据的 MAC 命令帧;

● 信标帧负载数据为上层协议提供数据传输接口。例如在使用安全机制的时候,这个负载域将根据被通信设备设定的安全通信协议填入相应的信息。通常情况下,这个字段可以忽略;

● 在信标不使能网络里,协调器在其他设备的请求下也会发送信标帧。此时信标帧的功能是辅助协调器向设备传输数据,整个帧只有待转发数据目标地址字段有意义。

(2) 数据帧

数据帧用来传输上层发到 MAC 子层的数据,它的负载字段包含了上层需要传送的数据。数据负载传送至 MAC 子层时,被称为 MAC 服务数据单元。它的首尾被分别附加了 MHR 头信息和 MFR 尾信息后,就构成了 MAC 帧。

MAC 帧传送至物理层后,就成为了物理帧的负载 PSDU。PSDU 在物理层被“包装”,其首部增加了同步信息 SHR 和帧长度字段 PHR 字段。同步信息 SHR 包括用于同步的前导码和 SFD 字段,它们都是固定值。帧长度字段的 PHR 标识了 MAC 帧的长度,为一个字节长而且只有其中的低 7 位有效位,所以 MAC 帧的长度不会超过 127 个字节。

(3) 确认帧

如果设备收到目的地址为其自身的数据帧或 MAC 命令帧,并且帧的控制信息字段的确认请求位被置 1,设备需要回应一个确认帧。确认帧的序列号应该与被确认帧的序列号相同,并且负载长度应该为零。确认帧紧接着被确认帧发送,不需要使用 CSMA-CA 机制竞争信道。

(4) 命令帧

MAC 命令帧用于组建 PAN 网络,传输同步数据等。目前定义好的命令帧有六种类型,主要完成三方面的功能:把设备关联到 PAN 网络,与协调器交换数据,分配 GTS。命令帧在格式上和其他类型的帧没有太多的区别,只是帧控制字段的帧类型位有所不同。帧头的帧控制字段的帧类型为 011B(B 表示二进制数据)表示这是一个命令帧。命令帧的具体功能由帧的负载数据表示。负载数据是一个变长结构,所有命令帧负载的第一个字节是命令类型字节,后面的数据针对不同的命令类型有不同的含义。

PHY 层由射频收发器以及底层的控制模块构成。MAC 子层为高层访问物理信道提供点到点通信的服务接口。MAC 子层以上的几个层次,包括特定服务的聚合子层(service specific convergence sub－layer, SSCS),链路控制子层(logical link control, LLC)等,只是 IEEE 802.15.4 标准可能的上层协议,并不在 IEEE802.15.4 标准的定义范围之内。SSCS 为

IEEE802.15.4 的 MAC 层接入 IEEE802.2 标准中定义的 LLC 子层提供聚合服务。LLC 子层可以使用 SSCS 的服务接口访问 IEEE802.15.4 网络，为应用层提供链路层服务。

物理层定义了物理无线信道和 MAC 子层之间的接口，提供物理层数据服务和物理层管理服务。物理层数据服务从无线物理信道上收发数据，物理层管理服务维护一个由物理层相关数据组成的数据库。

物理层数据服务包括以下五方面的功能：

- 激活和休眠射频收发器；
- 信道能量检测(energy detect)；
- 检测接收数据包的链路质量指示(link quality indication，LQI)；
- 空闲信道评估(clear channel assessment，CCA)；
- 收发数据。

信道能量检测为网络层提供信道选择依据。它主要测量目标信道中接收信号的功率强度，由于这个检测本身不进行解码操作，所以检测结果是有效信号功率和噪声信号功率之和。

链路质量指示为网络层或应用层提供接收数据帧时无线信号的强度和质量信息，与信道能量检测不同的是，它要对信号进行解码，生成的是一个信噪比指标。这个信噪比指标和物理层数据单元一道提交给上层处理。

空闲信道评估判断信道是否空闲。IEEE802.15.4 定义了三种空闲信道评估模式：第一种简单判断信道的信号能量，当信号能量低于某一门限值就认为信道空闲；第二种是通过判断无线信号的特征，这个特征主要包括两方面，即扩频信号特征和载波频率；第三种模式是前两种模式的综合，同时检测信号强度和信号特征，给出信道空闲判断。

4) 物理层的载波调制

PHY 层定义了三个载波频段用于收发数据。在这三个频段上发送数据使用的速率、信号处理过程以及调制方式等方面存在一些差异。三个频段总共提供了 27 个信道(channel)：868 MHz 频段 1 个信道，915 MHz 频段 10 个信道，433 MHz 频段 10 个信道，2 450 MHz 频段 6 个信道。

差分编码是将数据的每一个原始比特与前一个差分编码生成的比特进行异或运算：En＝Rn ⊕ En-1，其中 En 是差分编码的结果，Rn 为要编码的原始比特，En-1 是上一次差分编码的结果。对于每个发送的数据包，R1 是第一个原始比特，计算 E1 时假定 E0＝0。差分解码过程与编码过程类似：Rn＝En ⊕ En-1，对于每个接收到的数据包，E1 是第一个需要解码的比特，计算 R1 时假定 E0＝0。

差分编码以后，接下来就是直接序列扩频。每一个比特被转换为长度为 15 的片序列。扩频后的序列使用 BPSK 调制方式调制到载波上。

433 MHz 频段的处理过程，首行将 PPDU 的二进制数据中每 4 位转换为一个符号(symbol)，然后将每个符号转换成长度为 32 的片序列。在把符号转换片序列时，用符号在 16 个近似正交的伪随便噪声序列的映射表，这是一个直接序列扩频的过程。扩频后，信号通过 O-QPSK 调制方式调制到载波上。

5) 物理层的帧结构

物理帧第一个字段是四个字节的前导码，收发器在接收前导码期间，会根据前导码序列的特征完成片同步和符号同步。帧起始分隔符(start-of-frame delimiter，SFD)字段长度为一个字节，其值固定为 0xA7，标识一个物理帧的开始。收发器接收完前导码后只能做到数据的位同步,通过搜索 SFD 字段的值 0xA7 才能同步到字节上。帧长度(frame length)由一个字节的低7位表示,其值就是物理帧负载的长度,因此物理帧负载的长度不会超过 127 个字节。物理帧的负载长度可变,称之为物理服务数据单元(PHY service data unit,PSDU),一般用来承载 MAC 帧。

网络层的主要功能是确保 MAC 层正常工作,并且为应用层提供合适的服务接口。为了向应用层提供其接口,网络层提供了两个必须的功能服务实体,它们分别为数据服务实体和管理服务实体。网络层数据实体(NLDE)通过网络层数据服务实体服务接入点(NLDE-SAP)提供数据传输服务,网络层管理实体(NLME)通过网络层管理实体服务接入点(NLME-SAP)提供网络管理服务。网络层管理实体利用网络层数据实体完成一些网络的管理工作,并且,网络层管理实体完成对网络信息库(NIB)的维护和管理,下面分别对它们的功能进行介绍。

6) 网络层数据实体(NLDE)

网络层数据实体为数据提供服务,在两个或者更多的设备之间传送数据时,将按照应用协议数据单元(APDU)的格式进行传送,并且这些设备必须在同一个网络中,即在同一个内部个域网中。网络层数据实体提供如下服务:

- 生成网络层协议数据单元(NPDU):网络层数据实体通过增加一个适当的协议头,从应用支持层协议数据单元中生成网络层的协议数据单元;
- 指定拓扑传输路由,网络层数据实体能够发送一个网络层的协议数据单元到一个合适的设备,该设备可能是最终目的通信设备,也可能是在通信链路中的一个中间通信设备;
- 安全:确保通信的真实性和机密性。

7) 网络层管理实体(NLME)

网络层管理实体提供网络管理服务,允许应用与堆栈相互作用。网络层管理实体应该提供如下服务:

- 配置一个新的设备:为保证设备正常工作的需要,设备应具有足够的堆栈,以满足配置的需要。配置选项包括对协调器或者连接一个现有网络设备的初始化的操作;
- 初始化一个网络:使之具有建立一个新网络的能力;
- 连接和断开网络。具有连接或者断开一个网络的能力,以及为建立协调器或者路由器,具有要求设备同网络断开的能力;
- 寻址:协调器和路由器具有为新加入网络的设备分配地址的能力;
- 邻居设备发现:具有发现、记录和汇报有关一跳邻居设备信息的能力;
- 路由发现:具有发现和记录有效地传送信息的网络路由的能力;
- 接收控制:具有控制设备接收状态的能力,即控制接收机什么时间接收、接收时间的长短,以保证 MAC 层的同步或正常接收等。

11.5 测试

测试方式:

无线传感器采集数据,通过集成了 C-MAC 协议的无线通信模块向远程无线网关发送数据。无线网关接受到数据后,通过网口或串口转发到 PC 上位机。上位机监测软件解析收到的数据并通过人机界面显示数据,如图 11.7 所示。本测试,对 50 个无线传感器进行数据采集,每个传感器采集的数据都显示在测试软件界面上,并每秒自动更新一次。

测试结果：

50 个无线传感器都将数据采集发送到 PC 上位机，数据的无线传输，接收，转发和解析正常。

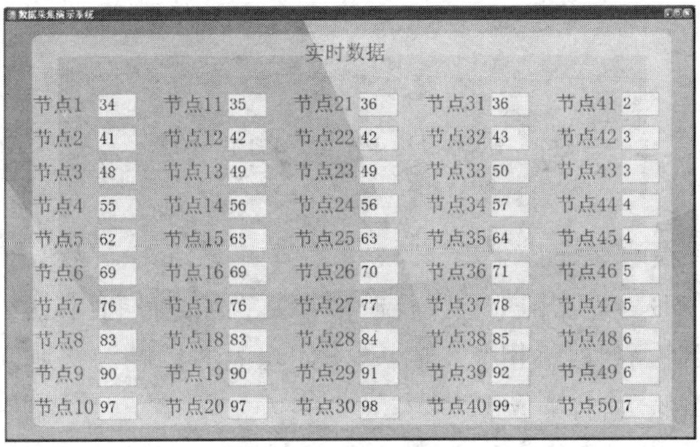

图 11.7　上位机监测软件截图

12 ZigBee 硬件模块

12.1 ZigBee 开发板硬件模块介绍

本实验箱主要硬件模块一是基于 CC2530 单片机实现 ZigBee 无线组网通信功能的多功能开发板，一是基于龙芯 1B 处理器的上位机控制平台。为了充分利用硬件资源来进行实验，ZigBee 多功能开发板在设计的时候采用通用底板、不同功能的扩展板分别设计的设计方式。通用底板用于实现一些通用的功能，集成了 CC2530 单片机、串口、无线天线和电源等模块，是程序功能实现与调试的核心，并引出了一些到插座，供扩展板统一使用。扩展板根据不同的需求，分别设计成 LED 模块、PLC 模块、RFID 模块、温湿度模块、光强检测模块、空气质量检测模块和门磁报警模块。每个扩展模块遵循一定协议使用由底板引出的端口，最终连接到 CC2530 的 I/O 控制端，由 CC2530 统一编程控制。

12.2 ZigBee 通用底板介绍

通用底板主要集成了 CC2530 单片机，射频发射模块，电源管理模块和串口通信模块，如图 12.1所示。CC2530 单片机和射频发射模块主要负责程序编程、调试和 ZigBee 组网功能的实现。电源管理模块使底板支持多种供电方式，可以由电池，JTAG 调试接口或者串口供电。另外还增加一个电源供电接口，主要实现对电池的充电功能。串口的功能除了提供电源供电以外，主要功能还是串口通信功能的实现，方便我们编程和调试。

图 12.1 通用底板

12.3 ZigBee 扩展板介绍

扩展板的设计根据由底板引出 I/O 端口的不同，遵循一定的协议分别设计使用。根据需求，本实验箱提供了 8 个不同功能的模块来使用这些端口，用户也可以对照原理图给出的具体端口映射，自行设计新的扩展模块。以下是针对我们所提供的 8 个模块进行相关的介绍。为了设计程序的方便，每个扩展模块都带有一个支持 I2C 的存储器件 24C02，存储相应的 ID 号用来区分不同的扩展模块。同时，为了实现底板对扩展板的统一管理，按照一定的协议来使用由底板引出的扩展端口。如图 12.2 所示，在底板引出的两排插座中，左排规定电源，接地和两线的 I2C 接口固定端口位置不变，右排中分别引出 4 个作输出端和 4 个作输入端，供不同的扩展模块使用。但并不是固定的，如 LED 扩展模块上 8 个 LED 灯都作为输出端接入，此时右排 8 个端口都作为输出端。

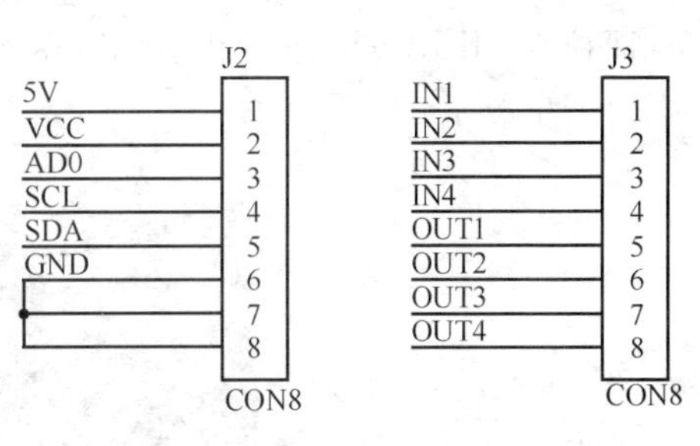

图 12.2　J2 和 J3 的端口

12.3.1　LED 模块

LED 模块上接了 8 个相同的 LED 灯，如图 12.3 所示，通过控制三极管的通断来决定 LED 二极管是否有电流通过。有电流通过则 LED 灯亮，没有电流通过时则 LED 灭。因此，LED 灯的开关情况决定于控制三极管是否导通的 OUT 引脚处电流的高低情况。此端口的电流由 CC2530 单片机控制，可以通过编程来实现。

图 12.3　LED 模块

12.3.2　PLC 模块

PLC 模块共有两路输入控制与两路输出控制。输入时（见图 12.4）当右边外接电路有电流通过时，会引起左边电路 OPT1 端通断发生变化，从而引起输入端输入高低电平的变化，可以被检测。输出时当左边输出端电平变化，引起三极管通断状态改变，从而控制外接电路开关的状态也发生改变。

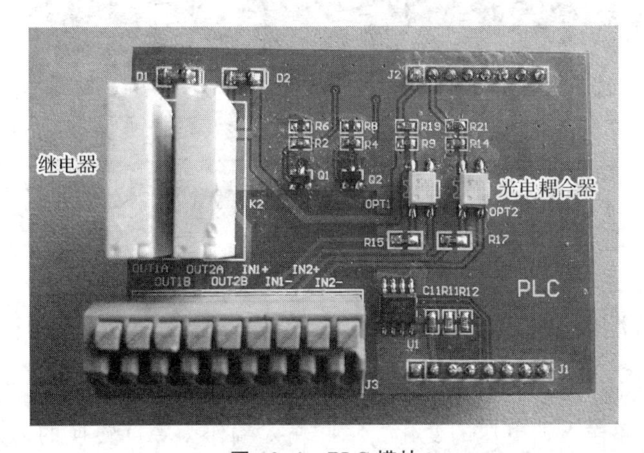

图 12.4　PLC 模块

12.3.3　RFID 模块

RFID 读卡功能的实现由 MFRC522 单片机外接射频模块另行实现（见图 12.5），再通过 I2C 总线与 CC2530 单片机相连。CC2530 通过模拟 I2C 总线通信方式向 MFRC522 读写数据，从而控制 MFRC522 进行相应的读卡操作。另外该扩展模块上还另接一个蜂鸣器,用于读到数据时产生提示音效。

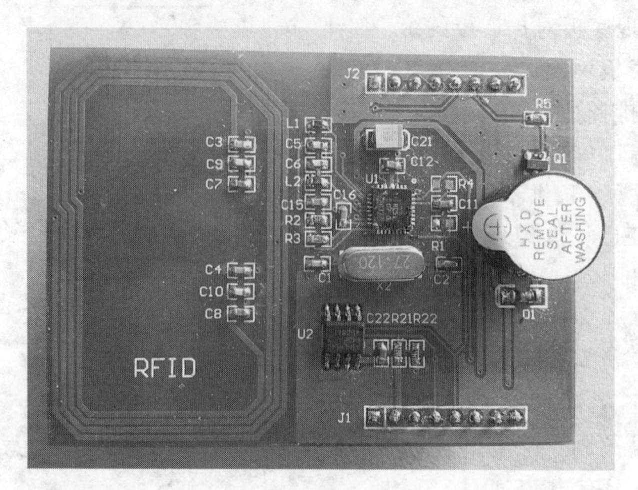

图 12.5　RFID 模块

12.3.4　温湿度模块

温湿度模块上主要是接一个 SHT11 温湿度传感器,如图 12.6 所示,同样通过 I2C 总线进行数据传送,共享 I2C 引脚,由不同的地址区别。通过 I2C 向传感器发送相关控制指令,然后再通过 I2C 读取得到的数据。

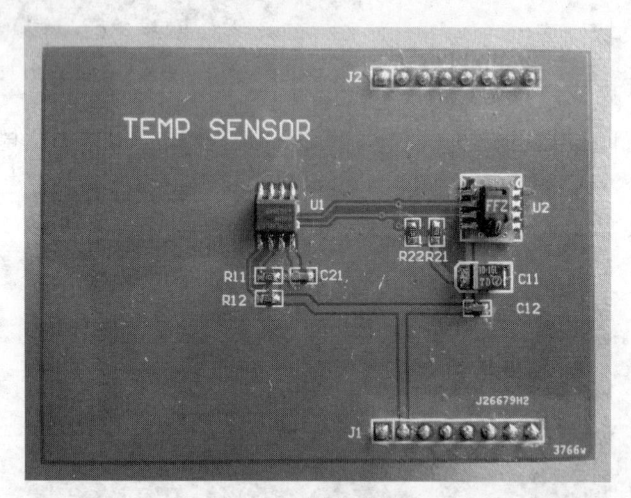

图 12.6　温湿度模块

12.3.5　光强检测模块

光强检测模块是通过一个光敏电阻受光照强度的改变而引起电阻发生变化来设计(见图 12.7)。此时会引起输入端电压的变化。将此输入端作为 AD 转换的输入通道,进行 AD 转换分析。从而根据转换结果判断光的强弱。AD 输入通道引脚为 P0 _ 1。

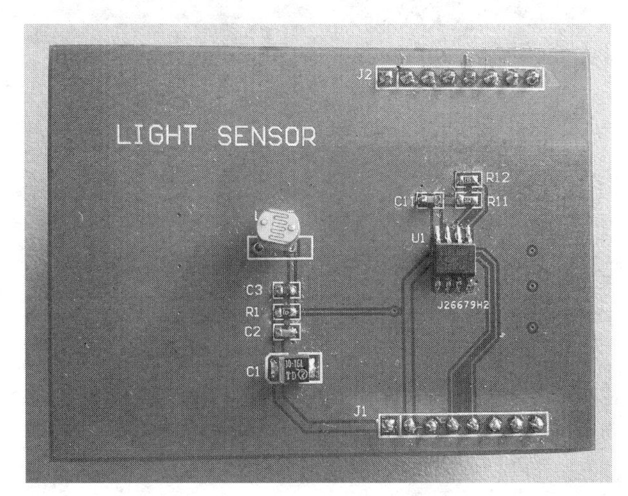

图 12.7 光强检测模块

12.3.6 空气质量检测模块

空气质量检测模块通过一个已经设定好门限值的比较器与传感器输出电压进行比较(见图 12.8),当超过门限值时控制三极管的能断,从而引起输入电平的改变。门限值可以通过调节可调电阻来更改,以此来测量空气质量的好坏。传感器输入引脚为 P1 _ 2。

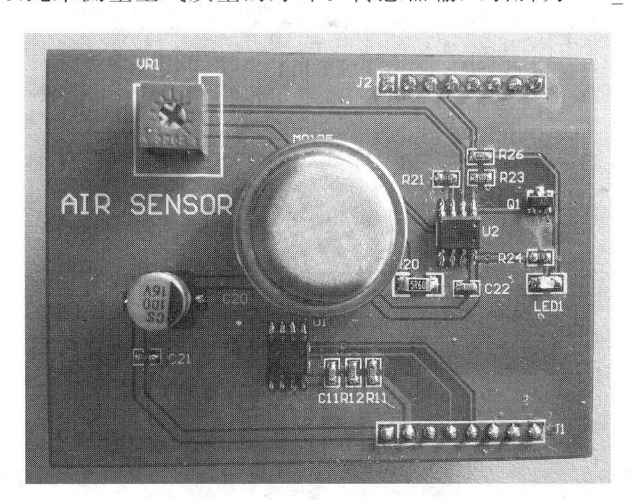

图 12.8 空气质量检测模块

12.3.7 门磁报警模块

门磁报警模块仅由一个干簧管进行控制,当有磁场靠近干簧管时,会引起电路通断情况发生改变,从而控制输入电压的改变,如图 12.9 所示。

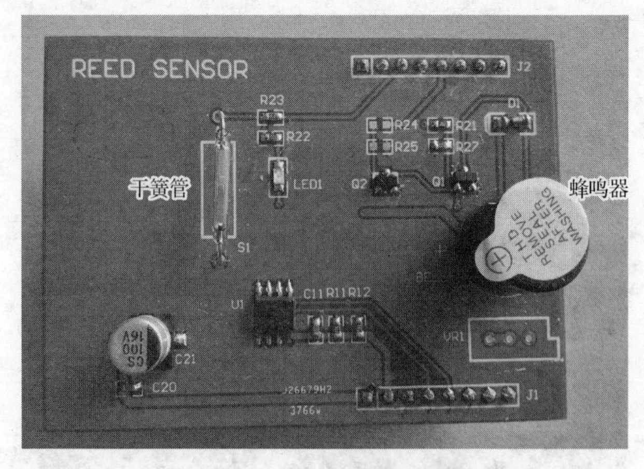

图 12.9　门磁报警模块

12.3.8　亮度调制模块

亮度调制时只由一个输出端口进行控制，将此端口设为某一定时器的输出通道，通过定时器向外输出 PWM 波形信号。适当控制 PWM 波形的频率与占空比，控制电路得到不同的模拟输出电压，从而控制灯光的强弱。定时器 1 映射通道 1 引脚为 P1_1。设置 PERCFG 和 P1SEL 寄存器使 P1_1 为外设功能备用位置 2，如图 12.10 所示。

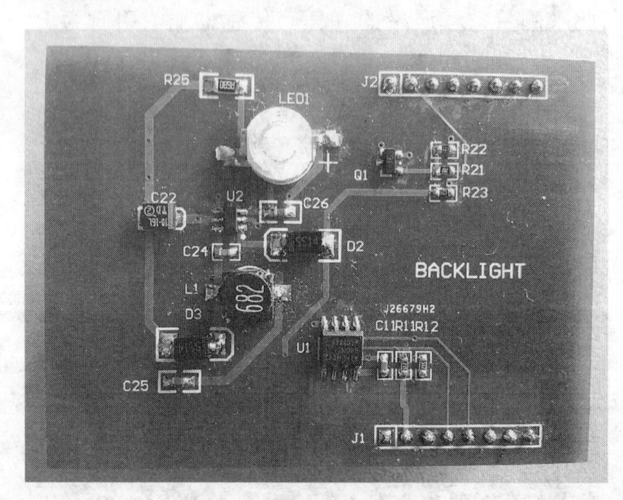

图 12.10　亮度调制模块

13 CC2530 基础实验

本章重点是对 CC2530 芯片的学习和使用。通过查看 CC2530 的数据手册，了解 CC2530 的特性与功能。了解电源时钟、I/O、定时器、串口、ADC、看门狗等模块，并结合实验例程和具体的代码分析对各个模块进行深入的学习。通过本章，能够对 CC2530 芯片有深入的了解，并对该芯片具有一定的编程能力，为后续深入学习 ZigBee 组网奠定基础。

13.1 I/O 控制实验

【实验目的】

通过本实验的学习，熟悉 CC2530 芯片的通用 I/O 配置，并学会如何通过 I/O 控制外设。

【实验设备】

ZigBee 通用底板、LED 扩展模块。

【实验原理】

CC2530 有 21 处数字输入/输出引脚，可以设置为通用数字 I/O 信号或者外设 I/O 信号。这些 I/O 用途可以通过一系列的寄存器配置，由用户软件实现。

除未使用的 I/O 引脚和低电压 I/O 引脚外，剩余的引脚可以组成 3 个 8 位端口，端口 0、端口 1、端口 2，分别表示为 P0、P1 和 P2。其中，P0 和 P1 是完全 8 位端口，P2 仅 5 位可用。所有的端口均可以通过 SFR 寄存器 P0、P1 和 P2 位寻址和字节寻址。在 IAR 开发工具中提供了“iocc2530. h”头文件，该文件中已经预定义了关于 CC2530 芯片各种寄存器映射与地址关系，编程时直接调用该头文件即可。

端口 I/O 的使用，除了已经设定好的外设使用外，如串口、定时器等，还可以将自己的设备接在上面使用，如 LED 灯，按键，传感器等。此时，要将相应的端口配置为通用 I/O 功能。每个 I/O 都有一定的驱动能力，除 P1.0 和 P1.1 具备 20 mA 的输出驱动外，所有输出均具备 4 mA 的驱动能力。因此，可以设置端口输出高低电平来控制外设。

8 个 LED 灯分别接在 P1.1 到 P1.7 的 7 个端口，加上 P2.0。为了识别方便，LED 灯命名依次为 D1、D2、D3、D4、D5、D6、D7、D8，与原理图中一一对应。当输出引脚为高电平时，没有电流通过，LED 灯灭，反之 LED 亮。

编程过程中都是通过设置相应的寄存器来完成操作的。本实验相关的寄存器如表 13.1 所示。

表 13.1 I/O 控制实验相关寄存器

名称	复位	R/W	描述
P0[7:0]	0xFF	R/W	端口 0，通用 I/O 端口
P1[7:0]	0xFF	R/W	端口 1，通用 I/O 端口
P2[4:0]	0x1F	R/W	端口 2，通用 I/O 端口

续表 13.1

名称	复位	R/W	描述
P0DIR[7：0]	0x00	R/W	P0.7 到 P0.0 的 I/O 方向 0:输入 1:输出
P1DIR[7：0]	0x00	R/W	P1.7 到 P1.0 的 I/O 方向 0:输入 1:输出
P2DIR[4：0]	0x00	R/W	P2.4 到 P2.0 的 I/O 方向 0:输入 1:输出

另外,还有一些与端口 I/O 相关的寄存器未进行设置,比如 PxSEL 端口 x(0−2)功能选择寄存器。默认情况下是复位值 0x00,端口已经选择功能是通用 I/O。后续实验用到时再另行说明。

【实验步骤】

(1) 本实验主要通过 I/O 控制 LED 灯的开关,并通过软件编程实现 LED 灯闪烁的效果。因此要用到延时函数,定义如下:

```
/ * time delay * /
void Delay(uint16 n)
{
    uint16 i,j;
    for(i=0; i<n; i++)
      for(j=0; j<10000; j++);
}
```

该函数实现延时功能,通过执行 n * 10000 次循环来实现延时效果。

(2) 程序运行首先要实现端口 I/O 的初始化工作,配置 LED 灯所在的引脚为输出,并初始化输出为低电平,LED 灯灭。实现函数如下:

```
/ * init led * /
void InitLed()
{
    P1DIR |= 0xFF;

    P1=0x0;
}
```

(3) 用一个死循环来每隔一段时间设置 LED 灯所在引脚的输出电平发生改变,实现 LED 灯闪烁的效果。

```
while(1)
{
    P1 ^= 0x0xFF;

    Delay(dtime);
}
```

13.2 系统时钟实验

【实验目的】

通过本实验的学习，熟悉 CC2530 芯片系统时钟源的选择，并掌握晶体振荡器或 RC 振荡器的配置和使用。

【实验设备】

ZigBee 通用底板。

【实验原理】

设备有一个内部系统时钟或主时钟。该系统时钟的源既可以用 16 MHz RC 振荡器，也可以采用 32 MHz 晶体振荡器。启动复位时，电源供电为主动模式，且系统时钟频率从 16 MHz 开始。如果设置了 PCON. IDLE 且当 CLKCONCMD. OSC＝0 时，自动变为 32 MHz。如果 CLKCONCMD. OSC＝1，它继续运行在 16 MHz。高速系统时钟如图 13.1 所示。

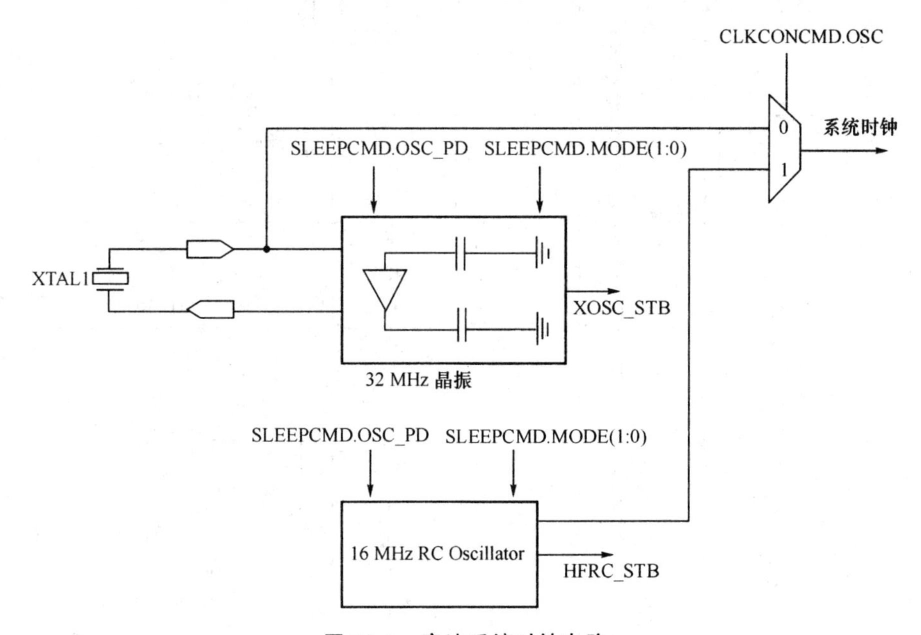

图 13.1 高速系统时钟电路

实验相关寄存器 CLKCONCMD、CLKCONSTA 如表 13.2。

表 13.2 系统时钟实验相关寄存器

名称	位	复位	R/W	描述
CLKCONCMD	7	1	R/W	32 kHz 时钟振荡器选择 0:32 kHz XOSC 1:32 kHz RCOS
	6	1	R/W	系统时钟源选择 0:32 MHz XOSC 1:16 MHz RCOS

续表 13.2

名称	位	复位	R/W	描述
CLKCONCMD	5 : 3	001	R/W	时钟速度 000:32 MHz 001:16 MHz 010:8 MHz 011:4 MHz 100:2 MHz 101:1 MHz 110:500 kHz 111:250 kHz
	2 : 0	001	R/W	定时器标记输出设置 000:32 MHz 001:16 MHz 010:8 MHz 011:4 MHz 100:2 MHz 101:1 MHz 110:500 kHz 111:250 kHz
CLKCONSTA	7	1	R	当前选择的 32kHz 时钟源 0:32 kHz XOSC 1:32 kHz RCOS
	6	1	R	当前选择的系统时钟 0:32 MHz XOSC 1:16 MHz RCOS
	5 : 3	001	R	当前设置的定时器标记输出 000:32 MHz 001:16 MHz 010:8 MHz 011:4 MHz 100:2 MHz 101:1 MHz 110:500 kHz 111:250 kHz
	2 : 0	001	R	当前时钟速度 000:32 MHz 001:16 MHz 010:8 MHz 011:4 MHz 100:2 MHz 101:1 MHz 110:500 kHz 111:250 kHz

【实验步骤】

(1) 本实验主要通过 LED 的闪烁频率来判断所选的系统时钟,因此要用到 LED 初始化函数和延时函数。

```
/ * init led * /
void Init _ tLed()
```

```
{
    P2DIR |= 0x01;      //P2.0
    P2_0=1;
}
    Delaly(uint8 n) //见 I/O 控制实验
```

（2）定义系统时钟选择函数

```
void SysClkSelect(enum SYSCLK_SRC src)
{
    uint8 osc32k_bm=CLKCONCMD & 0x80;
    uint8 _clkconcmd,_clkconsta;

    if(RC_16MHz == src)
    {
      CLKCONCMD=osc32k_bm | (1<<6) | (1<<3) | 1;
    }
    else if(XOSC_32MHz == src)
    {
    CLKCONCMD=osc32k_bm;
    }

    _clkconcmd =CLKCONCMD;
    do{
    _clkconsta=CLKCONSTA;
    }while(_clkconsta != _clkconcmd);
}
```

该函数的参数是一个自定义的枚举类型：

```
enum SYSCLK_SRC{XOSC_32 MHz,RC_16 MHz};
```

由此可以看出有两种参数配置分别选择系统时钟为 32 MHz 或者 16 MHz。不同频率的选择通过设置 CLKCONCMD 来实现。设置后比较与 CLKCONSTA 的值，等待配置生效。

（3）主函数中同样在一个 while 循环中来更改系统时钟，通过 LED 灯的闪烁频率的变化观察时钟的变化。

```
while(1){
  while(cnt--){
    LEDT ^= 1;
    Delay(dtime);
  }

  if(isODD){
    SysClkSelect(XOSC_32 MHz);
    cnt=20;
    isODD=0;
```

```
    }else{
        SysClkSelect(RC _ 16 MHz);
        cnt=10;
        isODD=1;
    }
}
```

13.3 串口通信实验

13.3.1 串口发送

【实验目的】

了解 CC2530 芯片的串口配置,并通过串口完成向主机发送信息。

【实验设备】

ZigBee 通用底板。

【实验原理】

CC2530 支持两个串口通信接口 USART0 和 USART1,它们能够分别运行于异步 UART 模式或者同步 SPI 模式。两个 USART 具有同样的功能,可以设置单独的 I/O 引脚。此时,端口的功能选择要设置为外设功能。本实验只针对串口 1 在 UART 模式下的发送功能的实现。其外设功能 I/O 对应的位置如表 13.3 所示。

表 13.3　外设功能 I/O 对应的位置

外设/功能	P0								P1							
	7	6	5	4	3	2	1	0	7	6	5	4	3	2	1	0
USART1C			RX	TX	RT	CT										
UART1 alt. 2											RX	TX	RT	CT		

在 UART 模式中接口使用 2 线或者含有引脚 RXD、TXD、可选 RTS 和 CTS 的 4 线。UART 模式提供全双工传送,传送一个 UART 字节包含 1 个起始位、8 个数据位、1 个可选的第 9 位数据或者奇偶校验位,再加上 1 个或者 2 个停止位。

UART 操作由 USART 控制和状态寄存器 UxCSR 以及 UART 控制寄存器 UxUCR 来控制。使用 UART 发送时,写数据到 UxBUF,该字节将发送到 TXDx 引脚。当字节传送开始时,UxCSR. ACTIVE 位变为高电平,而当字节传送结束时为低。当传送结束时,UxCSR. TX _ BYTE 位设置为 1。当 USART 收/发数据缓冲寄存器就绪,准备接收新的发送数据时,就产生一个中断请求。该中断在传送开发之后立刻发生,因此,当字节正在发送时,新的字节能够装入数据缓冲器。

运行在 UART 模式时,内部的波特率发生器设置 UART 波特率。由寄存器 UxBAUD. BAUD _ M[7:0]和 UxGCR. BAUD _ E[4:0]定义波特率。波特率由下式给出

波特率=(256+BAUD _ M) * (2^BAUD _ E) * F/(2^28)

F 是系统时钟频率,等于 16 MHz RCOSC 或者 32 MHz XOSC。表 13.4 给出了一些 BAUD _ M 和 BAUD _ E 的设置值对应到相应预定的波特率时的误差。注意,该表只适用于系

统时钟为 32 MHz XOSC 时有效，所以在使用前应先设置时钟频率后才能使用该串口。

表 13.4 BAUD _ M 和 BAUD _ E 设置值对应的预定波特率的误差

波特率(bps)	UxBAUD. BAUD _ M	UxGCR. BAUD _ E	误差(%)
2 400	59	6	0.14
4 800	59	7	0.14
9 600	59	8	0.14
14 400	216	8	0.03
19 200	59	9	0.14
28 800	216	9	0.13
38 400	59	10	0.14
57 600	216	10	0.03
76 800	59	11	0.14
115 200	216	11	0.03
230 400	216	12	0.03

相关寄存器如表 13.5 所示。

表 13.5 串口通信实验相关寄存器

名称	位	复位	R/W	描述
U1CSR	7	0	R/W	USART 模式选择 0:SPI 模式 1:UART 模式
	6	0	R/W	UART 接收器使能 0:禁用接收器 1:接收器使能
PERCFG	0	0	R/W	USART 1 的 I/O 位置 0:备用位置 1 1:备用位置 2
UTX1IF	1	0	R/W	USART 1TX 中断标志 0:无中断未决 1:中断未决
URX1IF	1	0	R/WH0	USART 1 RX 中断标志 0:无中断未决 1:中断未决
IEN2	3	0	R/W	USART 1 TX 中断全能 0:中断禁止 1:中断使能
IEN0	3	0	R/W	USART 1 RX 中断全能 0:中断禁止 1:中断使能

【实验步骤】

(1) 首先对串口 1 进行相应的配置，通过函数 initUart()来实现，具体定义如下：

```
void InitUart1()
{
  InitClk();

  PERCFG &= ~0x02;       //位置 1 P0 口
  P0SEL |= 0x3c;       //P1 用作串口
  P2DIR |= 0X40;       //P1 优先作为串口 1

  U1CSR |= 0x80;       //UART1 方式

  U1GCR |=11;       //baud _ e=11;
  U1BAUD |= 216;       //波特率设为 115 200

  UTX1IF=1;
  U1CSR |= 0x40;
  IEN0 |=0x88;       //EA=1,URX0IE=1
}
```

initUart1()中先调用 InitClk(),设置系统时钟为 32 MHz XOSC。根据前面的分析可知,设置完系统时钟后可使用表 13.4 中预定义的值设定波特率。InitClk()具体定义如下

```
/ * init clock * /
void InitClk()
{
  CLKCONCMD=0x80;
  while (CLKCONSTA ! = 0x80);   //16 MHz to 32 MHz
  SLEEPCMD |= 0x80;       //关闭不用的 RC 振荡器
}
```

接下来设置相应的 I/O 端口为 UART1 的外设功能,并确定具体的映射位置,如表 13.3 所示,最后是串口本身的相关配置。设置 USART 模式为 UART 模式,波特率为 115 200,并使能发送中断。其他未提及的配置采用默认即可。

(2) 编写串口 1 的发送函数,只要依次将发送数据写入到发送缓冲区 U1DBUF 即可。

```
/ * send string from uart0 * /
void Uart1TX _ Send _ String(char  * Data,int len)
{
  uint16 j;

  for(j=0;j<len;j++)
  {
   U1DBUF= * Data++;
   while(UTX1IF == 0);
   UTX1IF=0;
  }
```

}

(3) 最后,在主程序中使用 while 循环每隔一段时间调用发送函数。将串口连接到 PC 机,在 PC 机上打开串口调试助手,选择相应端口,设置波特率为 115 200,打开串口。下载串口发送程序到 CC2530 中,复位后工作。在串口调试助手中观察接收到数据,说明 CC2530 通过串口发送数据成功,如图 13.2 所示。

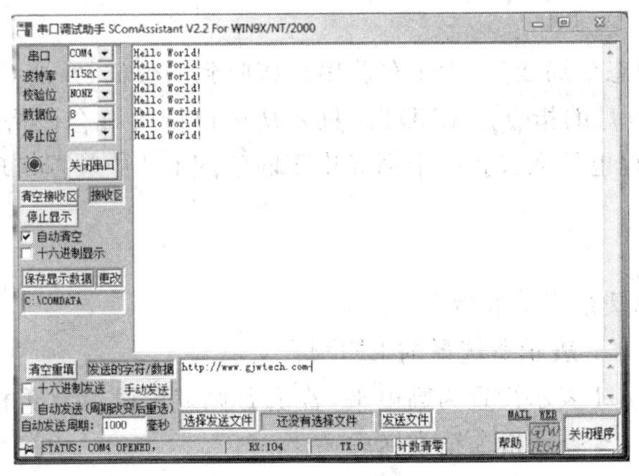

图 13.2 串口发送数据成功的界面

13.3.2 串口接收

【实验目的】

了解 CC2530 芯片串口的配置与使用,并通过串口完成接收主机字符命令,CC2530 进行解析,实现对 LED 的控制。

【实验设备】

ZigBee 通用底板。

【实验原理】

UART 接收的串口配置类似于 UART 发送,只不过这里要使能接收中断 IEN0. URXxIE,并使串口的接收器使能。接收时从 UxBUF 中读取数据,由于 UxBUF 寄存器是双缓冲的,因此收发并不会形成串扰。只要程序通过串口有序地读,有序地写即可。

接收时写入 1 到 UxCSR. RE 位时,在 UART 上数据接收就开始了。然后 UART 会在输入引脚 RXDx 中寻找有效起始位,并且设置 UxCSR. ACTIVE 位为 1。当检测出有效起始位时,收到字节就传入到寄存器,UxCSR. RX _ BYTE 位设置为 1。该操作完成时,产生接收中断。同时 UxCSR. ACTIVE 变为低电平。通过 UxBUF 提供收到数据字节,当 UxBUF 读出时,UxCSR. RX _ BYTE 位由硬件清 0。

【实验步骤】

(1) 本次实验主要通过主机发送字符指令到串口,CC2530 从串口接收数据,然后进行分析处理,实现对 LED 灯的控制。涉及的外设有 LED 灯、串口,首先要完成 LED 灯和串口的初始化

```
Init _ tLed();      //见系统时钟实验
InitUart1();       //见串口发送实验
```

(2) 完成初始化以后,通过接收中断来读取接收到的数据,同时要清中断标志,在某些情况下还要手动清除缓冲区 U1DBUF。

```
#pragma vector=URX1 _ VECTOR
```

```
__interrupt void UART1_ISR(void)
{
  buf[cout++]=U1DBUF;
  U1DBUF=0;  //清缓存区,某些情况下需要这条指令来手动清除
  URX1IF=0;     //清中断标志
}
```

其中 buf 是一个静态全局变量,用于存放串口接收到的数据,并被 CC2530 进行处理。

(3) 有关控制 LED 灯的指令是 LEDT。只要从串口接收符合该格式的字符指令,就设置相应的 LED 灯。本过程也是通过在一个循环中不断匹配 buf 中数据实现的。

```
while(1)
  {
   if(i<cout)     //从缓存区读取指令
   {                  //T 表示所选择的 LED 灯
    switch(buf[i])  //H 表示设置为高电平,若是 L 则表示设置为低电平
    {                 //#表示指令结束标志
    case 'L':
      if(0==mcount)
        mcount++;
      else
        mcount=0;
      break;

    case 'E':
      if(1==mcount)
        mcount++;
      else
        mcount=0;
      break;

    case 'D':
      if(2==mcount)
        mcount++;
      else
        mcount=0;
      break;

    case 'T':
      if(3==mcount)
        mcount++;
      else
        mcount=0;
```

```
        if(4 == mcount)
        {
            LEDT ^= 1;
            mcount=0;
        }
        break;

        }

        i++;
    }//end if(i<cout)

    if(i==cout)
    {
        memset(buf,0,cout);

        i=0;
        cout=0;
    }

    Delay(dtime);   //适当的延时

}//end while(1)
```

cout、mcount 都是全局变量。cout 表示 buf 中接收字符的个数，在 while 循环中每次循环读取一个 buf 中字符进行分析，当讲到 cout 时，清空 buf，并将 cout 设为 0，以便后续接收数据重复利用 buf 空间。mcount 表示读取符合指令格式的正确字符。每读一次 mcount 加 1，当 mcount=4 时进行相关 LED 操作，并将 mcount 清 0 以供下次循环读指令继续使用。

13.4　定时器实验

13.4.1　定时器 1 计数中断

【实验目的】

了解定时器的特性与功能，并通过定时器 1 实现计数中断功能。

【实验设备】

ZigBee 通用底板。

【实验原理】

定时器 1 是一个独立的 16 位定时器，支持典型的定时/计数功能，比如输入捕获，输出比较和 PWM 功能。定时器有五个独立捕获/比较通道，每个通道定时器使用一个 I/O 引脚。

当定时器活动的时候，在每个活动时钟边沿递增或递减。活动时钟边沿同期由寄存器位 CLKCONCMD. TICKSPD 定义，提供了从 0.25 MHz 到 32 MHz 的不同时钟标签频率，且在定时器中这一频率再次可以由 T1CTL. DIV 设置的分频器进一步划分。32 MHz 的频率只有系统时钟源使用 32 MHz XOSC 时可以达到,当使用 16 MHz RC 振荡器用作时钟源时,最高频率是 16 MHz。

计数器可以作为一个自由运行计数器,一个模计数器或一个正计数/倒计数器运行,用于中心对齐的 PWM。自由运行模式下,计数器从 0x0000 开始,每个活动时钟边沿增加 1。当计数器达到 0xFFFF(溢出),计数器载入 0x0000,继续递增它的值。模模式运行方式类似于自由模式,但最终计数值不固定是 0xFFFF,它保存在 T1CC0H : T1CC0L 中,可以自行设定。正/倒计数模式反复从 0x0000 开始,计数值同样保存在 T1CC0H : T1CC0L 中。计数递增到计数值时不是直接复位 0x0000,而是由计数值递减至 0x0000。

可以通过两个 8 位的 SFR 读取 16 位的计数器值:T1CNTH 和 T1CNTL。当读取 T1CNTL 时,计数器高位字节被缓存到 T1CNTH,因此必先读取 T1CNTL,然后再读 T1CNTH。当达到计数值(溢出)时设置标志 IRCON. T1IF 和 T1CTL. OVFIF。如果设置了相应的中断屏蔽位 TIMF. OVFIM 以及 IEN. T1EN,将产生一个中断请求。

实验相关寄存器见表 13.6。

表 13.6　定时器 1 实验相关寄存器

名称	位	复位	R/W	描述
T1CTL	[3:2]	00	R/W	分频器划分值 00:标记频率/1 01:标记频率/8 10:标记频率/32 11:标记频率/128
	[1:0]	00	R/W	00:暂停运行 01:自由运行 10:模 11:正/倒计数
IEN1	1	0	R/W	定时器 1 中断使能 0:中断禁止 1:中断使能
T1CNTH	[7:0]	0x00	R/W	定时计数器高字节
T1CNTL	[7:0]	0x00	R/W	定时计数器低字节
T1STAT	5	0	R/W0	定时器 1 计数溢出中断标志
IRCON	1	0	R/W0 H0	定时器 1 中断标志

【实验步骤】

(1) 本次实验主要了解定时器 1 的计数功能,通过每次计数溢出时会产生中断请求,在中断处理中设置 LED 改变,通过 LED 灯的变化观察它的计数频率。首先初始化 LED 灯引脚和定时器。定时器的初始化主要通过操作 T1CTL 寄存器来完成。设置计数频率,设置运行模式。最后再使能中断。

相关函数:

Init_tLed();　　　　//见系统时钟实验

```
  InitClk();            //见系统时钟实验

void InitTimer1()
{
  InitClk();
  CLKCONCMD |= 0x30;  //CLKCONCMD.TICKSPD=110,  500 kHz

  T1IE=1;      //timer1 中断使能
  EA=1;      //IEN0.EA=1,使能全局中断

  T1CTL=0x09;  //timer1 分频 32,自由运行
}
```

这里设置定时标记频率为 500 kHz,再由定时器 1 的分频器 32 分频。应将运行频率尽可能设低一些,以便观察 LED 灯现象。运行模式设为自由运行。

(2) 编写定时器 1 的中断处理函数,控制 LED 灯改变。

```
#pragma vector=T1_VECTOR
__interrupt void T1_ISR(void)
{
  LEDT ^= 1;
}
```

(3) 下载程序到 CC2530 中运行,发现 D4 不停地在闪烁,由程序知,闪烁频率是定时计数频率的一半。

13.4.2 定时器 2

【实验目的】

了解定时器 2 的特性与功能,并通过编程实现定时器 2 的计时功能。

【实验设备】

ZigBee 通用底板。

【实验原理】

定时器 2 主要用于为 802.15.4 CSMA-CA 算法提供定时,以及为 802.15.4 MAC 层提供一般的计时功能。

定时器 2 包括一个 16 位定时器,在每个时钟周期递增。复位后定时器进入 IDLE 模式,当 T2CNF.RUN 设置为 1 时,定时器将启动。计数器值可从寄存器 T2M1：T2M0 中读,当读 T2M0 寄存器时,T2M1 内容锁定。因此必先读 T2M0,然后再读 T2M1。当计数值等于所设周期值时,发生定时溢出。此时定时器值重新设为 0x000,如果溢出中断屏蔽位 R2IRQM.TIMER2_PERM 是 1,将产生一个中断请求。不管中断屏蔽位是否设置,中断标志位 T2IRQF.TIMER2_PERF 都将置为 1。

除了一个 16 位定时计数器外,还包含一个 24 位的溢出计数器。每当计数器溢出时,溢出计数器加 1.溢出计数器的值可以从寄存器 T2MOVF2：T2MOVF1：T2MOVF0 中读出。当溢出计数器的值等于设置的溢出周期,就发生一个溢出周期事件。此时溢出计数器重新高为 0x000000。如果溢出中断屏蔽位 T2IRQM.TIMER2_OVF_PERM 是 1,将产生一个中断请

求。不管中断屏蔽位是否设置,中断标志位 T2IRQF. TIMER2 _ OVF _ PERF 都将置 1。

读计数值或溢出计数值时,如果想要一个唯一的时间戳,即定时器和溢出计数器都在同一时间锁定,操作如下:读 T2M0,T2MSEL. T2MSEL 设置为 000,T2CTRL. LATCH _ MODE 设置为 1. 这返回定时器的低字节,并锁定定时器的高字节和整个溢出计数器,这样时间戳的其余部分准备好被读取。

实验相关寄存器见表 13.7,定时器 2 有一些复用寄存器,这使得所有寄存器适应有限的 SFR 地址空间。

表 13.7　定时器 2 实验的相关寄存器

名称	位	复位	R/W	描述
T2MSEL	[6:4]	000	R/W	选择访问 T2MOVF0、T2MOVF1 和 T2MOVF2 时修改或读的内部寄存器 000:t2ovf(溢出计数器) 001:t2ovf _ cap(溢出捕获) 010:t2ovf _ per(溢出周期) 011:t2ovf _ cmp(溢出捕获 1) 100:t2ovf _ cmp(溢出捕获 2)
	[2:0]	000	R/W	选择访问 T2M0 和 T2M1 时修改或读的内部寄存器 000:t2tim(定时器计数值) 001:t2 _ cap(定时器捕获) 010:t2 _ per(定时器周期) 011:t2 _ cmp1(定时器比较 1) 100:t2 _ cmp2(定时器比较 2)
T2M0	[7:0]	0	R/W	根据 T2MSEL 设置,返回/修改一个内部寄存器位[7:0]。
T2M1	[7:0]	0	R/W	根据 T2MSEL 设置,返回/修改一个内部寄存器位[15:8]。
T2MOVF0	[7:0]	0	R/W	根据 T2MSEL 设置,返回/修改一个内部寄存器位[7:0]。
T2MOVF1	[7:0]	0	R/W	根据 T2MSEL 设置,返回/修改一个内部寄存器位[15:8]。
T2MOVF1	[7:0]	0	R/W	根据 T2MSEL 设置,返回/修改一个内部寄存器位[23:16]。
T2CTRL	3	0	R/W	0:读 T2M0,锁定 T2M1。读 T2MOVF0,锁定 T2MOVF1、T2MOVF2 1:读 T2M0,一次锁定 T2M1、T2MOVF1、T2MOVF2
	0	0	R/W	写 1 启动定时器,写 0 停止定时器。读时返回最后写入值。
T2IRQM	3	0	R/W	使能 TIIMER2 _ OVF _ PER 中断
	0	0	R/W	使能 TIMER2 _ PER 中断
T2IRQF	3	0	R/W	当定时器溢出计数器等于 t2ovf _ per 的值设置
	0	0	R/W	当定时器计数器等于 t2 _ per 的值设置

【实验步骤】

(1) 本次实验主要了解定时器 2 的计数功能,设置好相应中断屏蔽位,启动定时器。每次计数溢出时会产生一个溢出中断,溢出计数器溢出时也会产生一个溢出中断,但中断设置中断标志不同。在中断处理函数中设置相应的根据中断标志位处理 LED 灯改变。通过 LED 灯的变化观察它的计数频率。首先初始化 LED 灯引脚和定时器。定时器 2 的初始化主要通过操作 T2CTL,T2MSEL 寄存器来完成。设置选择相应寄存器,设置周期,启动定时器 2。

相关函数:

```
    Init_tLed ();        //见系统时钟实验
    InitClk();       //见系统时钟实验
void InitTimer2()
{
  InitClk();      //32 MHz

  T2MSEL |= 0x02;      //设置计数周期
  T2M0=0xFF;
  T2M1=0xFF;

  T2MSEL |= 0x02<<4;      //设置溢出周期
  T2MOVF0=0xFF;
  T2MOVF1=0;
  T2MOVF2=0;

  T2IRQM |= 0x09;      //中断——定时器溢出,溢出计数溢出
  T2IE=1;
  EA=1;
}
```

该函数初始化定时器 2,设置计数周期与溢出周期,并使能溢出中断与溢出计数中断。

(2) 启动定时器

```
T2CTRL |= 0x01;  //启动定时器
```

(3) 设置定时器 2 中断处理函数。该函数执行由定时器 2 计数器溢出中断和溢出计数器溢出中断触发,根据中断标志位,控制 LED 状态改变。

```
#pragma vector=T2_VECTOR      //timer2 中断向量
__interrupt void T2_ISR(void)
{
  if(T2IRQF & 0x08)  //溢出计数溢出
  {
    LED3 ^= 1;
    T2IRQF &= ~0x08;      //清除中断标志
  }
}
```

(4) 下载程序到 CC2530 中运行,可以发现 LEDT 不停地闪烁。

13.4.3　定时器 4 比较控制

【实验目的】

了解定时器 4 的功能与特性,并编写程序实现它的比较控制功能。

【实验设备】

ZigBee 通用底板。

【实验原理】

定时器 4 功能等同于定时器 3,但定时器存在着较大的差别。它是一个 8 位的定时器,有两个独立的比较通道,每个通道上使用一个 I/O 引脚。活动时钟边沿周期由寄存器位 CLKCONCMD. TICKSPD 定义,由 T1CTL. DIV 设置的分频器进一步划分。

计数器可以作为一个自由运行计数器,倒计数器,模计数器或正计数/倒计数器运行。自由运行模式下,计数器从 0x00 开始,每个活动时钟边沿增加 1。当计数器达到 0xFF(溢出),计数器载入 0x00,继续递增它的值。倒计数模式时,计数器由载入 T3CC0 的内容开始倒计数,直到 0x00。模模式运行方式类似于自由模式,但最终计数值保存在 T3CC0 中,可以自行设定。正/倒计数模式反复从 0x00 开始,直到达到 T3CC0 所含的值,然后倒计数到 0x00。

当一个通道配置为一个输入捕获通道,通道相关的 I/O 引脚配置为一个输入。定时器启动之后,输入引脚上一个上升、下降沿或任何边沿都会触发一个捕获,即捕获 8 位计数器的内容到相关捕获寄存器中。捕获事件发生时,当设置了相应的中断屏蔽位,会触发定时器 3 的中断,并设置中断标志。可以在中断处理函数中读取捕获值。

实验相关寄存器见表 13.8。

表 13.8　定时器 4 实验的相关寄存器(表中 x 取值 3 或 4)

名称	位	复位	R/W	描述
TxCTL	[7:5]	000	R/W	分频器划分值,有效时钟来源于 CLKCONCMD. TICKSPD 的定时器时钟。 000:标记频率/1 001:标记频率/2 010:标记频率/4 011:标记频率/8 100:标记频率/16 101:标记频率/32 110:标记频率/64 111:标记频率/128
	4	0	R/W	启动定时器
	3	1	R/W0	溢出中断屏蔽 0:中断禁止 1:中断使能
	[1:0]	00	R/W	定时器 3 模式 00:自由模式 01:倒计数 10:模 11:正/倒计数

续表 13.8

名称	位	复位	R/W	描述
TxCCTL0	6	1	R/W	通道 0 中断屏蔽 0:中断禁止 1:中断使能
	[5:3]	000	R/W	通道 0 比较输出模式选择。 000:在比较设置输出 001:在比较清除输出 010:在比较切换输出 011:在比较正计数时设置输出,在 0 清除 100:在比较正计数时清除输出,在 0 设置 101:在比较设置输出,在 0FF 清除 110:在 0x00 设置,在比较清除输出 111:初始化输出引脚
	2	0	R/W	模式。选择定时器通道 0 比较捕获模式
	[1:0]	00	R/W	捕获模式选择 00:无捕获 01:在上升沿捕获

【实验步骤】

(1) 本次实验主要针对定时器比较控制输出功能的实现,比较时可以控制输出电平的改变。由于硬件的特性,可用外设只有 LEDT 能够映射在定时器 4 通道 0。具体映射关系见表 13.9。

表 13.9　定时器 4 实验的映射关系

外设/功能	P1							P2					
	7	6	5	4	3	2	1	0	4	3	2	1	0
TIMER4						1	0						
Alt2										1			0

首先要对 LED 所在引脚和定时器 4 初始化。

Init _ tLed();　　//见系统时钟实验

该函数将 P2.0 设置为输出,并设为外设功能,即定时器 4 通道 0。

```
void InitTimer4()
{
  PERCFG |= 0x10;      //timer4 备用位置 2
  InitClk();
  CLKCONCMD |= 0x38;   //CLKCONCMD.TICKSPD=111,  250 kHz
  TIMER34_SET_CMP_VAL(4,0,0x44);  //通道 0 比较值
  TIMER34_SET_CLOCK_DIV(4,128);
  TIMER34_SET_MODE(4,MODE_FREE);
  TIMER34_SET_CMP_MODE(4,0,0x14);
}
```

该函数选择定时器 4 的通道位置为备用位置 2,以便通道 0 正确映射在 LEDT 所在引脚,初始化时钟频率,设置比较值,设置比较模式,比较时切换输出。该函数中部分寄存器设置通过

宏来实现，主要是因为定时器 3 和定时器 4 功能与特性是一样，增加了代码的灵活性。相关宏定义如下：

```
#define TIMER34_SET_CLOCK_DIV(timer,val) /*分频*/      \
  do{  \
    T##timer##CTL |= ((! val)? 0x00:      \
                              (val==2)? 0x20:  \
                              (val==4)? 0x40:  \
                              (val==8)? 0x60:  \
                              (val==16)? 0x80:  \
                              (val==32)? 0xA0:  \
                              (val==64)? 0xC0:  \
                              (val==128)? 0xE0 : 0x00);  \
}while(0)
```

设置定时器 3/4 的分频系数。

```
#define TIMER34_SET_MODE(timer,val)  /*定时器 3/4 模式*/  \
  do{  \
    T##timer##CTL &= ~0x03;  \
    T##timer##CTL |= ((val==0x03)? 0x03:      \
                            (val==0x02)? 0x02:  \
                            (val==0x01)? 0x01 : 0);  \
}while(0)
```

设置定时器 3/4 的运行模式。

```
#define TIMER34_DISABLE_FLOW_INT(timer)  T##timer##CTL &=~0x08
```

屏蔽定时器 3/4 的溢出中断。

```
#define TIMER34_SET_CAP_MODE(timer,mod,val) T##timer##CCTL##mod |
= val
```

定时器 3/4 比较模式设置。

(2) 启动定时器 4

```
T4CTL |= 0x10;      //开关 timer4
```

(3) 下载程序到 CC2530 中运行，发现 LEDT 闪烁。

13.5　睡眠定时器实验

【实验目的】

了解睡眠定时器的功能与特性，设定定时器在特定时间内唤醒进入工作模式。

【实验设备】

ZigBee 通用底板。

【实验原理】

睡眠定时器用于设置系统进入和退出低功耗模式之间的周期。睡眠定时器还用于当进入低功耗睡眠模式时，维持定时器 2 的定时。睡眠定时器是一个 24 位的定时器，运行在一个 32kHz 的时钟频率。复位后立即启动，当定时器的值等于 24 位比较器值时，发生一次比较。如果中断使能位 IEN0. STIE 使能，触发一个睡眠定时器中断，并设置中断标志位 IRCON. STIF。当 STLOAD. LDRDY 是 1 写入 ST0 发起加载新的比较值，即写入 ST2、ST1 和 ST0 寄存器的最新值。

实验相关寄存器见表 13. 10。

表 13. 10　睡眠定时器实验的相关寄存器

名称	位	复位	R/W	描述
ST2	[7：0]	0x00	R/W	睡眠定时器计数/比较值高位[23：16]。当读写 ST0 时锁定
ST1	[7：0]	0x00	R/W	睡眠定时器计数/比较值高位[15：8]。当读写 ST0 时锁定
ST0	[7：0]	0x00	R/W	睡眠定时器计数/比较值高位[7：0]。
STLOAD	0	1	R	加载准备好。当睡眠定时器加载 24 位比较值，该位是 0。当睡眠定时器准备好开始加载一个新的比较值，该位是 1

【实验步骤】

(1) 本次实验使用睡眠定时器切换时钟电源到工作模式，并设置相应 LED 灯的显示方式来观察。首先初始化 LED 灯引脚与睡眠定时器。

```
  Init _ tLed ();          //见系统时钟实验
 void InitST()
 {
 while(! (STLOAD&0x01));        //加载状态准备好
 ST2=0x04  ;  //比较值写入
 ST1=0x00;
 ST0=0x00;

 EA=1;
 STIE=1;  //使能中断
 STIF=0;
}
```

该函数完成睡眠定时器初始化相关工作，写入比较值，并使能中断。

(2) 在 while 循环中首先设置 LEDT 闪烁 4 下，然后更新睡眠定时器比较时间，并切换电源进入睡眠模式。由于电源已进入睡眠，LEDT 不会立即再闪烁。只有在睡眠定时器达到比较值触发中断睡眠定时器中断函数，处理唤醒后，才会执行 while 的下一次循环，再次观察到 LEDT 闪烁 4 下。

```
while(1)
{
 for(i=0; i<8; i++)
```

```
  {
    LEDT ^= 1;
    Delay(8);
  }
  updateCmpST();
  set_power_mode(2);
}
```

Delay(uint8 n);　　//见 LED 控制实验

```
void updateCmpST()
{
  tm0=ST0;
  tm1=ST1;
  tm2=ST2;
  tm2 += 0x04;
  while(!(STLOAD&0x01));
  ST2=tm2;
  ST1=tm1;
  ST0=tm0;
}
```

用于更新比较值。

```
void set_power_mode(uint16 mode)
{
  if(mode < 4)
   {
    SLEEPCMD &= 0xFC;
    SLEEPCMD |= mode;
    asm("NOP");
    asm("NOP");
    asm("NOP");
    PCON |= 0x01;
   }
}
```

用于电源模式切换。

(3) 编写睡眠定时器中断处理函数,用于切换电源进入工作模式

```
#pragma vector=ST_VECTOR
_interrupt void ST_ISR(void)
{
 STIF=0;
 set_power_mode(4);
}
```

13.6　AD转换实验

【实验目的】

了解ADC相关特性与功能，编写程序通过ADC采集片上温度传感器的数值。

【实验设备】

ZigBee通用开发板。

【实验原理】

CC2530片上温度传感器输出可以作为ADC的输入，用于温度测量。ADC设置选择通道为片上温度传感器，并启动温度传感器，然后再手动配置启动ADC转换，转换完成后读取结果。

实验相关寄存器见表13.11。

表13.11　AD转换实验的相关寄存器

名称	位	复位	R/W	描述
TR0	0	0	R/W	设置为1来连接温度传感器到SOC_ADC
ATEST	[5:0]	000000	R/W	000001:使能温度传感器
ADCCON1	7	0	R/H0	0:转换没有完成 1:转换完成
	6	0		开始转换。 0:没有转换正在进行 1:如果ADCCON1[5:4]=11并且没有序列正在运行就启动一个转换序列
	5:4	11	R/W1	启动选择。 00:P2.0引脚外部触发 01:全速 10:定时器1通道0比较事件 11:ADCCON1[6] = 1
ADCCON3	[7:6]	00	R/W	选择用于额外转换的参考电压 00:内部参考电压 01:AIN7引脚上的外部参考电压 10:AVDD5引脚 11:在AIN6-AIN7差分输入的外部参考电压
	[3:0]	0000	R/W	单个通道选择 0000:AIN0 0001:AIN1 0010:AIN2 0011:AIN3 0100:AIN4 0101:AIN5 0110:AIN6 0111:AIN7 10000:AIN0-AIN1 1001:AIN2-AIN3 1010:AIN4-AIN5 1011:AIN6-AIN7 1100:GND 1101:正电压参考

【实验步骤】

(1) 本次实验主要对片上温度传感器实现 AD 转换，将转换结果从串口输出到主机端显示。首先初始化串口和温度传感器。

```
    InitUart() //见本章串口发送
void adInitial()
{
  InitClk();


  TR0=0x01;
  ATEST=0x01;
}
```

该函数用于温度传感器的初始化。TR0=1 将温度传感器与 ADC 连接起来，ATEST=1 启用温度传感器。

(2) 在一个 while 循环中配置 ADC 并手动启动 ADC 转换，转换结束后读取结果，通过串口发送。

```
while(1)
{
  for(i=0; i<64; i++)
{
    avgTemp += getTemperature();
    avgTemp=avgTemp/2;
  }

  memset(tmValue,0,sizeof(tmValue));
  REG_TO_CHR(avgTemp,tmValue);
  Uart1TX_Send_String(tmValue,strlen(tmValue));
  Delay(dtime);
}
```

REG_TO_CHR 用于转换寄存二进制值为字符，定义如下：

```
#define REG_TO_CHR(value,buf)\
  do{  \
    uint16 cout;      \
    uint16 len=sizeof(value)*8;  \
    for(cout=len; cout>0; cout--){     \
      if(value & (1<<cout-1)){      \
        buf[len-cout]='1';       \
      }else{      \
        buf[len-cout]='0';       \
          buf[len]='\n';}}   \
  }while(0)
```

AD 转换是通过函数 getTemperature()来实现，取 64 次平均值，然后调用串口发送到数据。getTemperature()定义如下：

```
uint16 getTemperature()
{
  uint16 value;
  ADCCON3=0x3E;

  ADCCON1 |= 0x30;
  ADCCON1 |= 0x40;
  while(! (ADCCON1 & 0x80));
  value=ADCL >> 4;
  value |= (((uint16)ADCH)<<4);

  return value;
}
```

每次转换时配置 ADCCON3 选通温度传感器，设置参考电压。然后设置 ADCCON1 启动转换，转换结束后读取转换结果。

(3) 下载程序到 CC2530 中运行，主机端运行串口调试工具，接收到转换结果。该结果是 12 位的二进制值(见图 13.3)，可通过换算得出最终结果。最终温度为

Result=(value - 1367.5)/4.5 - 4

由得到的温度值计算得到 35.2 ℃，与真实值有一定的差距。

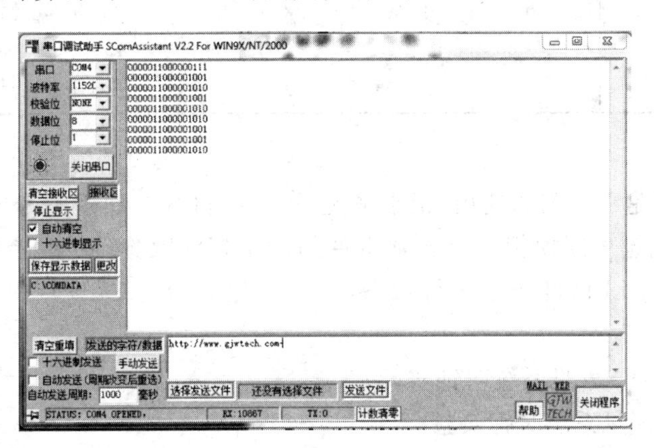

图 13.3 接收到的二进制转换结果

13.7 看门狗实验

【实验目的】

了解 CC2530 中看门狗功能的使用。

【实验设备】

ZigBee 通用开发板。

【实验原理】

在 CPU 运行过程中可能受到软件颠覆的影响，如电气噪音、电源故障、静电放电等环境发

生时，或者需要一个高可靠性的环境，看门狗定时器提供了一种用于复位系统运行的方法。看门狗定时器包括一个 15 位计数器，它的频率由 32 kHz 时钟规定。用户不能获得 15 位计数器的内容。在所有供电模式下，15 位计数器内容保留，且当重新进入主动模式，看门狗定时器继续计数。

看门狗运行于看门狗模式主要用于监控软件运行，也可作为一般的定时器使用运行于定时器模式，通过寄存器 WDCTL 来控制。当运行于定时器模式下，计数器从 0 开始递增，每隔一段时间就会产生一个中断请求。在看门狗模式下，一旦定时器使能，就不可以禁用定时器，且不产生中断，定时结束产生复位信号，可以通过喂狗来复位计数值，从而延长定时复位的发生。定时器时间间隔可以选择 1.9 ms，15.625 ms，0.25 s 和 1 s，分别对应 64，512，8 192 和 32 768 的计数值设置。

实验相关寄存器见表 13.12。

表 13.12　看门狗实验的相关寄存器

名称	位	复位	R/W	描述
WDCTL	[7:4]	0000	R0/W	当 0xA 跟随 0x5 写到这些位时清除定时器。
	[3:2]	00	R/W	模式选择 00:IDLE 01:IDLE(未使用，等于 00 设置) 10:看门狗模式 11:定时器模式
	[1:0]	00	R/W	定时器间隔选择 00：～1s 01：～0.25 s 10：～15.625 ms 11：1.9 ms

【实验步骤】

(1) 本实验主要是看门狗的使用，正常情况下启动看门狗，通过不断地喂狗来维持程序继续运行。通常一个按键中断模拟一个异常事件的发生打断喂狗，看门狗计时结束发生复位现象。实验过程中通过 LED 灯指示运行状态，因此首先初始化 LED 灯引脚和按键，并启动看门狗。

```
    InitClk();          //见系统时钟实验
    InitLed();     //见系统时钟实验
    /*启动看门狗*/
void InitWdt()
{
  LED5=0;
  WDCTL=0x00;   //时间间隔 1 s,看门狗模式
  WDCTL |= 0x08;      //启动看门狗
}
```

(2) 通过一个 while 循环间隔一段时间(时间小于看门狗计时时间)进行喂狗，过一段时间后喂狗。

```
while(1)
```

```
{
  if(isFeed)
  {
    feedWdt();
    Delay(10);
  }

  if(count --)
    isFeed=0;
}
```

喂狗时直接连续写 0xa0、0x50 到 WDCTL，函数 feedWdt()定义为

```
void feedWdt()
{
  WDCTL=0xa0;
  WDCTL=0x50;
}
```

(3) LEDT 会在启动复位的时候点亮并延时一段时间后灭掉。此后很长时间内一直喂狗，所以不发生任何现象，待更改喂狗标志停止喂狗后，看门狗定时结束，发生复位现象，再次看到 LEDT 点亮并延时一段时间后灭掉。

13.8 随机数生成器实验

【实验目的】

使用随机数发生器生成随机数。

【实验设备】

ZigBee 通用开发板。

【实验原理】

随机发生器是一个 16 位线性反馈移位寄存器 LFSR，带有多项式 $X^{16}+X^{15}+X^{2}+1$。根据执行的操作，它使用不同级别的展开值。基本的形式如图 13.4 所示。

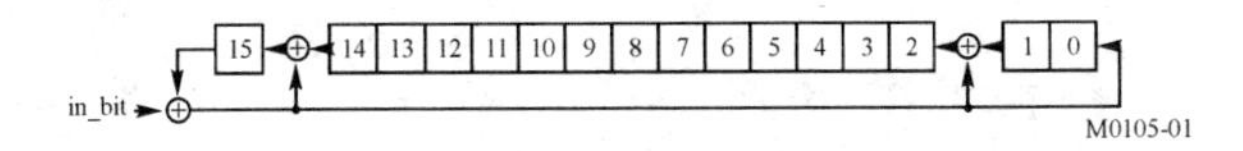

图 13.4 随机发生器的基本形式

随机数发生器运行由 ADCCON1. RCTRL 位控制。LFSR 的 16 位移位寄存器的当前值从 RNDH 和 RNDL 中读取。LFSR 可以通过写入 RNDL 寄存器两次产生种子数。每次写入 RNDL 寄存器，LFSR 的高 8 位先被低 8 位替换，低 8 位再由二次写入替换。当需要一个真正的随机值，LFSR 应通过写入 RNDL 产生种子，随机值来自在 RF 接收路径的 IF _ ADC。

实验相关寄存器见表 13.13。

表 13.13　随机数生成器实验的相关寄存器

名称	位	复位	R/W	描述
ADCCON1	[3：2]	00	R/W	控制 16 位数发生器。当写 01 时，当操作完成时设置将自动返回到 00。 00：正常运行(13X 型展开) 01：LFSR 时钟一次(没有展开) 10：保留 11：停止
RNDL	[7：0]	0xFF	R/W	随机值/种子或 CRC 结果，低字节
RNDH	[7：0]	0xFF	R/W	随机值/种子或 CRC 结果，高字节

【实验步骤】

(1) 本实验用于随机数发生器随机数的生成，通过串口输出到主机显示。首先初始化时钟与串口。

```
InitClk();            //见系统时钟实验
InitUart1();          //见串口发送实验
```

(2) 通过一个 while 循环在每一段时间间隔内读取生成随机数，串口输出。

```
while(1)
{
  mRnl=genRNL(mRnl);
  REG_TO_CHR(mRnl,rBuf);
  Uart1TX_Send_String(rBuf,sizeof(rBuf));


  Delay(dtime);
  }
```

genRNL(uint16 Rnl)用于 16 位随机数的生成，输入参数是种子值，返回生成随机数。每次循环将新生成的随机值作为新的种子继续播种，生成新的随机值。注意种子值为 0 或 0x8003 将总导致 LFSR 中的值通知之后并不改变其值。genRNL(uint16 Rnl)具体定义如下：

```
uint16 genRNL(uint16 Rnl)
{
  uint16 rData;

  RNDL=Rnl>>8;
  RNDL=Rnl;

  ADCCON1 |= 1<<2;
  while(ADCCON1 & 0x04);

  rData=RNDH;
  rData=(rData<<8) | RNDL;
```

```
return rData;
}
```

寄存值转换宏定义 REG _ TO _ CHR //见定时器 4 比较控制实验

串口发送函数 Uart1TX _ Send _ String(char * Data,int len) //见串口发送实验延时函数

Delay(uint8 n) //见 I/O 控制实验。

13.9 DMA 传输实验

【实验目的】

了解 CC2530 芯片 DMA 传输特性,编写程序实现 DMA 传输功能。

【实验设备】

ZigBee 通用开发板。

【实验原理】

DMA 为直接存取访问控制器,可以用来减轻 CPU 内核传送数据操作的负担,从而提高芯片运行性能。DMA 控制器控制整个 XDATA 存储空间的数据传送,这样使得大多数 SFR 寄存器都可以映射到 DMA 空间。

DMA 控制器传有 5 个通道,即通道 0 到通道 4。每个 DMA 通道能够从 DMA 存储空间的一个位置传送数据到另一个位置,比如 XDATA 位置之间。为了使用每个通道,必须在进入工作状态之前进行配置。配置过程通过设置一些参数完成。参数不直接通过 SFR 寄存器配置,而是通过写入存储器中特殊的 DMA 配置数据结构中。DMA 配置数据结构可以存放在由用户软件设定的任何位置,而通过一组 SFR 寄存器 DMAxCFGH:DMAxCFGL 传入数据结构的地址,然后由寄存器送到 DMA 控制器。一旦 DMA 通道进入工作状态,DMA 控制器就会读取该通道的配置数据结构。DMA 配置数据结构详细如表 13.14 所示。

表 13.14 DMA 配置的数据结构

字节偏移量	位	名称	描述
0	7:0	SRCADDR[15:8]	DMA 通道源地址,高位
1	7:0	SRCADDR[7:0]	DMA 通道源地址,低位
2	7:0	DESTADDR[15:8]	DMA 通道目的地址,高位
3	7:0	DESTADDR[7:0]	DMA 通道目的地址,低位
4	7:5	VLEN[2:0]	可变长度传输模式。 000:采用 LEN 作为传送长度 001:传送由第一个字节/字+1 指定的字节/字的长度。(上限到 LEN 指定的最大值) 010:传送由第一个字节/字指定的字节/字的长度。(上限到 LEN 指定的最大值) 011:传送由第一个字节/字+2 指定的字节/字的长度。(上限到 LEN 指定的最大值) 100:传送由第一个字节/字+3 指定的字节/字的长度。(上限到 LEN 指定的最大值) 101:保留 110:保留 111:使用 LEN 作为长度的备用

续表 13.14

字节偏移量	位	名称	描述
4	4：0	LEN[12：8]	DMA 的通道传送长度
5	7：0	LEN[7：0]	DMA 的通道传送长度
6	7	WORDSIZE	选择每个 DMA 传送是采用 8 位(0)，还是 16 位(1)。
6	6：5	TMOD[1：0]	DMA 通道传送模式： 00：单个　01：块 10：重复单一　11：重复块
6	4：0	TRIG[4：0]	选择要使用的 DMA 触发 00000：无触发 00001：前一个 DMA 通道完成 00010—11110：选择对应硬件触发
7	7：6	SRCIN[1：0]	源地址递增模式 00：0 字节/字　01：1 字节/字 10：2 字节/字　11：−1 字节/字
7	5：4	DESTINC[1：0]	目的地址递增模式 00：0 字节/字　01：1 字节/字 10：2 字节/字　11：−1 字节/字
7	3	IRQMASK	该通道中断屏蔽 0：禁止中断发生 1：DMA 通道完成时使能中断发生
7	2	M8	采用 VLEN 的第 8 位模式作为传送单位长度 0：采用所有 8 位作为传送长度 1：采用字节的低 7 位作为传送长度
7	1：0	PRIORITY[1：0]	DMA 通道优先级别 00：低级　01：保证级 10：高级　11：保留

不同 DMA 通道配置数据结构地址传入的方式是不同的。DMA0CFGH：DMA0CFGL 给出 DMA 通道 0 的配置数据结构的开始地址。DMA1CFGH：DMA1CFGL 给出 DMA 通道 1 配置数据结构的开始地址，其后跟着通道 2～4 的配置数据结构。因此 DMA 通道 1～4 的 DMA 配置数据结构存储在连续的区域内。

在配置参数中，指定了 DMA 控制器传输数据的起始地址，目标地址和传送长度等配置。因此在配置完毕后，DMA 通道通过将 DMA 通道的工作状态寄存器 DMAARM 中指定的位置 1，就可以进入工作状态，等待触发事件发生。当触发事件发生时，按照配置参数所设定的方式进行传输数据。用户可以通过软件设置对应的 DMAREQ 位，强制使一个 DMA 传送开始。DMAREQ 位只能在相应的 DMA 传输发生时清除，当通道解除准备工作状态时，DMAREQ 位不被清除。

实验相关寄存器见表 13.15。

表 13.15 DMA 传输实验的相关寄存器

名称	位	复位	R/W	描述
DMAARM	0	0	R/W1	DMA 进入工作状态通道 0
DMAREQ	0	00	R/W1 H0	DMA 传送请求，通道 0
DMA0CFGH	[7:0]	0x00	R/W	DMA 通道 0 配置地址，高位字节
DMA0CFGL	[7:0]	0x00	R/W	DMA 通道 0 配置地址，低位字节
DMAIRQ	0	0	R/W0	DMA 通道 0 中断标志 0:DMA 通道传送没有完成 1:DMA 通道传送完成/中断未决

【实验步骤】

(1) 本实验使用 DMA 传送数据的方式从一个地址处复制数据到另一地址处。程序启动时初始化串口，按键和 DMA 通道 0。串口用于输出两处的数据，观察传送是否成功。通道 0 用于 DMA 控制器传送数据，初始化时设置好配置参数。按键用于在有触发中断时发生，触发 DMA 传输开始。

```
InitClk();      //见系统时钟实验
InitUart1();    //见串口发送实验
Uart1TX_Send_String(char *Data,int len);    //见串口发送实验
```

DMA 控制器的初始化完成配置数据结构设置，并将数据结构地址传入 DMA0CFGH：DMA0CFGL，用于 DMA 通道 0 的配置。

```
/*源地址*/
  dmaCh.srcAddrH=(uint8)(((uint16)&srcStr)>>8);
  dmaCh.srcAddrL=(uint8)(((uint16)&srcStr)&0x00FF);
  /*目的地址*/
  dmaCh.dstAddrH=(uint8)(((uint16)&dstStr)>>8);
  dmaCh.dstAddrL=(uint8)(((uint16)&dstStr)&0x00FF);

  dmaCh.xferLenV &= ~0xFF;
  dmaCh.xferLenV |= (uint8)(((uint16)(sizeof(srcStr)))>>8)&0x1F;   //传输长度高字节
  dmaCh.xferLenL=(uint8)((uint16)(sizeof(srcStr))&0xFF);   //传输长度低字节

  dmaCh.ctrlA &= ~0xFF;
  dmaCh.ctrlA |= 1<<5;    //传输模式选择

  dmaCh.ctrlB &= ~0xFF;
  dmaCh.ctrlB |= 1<<6;  //源地址增量
  dmaCh.ctrlB |= 1<<4;  //目标地址增量
```

```
dmaCh.ctrlB |= 0x02;

/* 使用通道 0 */
DMA0CFGH=(uint8)(((uint16)(&dmaCh))>>8);
DMA0CFGL=(uint8)(((uint16)(&dmaCh))&0x00FF);
```

dmaCh 是一个配置数据结构对象，该数据结构定义为

```
typedef struct {
  uint8 srcAddrH;
  uint8 srcAddrL;
  uint8 dstAddrH;
  uint8 dstAddrL;
  uint8 xferLenV;
  uint8 xferLenL;
  uint8 ctrlA;
  uint8 ctrlB;
} DMADesc_t;
```

(2) 设置 DMA 通道 0 进入工作状态，当有按键事件发生，改变标志 isStart 值为 1，程序继续执行，通过写 DMAREQ 等于 1 触发通道 0 传输。

```
DMAARM=0x01;      //通道 0 进入工作状态
DMAIRQ=0x00;      //清中断标志
Delay(100);
DMAREQ=0x01;      //触发 DMA 传输
```

(3)下载程序到 CC2530 中运行，主机运行串口调试助手，接收到串口发送来的源地址处数据“Hello World!”。启动 DMA 通道 0 传送，接收到串口发送来的数据也为“Hello World!”，如图 13.5 所示，则说明 DMA 传送数据成功。

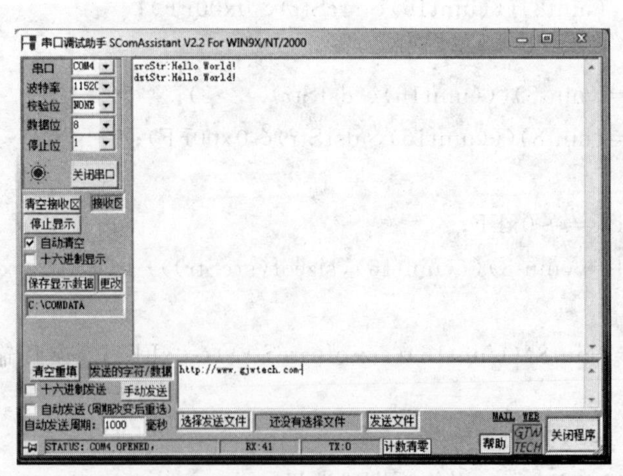

图 13.5 DMA 成功传送数据界面

13.10 RF 无线通信实验

【实验目的】

了解 CC2530 芯片 RF 传输特性和传输过程,编写程序实现 RF 传输功能。

【实验设备】

ZigBee 通用开发板。

【实验原理】

用串口来把数据通过 RF 发送给另外一块模块,模块接收到数据后把数据通过串口打印出来。现在我们来看看需要做哪些准备工作。

实验相关寄存器见表 13.16。

表 13.16 RF 无线通信实验的相关寄存器

寄存器名	位号	名称	复位	R/W	描述
FRMFILT0	7		0	R/W	保留,总是写 0
	6:4	FCF_RESERVED_MASK[2:0]	000	R/W	用于过滤帧控制域(FCF)的保留部分
	3:2	MAX_FRAME_VERSION[1:0]	11	R/W	用于过滤帧控制域(FCF)的帧版本域
	1	PAN_COORDINATOR	0	R/W	0:设备不是 PAN 协调器 1:设备是 PAN 协调器
	0	FRAME_FILTER_EN	1	R/W	0:帧过滤关闭 1:帧过滤开启
TXPOWER	7:0	PA_POWER[7:0]	0XF5	R/W	PA 功率控制
FREQCTRL	6:0	FREQ[6:0]	0X0B(2405 MHz)	R/W	频率控制字
CCACTRL0	7:0	CCA_THR[7:0]	0XE0	R/W	空闲信道评估阈值,有符号的二进制补码,用来与 RSSI 值比较
FSCAL1	7:2	—	0001010	R/W0	保留
	1:0	VCO_CURR	01	R/W	定义 VCO 内核电流
TXFILTCFG	7:4	—	0	R0	保留
	3:0	FC	0XF	R/W	设置 TX 抗混叠过滤器以获得合适的宽度
AGCCTRL1	7:6	—	00	R0	保留
	5:0	AGC_REF[5:0]	010001	R/W	用于 AGC 控制循环的目标值,步长为 1dB

续表 13.16

寄存器名	位号	名称	复位	R/W	描述
AGCCTRL2	7：6	LNA _ CURRENT[1：0]	00	R*/W	给 LNA1 的覆盖值 00:0dB 增益 01:3dB 增益 10:保留 11:11dB 增益
	5:3	LNA2 _ CURRENT[2：0]	000	R*/W	给 LNA2 的覆盖值 000:0dB 增益 001:3dB 增益 010:6dB 增益 011:9dB 增益 100:12dB 增益 101:15dB 增益 110:18dB 增益 111:21dB 增益
	2：1	LNA3 _ CURRENT[3：0]	00	R*/W	给 LNA3 的覆盖值 00:0dB 增益 01:3dB 增益 10:6dB 增益 11:9dB 增益
	0	LNA _ CURRENT _ OE	0	R/W	以存储在 RFR 里的值覆盖 AGCLNA 的当前设置

【实验步骤】

(1) RF 初始化

```
void RF _ Init()
{
//FRMCTRL0 |=(0x20 | 0x40);      // 使能 auto ack 和 auto crc
FRMFILT0=0x0C;                  //禁止接收过滤
TXPOWER=0xD5;                   //选择发射功率
FREQCTRL=0x0B;                  //选择通道

CCACTRL0=0xF8;
FSCAL1=0x00;
TXFILTCFG=0x09;
AGCCTRL1=0x15;
AGCCTRL2=0xFE;
TXFILTCFG=0x09;

RFIRQM0 |=(1<<6);
IEN2 |=(1<<0);        //使能中断
RFST=0xED;            //清除 RF 接收缓冲区
```

```
  RFST=0xE3;              //RF接收使能

}
```

FRMFILT0 帧过滤，该寄存器的最后一位为 FRAME _ FLITER _ EN，该控制位的具体含义为使能帧过滤，当禁用时，无线电接收所有的帧，当使能，无线电只能接收符合要求的帧，详情见 CC253X 用户指南。

(2) RF 发送

```
void RF _ Msg _ Send( char *bbuf , int len)
{
  RFST=0xE3;      //RF接收使能 ISRXON
  //等待发送状态不活跃,并且没有接收到 SFD
  while( FSMSTAT1 & (( 1<<1 ) | ( 1<<5 )));

  RFIRQM0 &=~(1<<6);      //禁止接收数据包中断
  IEN2 &=~(1<<0);         //清除 RF 全局中断

  RFST=0xEE;              //清除发送缓冲区 ISFLUSHTX
  RFIRQF1=~(1<<1);        //清除发送完成标志
  RFD=len + 2;     //填充缓冲区,填充过程需要增加 2 字节,CRC校验自动填充

  for (int i=0; i < len; i++)
  {
    RFD= *bbuf++;
  }
  RFST=0xE9;                          // 发送数据包 ISTXON
  while (! (RFIRQF1 & (1<<1)));      // 等待发送完成
  RFIRQF1=~(1<<1);                    // 清除发送完成标志位

  RFIRQM0 |=(1<<6);      // RX 接收中断
  IEN2 |=(1<<0);
}
```

CC2530 的物理层负载分第一个字节为长度域，填充实际负载之前需要先填充长度域，而物理层负载在原长度的基础上增加 2。长度域数值增加 2 的原因是由于自动 CRC 的存在，CRC 分占两个字节，CC2530 会把这两个字节填充至发送缓冲区。

(3) RF 接收

```
#pragma vector=RF _ VECTOR      //中断预处理函数
_ interrupt void rf _ isr(void)
{
    LED=0;  // LED(P2 _ 0)提示作用
      Delay(20000);
      LED=1;
```

```
  EA=0;

  /*接收一个完整的数据包*/
  if (RFIRQF0 & (1<<6))
  {
    RF_Receive_Isr();  //调用接收中断处理函数

    S1CON=0;  //清除 RF 中断标志
    RFIRQF0 &=~(1<<6);  //清除 RF 接收完成数据包中断
  }
  EA=1;
}

  void RF_Receive_Isr()
{
  char rx_buf[128];
  int rf_rx_len=0;
  int rssi=0;
  char crc_ok=0;
  //rf_rx_len=RFD;
  rf_rx_len=RFD-2;  //长度去除两字节附加结果
  rf_rx_len &=0x7F;
   for (int i=0; i<rf_rx_len; i++)
  {
    rx_buf[i]=RFD;  //连续读取接收缓冲区内容
  }
  if(S_strncmp(rx_buf,"#S",2))
  {
    printf("data(others) eorr! \r\n");
  }
  else
  {
    for (int j=0;j<rf_rx_len-2;j++)
    {
      rf_rx_buf[j]=rx_buf[j+2];  //连续读取接收缓冲区内容
    }
  }
  rssi=RFD-73;  //读取 RSSI 结果
  crc_ok=RFD;  //读取 CRC 校验结果 BIT7

   RFST=0xED;  //清除接收缓冲区
```

```
  if(crc_ok  & 0x80)
  {
    Uart1_sendbuf(rf_rx_buf, rf_rx_len);  //串口发送
    printf("[%d]\r\n",rssi);
  }
  else
  {
    printf("\r\nCRC  Error\r\n");
  }
}
```

【实验结果】

见图 13.6。

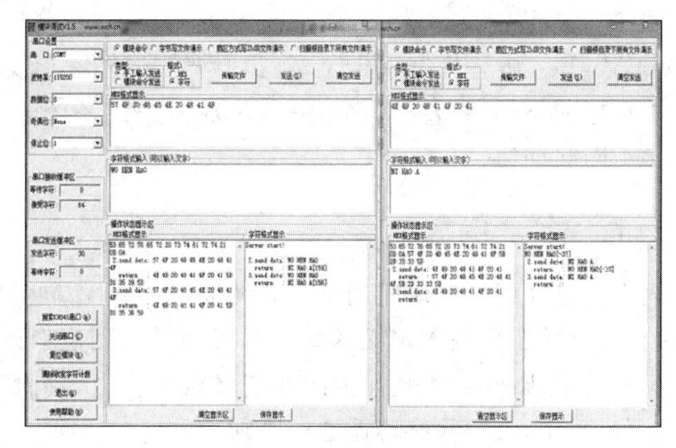

图 13.6　实验结果展示界面

14 ZigBee组网通信实验

ZigBee网络有两个特点:自组织功能和自愈功能。自组织功能:无需人工干预,网络节点能够感知其他节点存在,并确定连接关系,组成结构化的网络;自愈功能:增加或者删除一个节点,节点位置发生变动,节点发生故障等,网络都能够自我修复,并对网络拓扑进行相应的调整,无需人工干预,保证整个系统仍能正常工作。想要组建一个完整的ZigBee网络包括两个步骤:协调器扫描信道,采用未被使用的空闲信道组建网络;节点扫描可用网络,并加入网络。

14.1 协调器建立网络

在第2章已经提到,ZigBee协议标准中定义了三种网络拓扑形式,分别为星型拓扑、树型拓扑和网状拓扑。其中星型网络和树型网络都可看成网状网络的一个子集。那么下面我们就介绍协调器如何建立一个网状网络。

14.1.1 ZigBee设备区分

不同的工作区代码主要是在编译时对应到不同的设备,在编写不同设备代码时只要通过宏来区别就可以了,然后在各自的工作区预定义这些宏。特别是应用层以外的代码,我们不主张直接修改原来的代码。既然IAR提供如此强大的预定义宏的能力,我们完全可以通过宏区别开来,在后续代码的编写过程中,我们始终遵循这一原则。

从设备角度来看,ZStack将其分为三类:协调器、路由器、终端节点。协调器负责建立网络,并且提供路由功能,允许路由器和终端节点加入到这个网络。路由器不能建立网络,但一旦网络建立,路由器加入到这个网络当中,它可以维持这个网络的存在,并且提供路由功能,允许其他路由器和终端节点加入到这个网络。终端节点只能加入到已经存在的网络,并且只向所在的网络收发数据,不提供路由功能。另外不同的网络有不同的PANID,由在f8wConfig.cfg中的ZDAPP_CONFIG_PAN_ID宏定义,路由器和协调器只能入网到指定的PANID网络中(非广播网)。如果定义NV_INIT宏启动非易失性功能,PANID宏的值由flash中读取。有时候你会发现这个值无法更改,可能由于在烧写的时候未擦除flash所造成的。解决方法如图14.1所示,是在配置选项卡“Texas Instruments”——>“Download”中选中“Erase flash”。

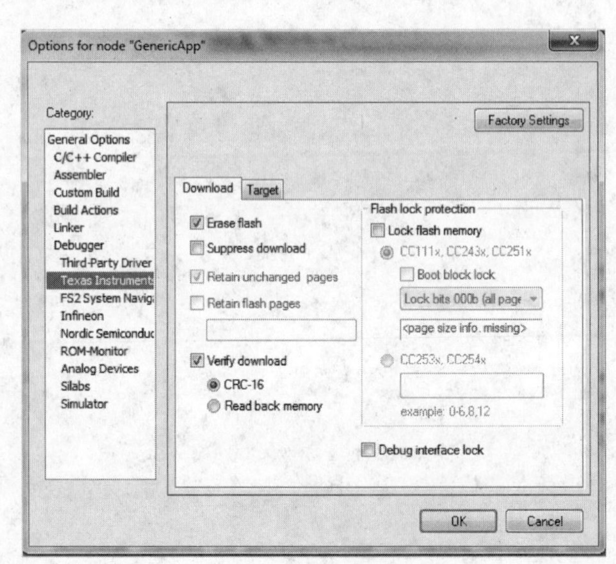

图14.1 Texas Instruments选项卡

这里我们将开发板上的ZigBee模块作为协调器,建立ZigBee无线网络并允许路由器和终端节点入网,应用层负责向指定的终端节点发送控制信息和处理终端节点的回馈数据。ZigBee 通用底板作为终端节点,入网后应用层负责接收协调器发来的控制数据,处理后再向协调器发送反馈信息。另外通用底板也可以烧写路由器程序,在应用层实现与终端节点同样的功能。一个实验箱最多有 8 个节点同时工作,这里不需要复杂的路由功能,因此路由器和终端节点不严格区别,都是实现与协调器的交互通信。

14.1.2 ZigBee 选择网络拓扑

现在我们已经知道了程序中是如何区别设备,下面介绍如何选择网络拓扑结构。我们知道 ZigBee 支持三种网络拓扑,那么在程序中怎么选择呢?

在 nwk_globals.h 文件中现在:

```
//Controls various stack parameter settings
#define NETWORK_SPECIFIC        0
#define HOME_CONTROLS           1
#define ZIGBEEPRO_PROFILE       2
#define GENERIC_STAR            3
#define GENERIC_TREE            4
```

这些宏从字面上看最后 2 个最容易,感觉可能与星状网络和树状网络有关联。是不是这样呢?接着往下看代码发现:

```
#if defined(ZIGBEEPRO)
  #define STACK_PROFILE_ID        ZIGBEEPRO_PROFILE
#else
  #define STACK_PROFILE_ID        HOME_CONTROLS
#endif

#if(STACK_PROFILE_ID==ZIGBEEPRO_PROFILE)
  #define MAX_NODE_DEPTH          20
  #define NWK_MODE                NWK_MODE_MESH
  #define SECURITY_MODE           SECURITY_COMMERCIAL
  ……
#elif(STACK_PROFILE_ID==HOME_CONTROLS)
  #define MAX_NODE_DEPTH          5
  #define NWK_MODE                NWK_MODE_MESH
  #define SECURITY_MODE           SECURITY_COMMERCIAL
  ……

#elif(STACK_PROFILE_ID==GENERIC_STAR)
  #define MAX_NODE_DEPTH          5
  #define NWK_MODE                NWK_MODE_STAR
  #define SECURITY_MODE           SECURITY_RESIDENTIAL
  ……
```

```
#elif(STACK_PROFILE_ID==NETWORK_SPECIFIC)
//define your own stack profile settings
  #define MAX_NODE_DEPTH          5
  #define NWK_MODE                NWK_MODE_MESH
  #define SECURITY_MODE           SECURITY_RESIDENTIAL
  ……
#endif
```

可以看到,不同网络的选择是通过 STACK_PROFILE_ID 宏进行控制的。如果没有定义 ZIGBEEPRO 的话 STACK_PROFILE_ID 赋值为 HOME_CONTROLS。发现确实 ZIGBEEPRO 没有定义,所以默认的 STACK_PROFILE_ID 为 HOME_CONTROLS,此时:

NWK_MODE 为 NWK_MODE_MESH,MAX_NODE_DEPTH 为 5。就是说,现在选择网络为 Mesh 网络,网络节点深度为 5。那么什么是 Mesh 网络呢?

Mesh 网络即"无线网格网络",它是"多跳(multi-hop)"网络,是由 ad hoc 网络发展而来,是解决"最后一公里"问题的关键技术之一。在传统的无线局域网(WLAN)中,每个客户端均通过一条与 AP(Access Point)相连的无线链路来访问网络,形成一个局部的 BSS(Basic Service Set)。用户如果要进行相互通信的话,必须首先访问一个固定的接入点(AP),这种网络结构被称为单跳网络。而在无线 Mesh 网络中,任何无线设备节点都可以同时作为 AP 和路由器,网络中的每个节点都可以发送和接收信号,每个节点都可以与一个或者多个对等节点进行直接通信。这种结构的最大好处在于:如果最近的 AP 由于流量过大而导致拥塞的话,那么数据可以自动重新路由到一个通信流量较小的邻近节点进行传输。依此类推,数据包还可以根据网络的情况,继续路由到与之最近的下一个节点进行传输,直到到达最终目的地为止。这样的访问方式就是多跳访问。

所以,无线 Mesh 网络是基于呈网状分布的众多无线接入点间的相互合作和协同的网状网络,具有宽带高速和高频谱效率的优势,具有动态自组织、自配置、自维护等突出特点。

14.1.3 建立网络

(1) 建立网络过程分析

首先,建立网络的设备必须满足 2 个条件:一是设备必须是协调器,二是设备当前还没有与网络连接。如果该过程由其他设备开始,则网络层管理实体将终止该过程,并向其上层发出非法请求的报告。该步骤通过发出状态参数为 INVALID_REQUEST 的 NLME-NETWORK-FORMATION.confirm 原语来完成。当满足上述 2 个条件后,就可以开始建立网络。首先设备通过 NLME-NETWORK-FORMATION.request 原语来启动一个新的网络的建立过程。NWK 层接收到这个请求之后,NWK 层的 NLME 向其次底层 MAC 层发送 MLME-SCAN.request 原语请求 MAC 层对指定的信道执行能量检测,MAC 层对指定的信道执行能量检测后向 NWK 层发送 MLME-SCAN.confirm 原语返回扫描结果。

当网络层管理实体收到成功的能量检测扫描结果后,选择符合能量标准的信组。此后,网络层管理实体将通过向 MAC 层发送 MLME-SCAN.request 原语请求 MAC 层对上述信道组执行主动扫描,MAC 层对相应的信道组扫描完毕之后,向 NWK 层发送 MLME-SCAN.confirm 原语返回扫描结果。

如果网络层管理实体找到了合适的信道,则将为这个新网络选择一个 PAN 标识符。为了选择一个 PAN 标识符,设备将选择一个随机的 PAN 标识符值小于等于 3ffff 没有在已选择信道里使用的。PANID可以通过侦听其他网络的ID然后选择一个不会冲突的ID的方式来获取,也可以人为地指定扫描的信道后来确定不和其他网络冲突的PANID。一旦网络层管理实体做出了选择,则它通过发出MLME-SET. request原语将这个值写为MAC层macPANId属性。此时,还必须选择协调者的网内通信短地址,一般设置为0x0000,并且设置MAC层的macShort Address PIB属性,使其等于所选择的网络地址。一旦短地址设定完毕,NLME通过执行MLME-START. request原语来开始网络,如果MLME-START. confirm返回的状态信息为SUCCESS,则标志新网络已成功建立。最后,通过发出NLME-NETWORK-FORMATION. confirm原语向其上层报告网络建立成功。

(2) 具体代码分析

在前面介绍目录结构的时候有提到网络的一些设置是在NWK目录和ZDO目录下面。所以找到和NWK和ZDO相关的初始化过程。首先,从main函数开始,首先看一下main函数的代码:

```
int main(void)
{
  //Turn off interrupts
  osal_int_disable(INTS_ALL);  /* 关闭所有中断 */

  //Initialization for board related stuff such as LEDs
  HAL_BOARD_INIT();       /* 初始化系统时钟 */

  //Make sure supply voltage is high enough to run
  zmain_vdd_check();   /* 检测芯片电压是否正常 */

  //Initialize board I/O
  InitBoard(OB_COLD);      /* 初始化 I/O */

  //Initialze HAL drivers
  HalDriverInit();          /* 初始化硬件 */

  //Initialize NV System
  osal_nv_init(NULL);      /* 初始化 Flash 存储器 */

  //Initialize the MAC
  ZMacInit();           /* 初始化 MAC 层 */

  //Determine the extended address
  zmain_ext_addr();      /* 确定 64 位物理地址 */

#if defined ZCL_KEY_ESTABLISH
  //Initialize the Certicom certificate information.
  zmain_cert_init();     /* 初始化 Certicom 证书信息 */
```

```
#endif

  //Initialize basic NV items
  zgInit();  /* 初始化 NV 变量 */

#ifndef NONWK
  //Since the AF isn't a task,call it's initialization routine
  afInit();
#endif

  //Initialize the operating system
  osal_init_system();     /* 初始化系统 */

  //Allow interrupts
  osal_int_enable(INTS_ALL);     /* 使能所有中断 */

  //Final board initialization
  InitBoard(OB_READY);        /* 初始化按键 */

  //Display information about this device
  zmain_dev_info();          /*显示设备信息*/

  /* Display the device info on the LCD */
#ifdef LCD_SUPPORTED
  zmain_lcd_init();
#endif

#ifdef WDT_IN_PM1
  /* If WDT is used,this is a good place to enable it. */
  WatchDogEnable(WDTIMX);
#endif

  osal_start_system(); //No Return from here        /* 启动系统,系统主循环,进行任务
轮训 */

  return 0;  //Shouldn't get here.
} //main()
```

前面是一堆初始化函数,最后调用启动系统函数。在初始化系统函数 osal_init_system()中进行了任务的初始化 osalInitTasks():

```
void osalInitTasks(void)
{
```

```
uint8 taskID=0;
l _ me /* 分配内存,用于存储事件信息 */
tasksEvents=(uint16 *)osal _ mem _ alloc(sizeof(uint16) * tasksCnt);
/* 设置分配的内存空间值为0 */
osal _ memset(tasksEvents,0,(sizeof(uint16) * tasksCnt));
/* 初始化任务,优先级从高到低,低优先级的任务ID值高 */
  macTaskInit(taskID++);  /* taskID = 0 */
  nwk _ init(taskID++);        /* taskID = 1 */
Hal _ Init(taskID++);          /* taskID = 2 */
#if defined(MT _ TASK)
MT _ TaskInit(taskID++);  /* 这里我们不适用协议栈的MT功能 */
#endif
  APS _ Init(taskID++);        /* taskID = 3 */
#if defined(ZIGBEE _ FRAGMENTATION)
  APSF _ Init(taskID++);
#endif
  ZDApp _ Init(taskID++);  /* taskID = 4 */
#if defined(ZIGBEE _ FREQ _ AGILITY) //defined(ZIGBEE _ PANID _ CONFLICT)
ZDNwkMgr _ Init(taskID++);
#endif
  GenericApp _ Init(taskID);     /* taskID = 5 */
}
```

可以看到,从底层MAC到用户层都分配了任务ID,在系统主循环中会进行任务轮训,针对每个任务中产生的事件进行相应的处理,而处理的顺序就是根据任务的优先级,即任务ID值小的优先级高,先处理。

继续寻找网络初始化,在任务初始化中看到了有nwk _ init(taskID++)和ZDApp _ Init(taskID++),一个是NWK层的初始化,一个是ZDO的初始化。跳转至定义发现NWK层初始化函数只有申明部分,找不到定义,这是因为Zstack协议栈不是完全开源的,有部分代码是封装成库,是看不到的。不要紧,进入ZDApp _ Init()函数看看,找到ZDO _ Init()函数,感觉有点像,右击跳转至定义看到ZDODeviceSetup()函数,这就是我们初始化的第一部分,确定设备类型。

```
  if(ZG _ BUILD _ COORDINATOR _ TYPE)
  {
    NLME _ CoordinatorInit();
  }
……
  if(ZG _ BUILD _ JOINING _ TYPE)
  {
    NLME _ DeviceJoiningInit();
  }
```

如果定义宏ZG _ BUILD _ COORDINATOR _ TYPE就进行协调器初始化,如果定义

ZG_BUILD_JOINING_TYPE 就进行设备加入初始化。看下这两个宏的定义：

```
#define ZG_BUILD_COORDINATOR_TYPE           \
(ZSTACK_DEVICE_BUILD & DEVICE_BUILD_COORDINATOR)

#define ZG_BUILD_JOINING_TYPE       (ZSTACK_DEVICE_BUILD \
& (DEVICE_BUILD_ROUTER | DEVICE_BUILD_ENDDEVICE))

#if ! defined(ZSTACK_DEVICE_BUILD)
  #if defined(ZDO_COORDINATOR)
    #define ZSTACK_DEVICE_BUILD  (DEVICE_BUILD_COORDINATOR)
  #elif defined(RTR_NWK)
    #define ZSTACK_DEVICE_BUILD  (DEVICE_BUILD_ROUTER)
  #else
    #define ZSTACK_DEVICE_BUILD  (DEVICE_BUILD_ENDDEVICE)
  #endif
#endif
```

在介绍 ZigBee 设备区分时就已经提到如果设备选择为协调器就定义宏 ZDO_COORDINATOR 和 RTR_NWK；如果设备选择为路由器就定义宏 RTR_NWK；如果选择设备为终端设备，那么就不定义这 2 个宏。所以，我们要建立网络，当然选择设备为协调器，宏 ZG_BUILD_COORDINATOR_TYPE 为 1，所以进行了协调器初始化。但这里还不是真正的网络初始化。

接着看 ZDApp_Init()函数，找到代码：

```
//Start the device?
if(devState ! =DEV_HOLD)
{
  ZDOInitDevice(0);
}
```

找到 devState 定义位置：

```
#if defined(HOLD_AUTO_START)
  devStates_t devState=DEV_HOLD;
#else
  devStates_t devState=DEV_INIT;
#endif
```

HOLD_AUTO_START 宏是没有定义的，所以执行了 ZDOInitDevice(0)，在这个函数的最后会执行：

```
ZDApp_NetworkInit(extendedDelay);
```

这是真正的初始化网络函数，进入函数：

```
if(delay)
{
  //Wait awhile before starting the device
  osal_start_timerEx(ZDAppTaskID,ZDO_NETWORK_INIT,delay);
```

```
}
```

delay 的值为 extendedDelay：

```
extendedDelay=(uint16)((NWK_START_DELAY + startDelay)
            +(osal_rand() & EXTENDED_JOINING_RANDOM_MASK));

#if ! defined(BEACON_REQUEST_DELAY)
  #define BEACON_REQUEST_DELAY     100   //in milliseconds
#endif

#if ! defined(EXTENDED_JOINING_RANDOM_MASK)
  #define EXTENDED_JOINING_RANDOM_MASK 0x007F
#endif
```

extendedDelay =100 + 0 + 随机数(毫秒)，所以 extendedDelay 的值是大于 0 的，执行 osal_start_timerEx(ZDAppTaskID,ZDO_NETWORK_INIT,delay)，向 ZDO 层插入一个定时间隔为 delay 的周期性触发事件 ZDO_NETWORK_INIT。进入 ZDAppTaskID 的任务处理函数 ZDApp_event_loop()，找到这个事件的处理程序：

```
if(events & ZDO_NETWORK_INIT)
{
  //Initialize apps and start the network
  devState=DEV_INIT;
  osal_set_event(ZDAppTaskID,ZDO_STATE_CHANGE_EVT);

  ZDO_StartDevice((uint8)ZDO_Config_Node_Descriptor.LogicalType,devStartMode,
DEFAULT_BEACON_ORDER,DEFAULT_SUPERFRAME_ORDER);

  //Return unprocessed events
  return (events ^ ZDO_NETWORK_INIT);
  }
```

这里又向 ZDAppTaskID 发送一个事件 ZDO_STATE_CHANGE_EVT，并调用 ZDO_StartDevice()函数启动网络，传入 4 个参数：

ZDO_Config_Node_Descriptor.LogicalType：设备类型；

devStartMode：启动模式；

DEFAULT_BEACON_ORDER：信标时间；

DEFAULT_SUPERFRAME_ORDER：超帧长度。

设备类型在 ZDO 初始化函数 ZDOInitDevice 中调用 ZDAppDetermineDeviceType()确定：

```
if(zgDeviceLogicalType==ZG_DEVICETYPE_COORDINATOR)
{
  devStartMode=MODE_HARD;     //Start as a coordinator
  ZDO_Config_Node_Descriptor.LogicalType=NODETYPE_COORDINATOR;
}
```

因为选择的设备是协调器，所以执行上面的代码，设置启动模式和设备逻辑类型。进入

ZDO _ StartDevice()函数，调用 NLME _ NetworkFormationRequest()函数请求形成网络：

```
if(startMode==MODE_HARD)
{
    devState=DEV_COORD_STARTING;
    ret = NLME_NetworkFormationRequest(zgConfigPANID,zgApsUseExtended-
PANID,zgDefaultChannelList,
zgDefaultStartingScanDuration,beaconOrder,
superframeOrder,false);
}
```

调用 NLME _ NetworkFormationRequest()函数后，将给予 ZDO 反馈信息：

```
void ZDO_NetworkFormationConfirmCB(ZStatus_t Status)
{……
osal_set_event(ZDAppTaskID,ZDO_NETWORK_START);
……
}
```

在该函数中如果请求形成网络成功，则点亮 LED 灯并向 ZDAppTaskID 发送时间 ZDO _ NETWORK _ START，表示网络已经形成。进入 ZDAppTaskID 的任务处理函数 ZDApp _ event _ loop()，找到这个事件的处理程序：

```
UINT16 ZDApp_event_loop(uint8 task_id,UINT16 events)
{……
    if(ZSTACK_ROUTER_BUILD)
    {
        if(events & ZDO_NETWORK_START)
        {
            ZDApp_NetworkStartEvt();
            //Return unprocessed events
            return (events ^ ZDO_NETWORK_START);
        }
    }
……
}
```

ZSTACK _ ROUTER _ BUILD 宏的值为 1，进入 ZDApp _ NetworkStartEvt()函数：

```
void ZDApp_NetworkStartEvt(void)
{
if(nwkStatus==ZSuccess)
{
……
osal_set_event(ZDAppTaskID,ZDO_STATE_CHANGE_EVT);
……
}
……
```

```
}
```

再次向 ZDO 层插入事件 ZDO _ STATE _ CHANGE _ EVT，进入 ZDAppTaskID 的任务处理函数 ZDApp _ event _ loop()，找到这个事件的处理程序：

```
UINT16 ZDApp_event_loop(uint8 task_id,UINT16 events)
{……
    if(events & ZDO_STATE_CHANGE_EVT)
    {
        DO_UpdateNwkStatus(devState);
        //Return unprocessed events
      return (events ^ ZDO_STATE_CHANGE_EVT);
    }
  ……
}
```

在 ZDO _ UpdateNwkStatus()调用：

```
zdoSendStateChangeMsg(state, *(pItem->epDesc->task_id));
```

在上述函数里面会将网络启动事件和设备类型发送给在 AF 层注册过端口的任务：

```
static void zdoSendStateChangeMsg(uint8 state,uint8 taskId)
{     ……
    pMsg->event=ZDO_STATE_CHANGE;
/*  state=DEV_ZB_COORD */
    pMsg->status=state;

    (void)osal_msg_send(taskId,(uint8 *)pMsg);
……
}
```

进入 GenericAppTaskID 的任务处理函数：

```
uint16 GenericApp_ProcessEvent(uint8 task_id,uint16 events)
{     ……
  if(events & SYS_EVENT_MSG)
    {       ……
     switch (MSGpkt->hdr.event)
           {       ……
      case  ZDO_STATE_CHANGE:
      if((GenericApp_NwkState==DEV_ZB_COORD) ||
                   (GenericApp_NwkState==DEV_ROUTER) ||
                   (GenericApp_NwkState==DEV_END_DEVICE))
/* 执行到这里代表网络已经启动，可以添加自己的代码，比如加一个灯表示网络启动成功 */
     }
  }      }
```

这里有一个要注意的地方，osal _ set _ event(ZDAppTaskID,ZDO _ STATE _ CHANGE _

EVT),向 ZDAppTaskID 发送 ZDO _ STATE _ CHANGE _ EVT 事件这个函数调用了 2 次。一次是在处理网络初始化事件 ZDO _ NETWORK _ INIT(在 ZDApp _ event _ loop()函数中);一次是在网络请求成功后,在 ZDApp _ NetworkStartEvt()函数中。2 次事件处理过程中传给 GenericAppTaskID 任务的信息时不一样的,第一次传入 DEV _ INIT 和 ZDO _ STATE _ CHANGE,第二次传入 DEV _ ZB _ COORD 和 ZDO _ STATE _ CHANGE。

(3) 建立网络过程中原语的使用过程(见图 14.2)

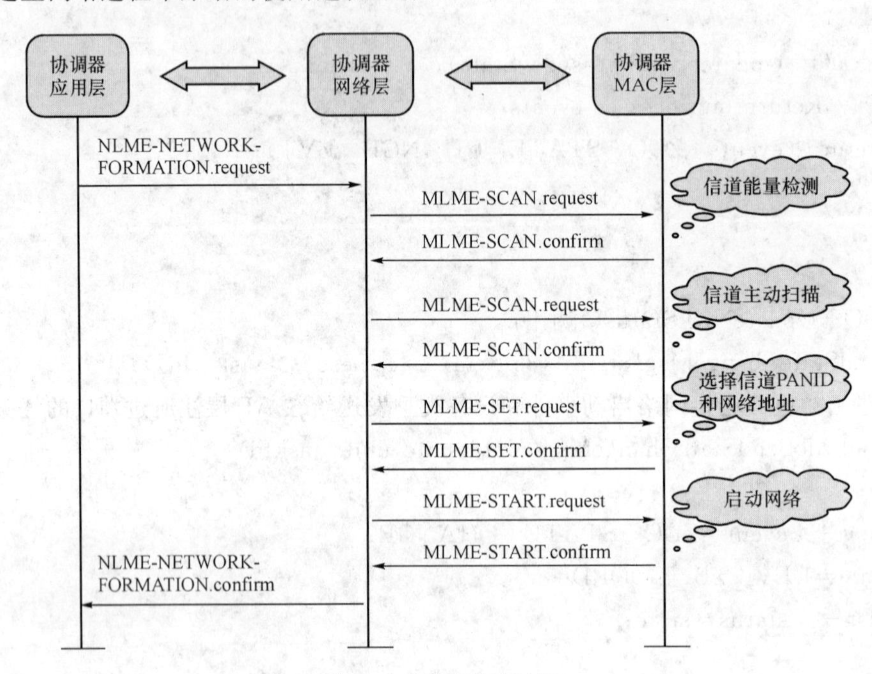

图 14.2　新建网络过程

14.2　节点加入网络

节点加入网络的方法有两种:

- 节点通过 MAC 层关联过程加入网络;
- 节点通过预先指定的父设备加入网络。

14.2.1　节点通过 MAC 层关联过程加入网络

(1) 子设备流程

首先,节点应用层发送 NLME-NETWORK-DISCOVERY. request 原语请求加入网络。网络层接收到该原语后,将发送 MLME-SCAN. request 原语请求 MAC 层执行一个主动扫描。扫描设备的 MAC 层在扫描过程中一旦接收到有效长度不为零的信标帧时,将向其网络层发送 MLME-BEACON-NOTIFY. indication 原语。然后扫描设备的网络层设备选择合适的信标,并将合适信标的相关信息复制到邻居表中。

一旦 MAC 层完成对信道的扫描,在向网络层管理实体发送 MLME-SCAN. confirm 原语后,网络层将发送 NLME-NETWORK-DISCOVERY. confirm 原语。其上层收到 NLME-NETWORK-DISCOVERY. confirm 原语,就可得到目前邻居网络的信息。并从所发现的网络中选择一个网络通过发送 NLME-JOIN. request 原语进行连接。对于一个还没有同网络连接的设备，NLME-JOIN. request 原语将使得网络层在邻居表中搜索一个合适的父设备。一旦选择了一个合适的父设备，网络层管理实体将向 MAC 层发送 MLME-ASSOCIATE. request 原语，如果尝试连接网络成功，网络层收到 MLME-ASSOCIATE. confirm 原语。然后，网络层将设置相对应的邻居表的关系域，以表示邻居设备为它的父设备。此时，父设备将把新连接的设备增加到它的邻居表中。NWK 层接收到这个响应之后向 APL 层发送 NLME-JOIN. confirm 原语以响应 APL 层的加入网络请求，并报告该次加入网络的最终结果。

当设备成功的同网络连接，如果设备是路由器且上层将发出 NLME-START-ROUTER. request 原语，则网络层将向 MAC 层发送 MLME-START. request 原语。网络层接收到 MLME-START. confirm 原语后，将发送具有相同状态的 NLME-START-ROUTER. confirm 原语。

(2) 父设备流程

协调器收到节点设备入网请求，MAC 层就向网络层发送 MLMEASSOCIATE. indication 原语。如果请求入网子设备的潜在父设备有足够的网络资源，则父设备的网络管理实体将使用设备所提供的信息在它的邻居表中为子设备创建一个新的入口。并且随后向 MAC 层发送表明连接成功的 MLME-ASSOCIATE. response 原语。然后，MAC 层将发送 MLME-COMMSTATUS. indication 原语将子设备的响应状态回到网络层。如果响应成功，网络层管理实体将通过向上层发送 NLME-JOIN. indication 原语，表明子设备已经成功地同网络连接。

(3) 关联入网子设备使用原语流程(见图 14.3)

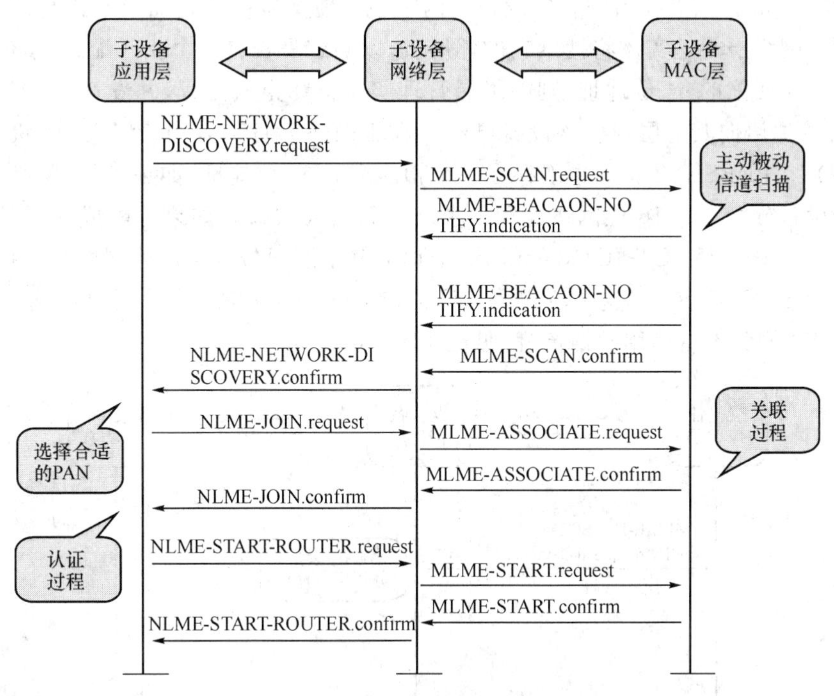

图 14.3 关联入网子设备流程

(4) 关联入网父设备使用原语流程(见图 14.4)

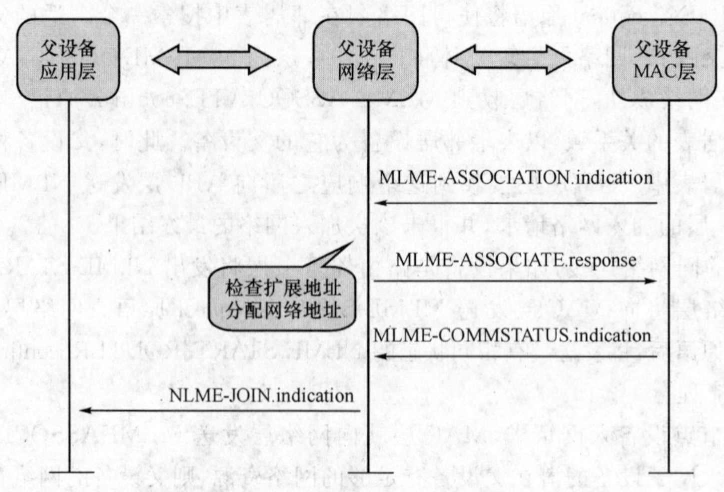

图 14.4 关联入网父设备流程

14.2.2 节点通过预先指定的父设备加入网络

(1) 父设备流程

ZigBee 协调器或者路由器直接将一个设备加入它所在的网络的流程是从发送 NLME-DIRECT-JOIN. request 原语开始的。父设备的网络层管理实体将首先确定所指定的设备是否存在于网络中。网络层管理实体将搜索它的邻居表,以确定是否有一个相匹配的 64 位扩展地址。如果存在一个相匹配的 64 位地址,则网络层管理实体将终止该流程,并发送 NLME-DIRECT-JOIN. confirm 原语向其上层通告该设备已经存在于网络设备列表中,其原语的状态参数设置为 ALREADY _ PRESENT。如果不存在一个相匹配的 64 位地址,如果可能,网络层管理实体将为这个新设备分配一个 16 位网络地和一个新的邻居表入口。如果分配成功,则网络层管理实体将发送 NLME-DIRECT-JOIN. confirm 原语向其上层通告设备已经同网络连接,其原语状态参数设置为 SUCCESS。在这个流程中父设备和子设备不在空中交换任何信息。

(2) 直接入网父设备使用原语流程(见图 14.5):

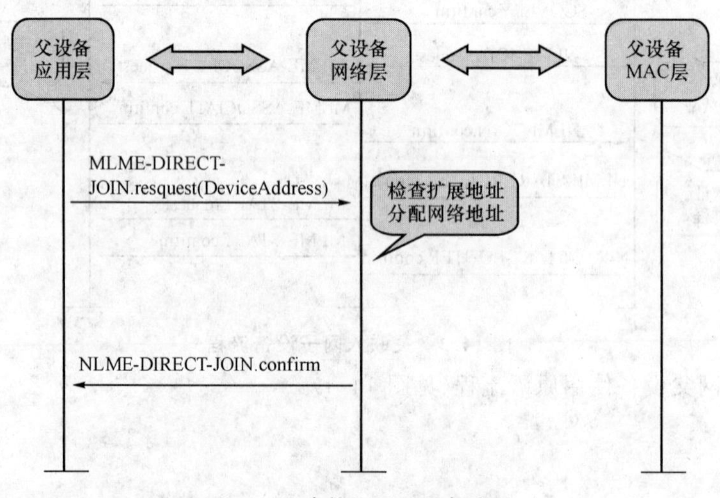

图 14.5 直接入网父设备流程

14.2.3 协议栈代码分析

在分析建立网络过程时，已经提到网络的初始化是在 ZDO 初始化中进行的。现在我们选择的成败就不是协调器了，而是路由器或者终端设备。进入 ZDApp _ Init()函数：

```
void ZDApp _ Init(uint8 task _ id)
{
    ……
      ZDOInitDevice(0);
      ……
}
```

进入 ZDOInitDevice()函数，在最后函数会调用：

```
uint8 ZDOInitDevice(uint16 startDelay)
{
    ……
      ZDApp _ NetworkInit(extendedDelay);
      ……
}
```

在网络初始化函数 ZDApp _ NetworkInit()中调用：

```
void ZDApp _ NetworkInit(uint16 delay)
{
    if(delay)
    {
      // Wait awhile before starting the device
      osal _ start _ timerEx(ZDAppTaskID,ZDO _ NETWORK _ INIT,delay);
    }
……
}
```

启动定时事件 ZDO _ NETWORK _ INIT，进入 ZDO 层的任务处理函数 ZDApp _ event _ loop：

```
UINT16 ZDApp _ event _ loop(uint8 task _ id,UINT16 events)
{
      ……
    if(events & ZDO _ NETWORK _ INIT)
      {
       // Initialize apps and start the network
       devState=DEV _ INIT;
       osal _ set _ event(ZDAppTaskID,ZDO _ STATE _ CHANGE _ EVT);

    ZDO _ StartDevice((uint8)ZDO _ Config _ Node _ Descriptor.LogicalType,devStartMode,
DEFAULT _ BEACON _ ORDER,DEFAULT _ SUPERFRAME _ ORDER);
```

```
        //Return unprocessed events
        return (events ^ ZDO_NETWORK_INIT);
    }
……
}
```

任务处理函数向 ZDAppTaskID 发送一个事件 ZDO_STATE_CHANGE_EVT,并调用 ZDO_StartDevice()函数启动网络,传入 4 个参数:

ZDO_Config_Node_Descriptor.LogicalType:设备类型;

devStartMode:启动模式;

DEFAULT_BEACON_ORDER:信标时间;

DEFAULT_SUPERFRAME_ORDER:超帧长度。

设备类型在 ZDO 初始化函数 ZDOInitDevice 中调用 ZDAppDetermineDeviceType()确定:

```
void ZDAppDetermineDeviceType(void)
{
    if(zgDeviceLogicalType==ZG_DEVICETYPE_COORDINATOR)
    {
    ……
    }
    else
    {
        if(zgDeviceLogicalType==ZG_DEVICETYPE_ROUTER)
            ZDO_Config_Node_Descriptor.LogicalType=NODETYPE_ROUTER;
        else if(zgDeviceLogicalType==ZG_DEVICETYPE_ENDDEVICE)
            ZDO_Config_Node_Descriptor.LogicalType=NODETYPE_DEVICE;
    ……
    }
}
```

如果是路由器则设备类型为 NODETYPE_ROUTER,如果是终端设备则设备类型为 NODETYPE_DEVICE。

启动模式 devStartMode 为 MODE_JOIN:

```
#if(ZG_BUILD_RTRONLY_TYPE) || (ZG_BUILD_ENDDEVICE_TYPE)
  devStartModes_t devStartMode=MODE_JOIN;
```

在 ZDO_StartDevice()函数中调用请求发现网络函数:

```
void ZDO_StartDevice(byte logicalType, devStartModes_t startMode, byte beaconOrder, byte superframeOrder)
{
  ……
    ret=NLME_NetworkDiscoveryRequest(zgDefaultChannelList, zgDefaultStartingScanDuration);
  ……
}
```

当网络层执行 NLME _ NetworkDiscoveryRequest()请求发现网络后，将给予 ZDO 层反馈信息：

```
ZStatus _ t ZDO _ NetworkDiscoveryConfirmCB(uint8 status)
{
  ……
  ZDApp _ SendMsg(ZDAppTaskID,ZDO _ NWK _ DISC _ CNF,sizeof(osal _ event _ hdr _
t),(uint8 * )&msg);
  ……
}
```

在请求发现网络函数中通过 ZDApp _ SendMsg()调用 osal _ msg _ send()向 ZDO 层发送 ZDO _ NWK _ DISC _ CNF 消息：

```
void ZDApp _ SendMsg(uint8 taskID,uint8 cmd,uint8 len,uint8 * buf)
{
    ……
        osal _ msg _ send(taskID,(uint8 * )msgPtr);
      ……
}
```

进入 ZDO 层的消息处理函数：

```
void ZDApp _ ProcessOSALMsg(osal _ event _ hdr _ t * msgPtr)
{
  ……
    switch (msgPtr->event)
      {
          ……
          case  ZDO _ NWK _ DISC _ CNF:
          ……
            if  (NLME _ JoinRequest(pChosenNwk->extendedPANID,pChosenNwk-
>panId,
                                               pChosenNwk->logicalChannel,
                                               ZDO _ Config _ Node _ Descriptor.CapabilityFlags,
                                               pChosenNwk->chosenRouter,
          pChosenNwk->chosenRouterDepth) ! =ZSuccess)
          ……
      }
}
```

在消息处理函数中调用 NLME _ JoinRequest()请求加入网络，请求结果在 ZDO _ JoinConfirmCB()函数中，如果请求成功会点亮 LED 灯，并调用 ZDApp _ SendMsg()函数向 ZDO 层发送 ZDO _ NWK _ JOIN _ IND 消息：

```
void ZDO _ JoinConfirmCB(uint16 PanId,ZStatus _ t Status)
{
```

```
    ……
    (ZDAppTaskID,ZDO _ NWK _ JOIN _ IND,sizeof(osal _ event _ hdr _ t),(byte * )
NULL);
    ……
}
```

实际发送是在 ZDApp _ SendMsg 中调用 osal _ msg _ send()发送消息：

```
void ZDApp _ SendMsg(uint8 taskID,uint8 cmd,uint8 len,uint8 * buf)
{
    ……
    osal _ msg _ send(taskID,(uint8 * )msgPtr);
  ……
}
```

进入消息处理函数，找到 ZDO _ NWK _ JOIN _ IND 消息的处理程序：

```
void ZDApp _ ProcessOSALMsg(osal _ event _ hdr _ t * msgPtr)
{
  ……
    switch (msgPtr->event)
      {
          ……
          case ZDO _ NWK _ JOIN _ IND:
          if(ZG _ BUILD _ JOINING _ TYPE && ZG _ DEVICE _ JOINING _ TYPE)
          {
              ZDApp _ ProcessNetworkJoin();
          }
          break;
          ……
      }
}
```

在消息处理函数中，调用了 ZDApp _ ProcessNetworkJoin()，进入这个函数：

```
void ZDApp _ ProcessNetworkJoin(void)
{
    ……
      // Result of a Join attempt by this device.
      if(nwkStatus==ZSuccess)
      {
        osal _ set _ event(ZDAppTaskID,ZDO _ STATE _ CHANGE _ EVT);
  }
……
}
```

在 ZDO 网络加入处理函数后，会向 ZDO 层发送 ZDO _ STATE _ CHANGE _ EVT 事件，ZDO 事件处理函数 ZDApp _ event _ loop()　会查询到 ZDO _ STATE _ CHANGE _ EVT 这

个事件，进入事件处理函数：

```
UINT16 ZDApp_event_loop(uint8 task_id,UINT16 events)
{
    ……
    if(events & ZDO_STATE_CHANGE_EVT)
    {
      ZDO_UpdateNwkStatus(devState);
      ……
    }
    ……
}
```

在ZDO更新网络状态函数ZDO_UpdateNwkStatus()中调用zdoSendStateChangeMsg()：

```
void ZDO_UpdateNwkStatus(devStates_t state)
{
  ……
  zdoSendStateChangeMsg(state, *(pItem->epDesc->task_id));
  ……
}
```

在zdoSendStateChangeMsg()函数中会向我们的用户应用层发送系统事件(SYS_EVENT_MSG)，消息类型为ZDO_STATE_CHANGE，设备类型为DEV_END_DEVICE或者DEV_ROUTER：

```
  static void zdoSendStateChangeMsg(uint8 state,uint8 taskId)
  {     ……
        pMsg->event=ZDO_STATE_CHANGE;
  /*    state=DEV_END_DEVICE或者DEV_ROUTER*/
        pMsg->status=state;

        (void)osal_msg_send(taskId,(uint8 *)pMsg);
  ……
  }
```

在GenericAppTaskID的任务处理函数SampleApp_ProcessEvent()中，会对ZDO_STATE_CHANGE消息进行处理。

14.2.4 应用层代码解析

在修改应用层代码实现以上功能之前，我们先来看看原代码是如何工作的。打开GenericApp.c文件，其中有两个函数是我们所关心的：

```
void GenericApp_Init( uint8 task_id );
uint16 GenericApp_ProcessEvent( uint8 task_id, uint16 events );
```

第一个函数是程序启动的时候应用层完成相应的初始化任务，在OSAL_GenericApp.c文件函数void osalInitTasks(void)中调用。这里主要对后续应用层工作时所需要的相应硬件进行初始化，如 I/O 端口、串口等。虽然这些在 ZStack 中之前也初始化过，但那些是针对 TI 的板子而言的，我们在应用层重新定义了这些端口和串口的功能，因此根据我们的功能重新初始化这些硬件设备。另外这里还完成一些应用层和网络初始化的工作，如调用 afRegister()向应用支持子层注册应用设备对象，这些对于应用层来说都是通用的，直接采用默认即可。

第二个函数是程序正常工作时，应用层进行相应的事件处理。这里的触发事件可以是来自底层，如网络状态的变更和接收到网络发来的数据，这些都是通信底层设置应用层触发事件，再由应用层处理的。触发事件也可以来自应用层本身，如调用 osal _ start _ timerEx()设置延时事件，或者调用 osal _ set _ event()直接设置新的触发事件交由应用层处理。值得注意的是这里的 osal _ start _ timerEx()和 osal _ set _ event()都是操作系统抽象层函数，可以通过这些函数同时设置多个处理事件。因而应用层在执行时更像运行在操作系统上，不必关心底层是如何实现多个任务处理的，直接使用该特性添加我们相应的功能即可。而实际操作系统抽象层在处理多个触发事件的时候是通过轮询来实现的，这同时又避免了像在操作系统下多任务竞态情况的发生，保证程序运行的足够实时性。唯一能够影响任务执行过程的来自中断，因此在设计程序的时候要考虑到某些情况下要进行中断处理。

14.3 基于 GenericApp 例程之 LED 控制实验

(1) 硬件引脚原理图如图 14.6 所示。

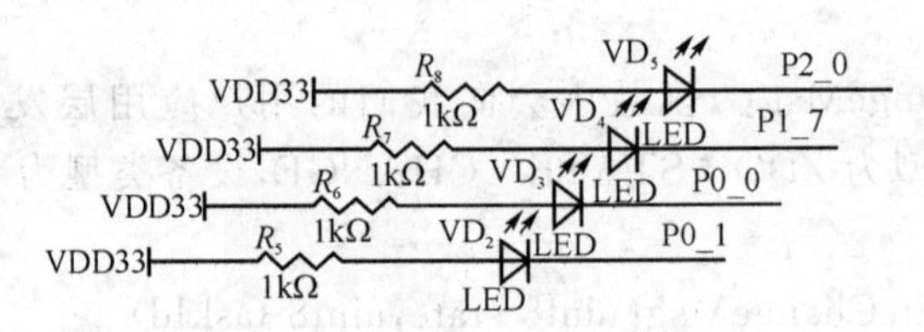

图 14.6 LED 引脚原理图

LED1:P0 _ 1　　　LED2:P0 _ 0

LED3:P1 _ 7　　　LED4:P2 _ 0

(2) 添加 LED 引脚宏定义

在 hal _ board _ cfg. h 文件中有 LED 引脚定义：

```
/ * 1-Green * /
#defineLED1 _ BVBV(0)
#defineLED1 _ SBITP1 _ 0
#defineLED1 _ DDRP1DIR
#defineLED1 _ POLARITYACTIVE _ HIGH
```

你可以将 LED 引脚定义加在这里，并添加相关的操作函数：

```
#defineHAL _ TURN _ OFF _ LED4()\
st(LED1 _ SBIT=LED1 _ POLARITY(1);)
#defineHAL _ TURN _ ON _ LED4()\
st(LED1 _ SBIT=LED1 _ POLARITY(0);)
```

当你在阅读 GenericApp 例程的初始化函数 voidGenericApp _ Init(uint8task _ id)时，会发现这样一句注释：

//Device hardware initialization can be added here or in main()(Zmain. c).

它的意思已经很明显了,你可以将你的硬件初始化放在这里或者放在 main 函数里面。我选择将 LED 的相关设置放在 GenericApp _ Init 函数中:

在 GenericApp. c 中添加 LED _ GPIO _ INIT()函数:

```
#define    LED_GPIO_INIT()      \
{/ * setP0_0P0_1P1_7P2_0output * /      \
P0SEL&=0xFC;                 \
P1SEL&=0x7F;                 \
P2SEL&=0xFE;                 \
P0DIR|=0xF3;                  \
P1DIR|=0x80;                  \
P2DIR|=0x1;                  \
P0_0=1;                      \
P0_1=1;                      \
P1_7=1;                      \
P2_0=1;          }
```

然后将这个函数添加到 GenericApp _ Init 初始化函数中,再写一个 LED 控制函数 LED _ CTRL _ SELF(intchoice,intflag):

```
#define  LED_CTRL_SELF(intchoice,intflag)\
{if(choice&WANG_LED1){              \
if(n&WANG_CTRL_ON)              \
P0_1=0;                     \
if(n&WANG_CTRL_OFF)              \
P0_1=1;                     \
}                           \
if(choice&WANG_LED2){              \
if(n&WANG_CTRL_ON)              \
P0_0=0;                     \
if(n&WANG_CTRL_OFF)              \
P0_0=1;                     \
}                           \
if(choice&WANG_LED3){              \
if(n&WANG_CTRL_ON)              \
P1_7=0;                     \
if(n&WANG_CTRL_OFF)              \
P1_7=1;                     \
}                           \
if(choice&WANG_LED4){              \
if(n&WANG_CTRL_ON)              \
P2_0=0;                     \
if(n&WANG_CTRL_OFF)              \
P2_0=1;    }    }
```

这个函数传入 2 个参数：choice 为 LED 灯的选择，flag 为 LED 灯的控制状态亮或灭。在 GenericApp. h 中添加这些宏定义。

```
#defineWANG_CTRL_ON2
#defineWANG_CTRL_OFF1
#defineWANG_LED11
#defineWANG_LED22
#defineWANG_LED34
#defineWANG_LED48
```

现在就可以使用 LED_CTRL_SELF()函数控制 LED 灯了，这是一个很简单的例子，你可以根据自己的理解进行代码的编写与实验。

14.4　基于 GenericApp 例程之按键实验

按键的处理有两种方式。一种是通过轮询方式处理按键事件；一种就是通过中断方式处理按键事件。下面一一分别介绍。

(1) 硬件引脚原理图如图 14.7 所示。

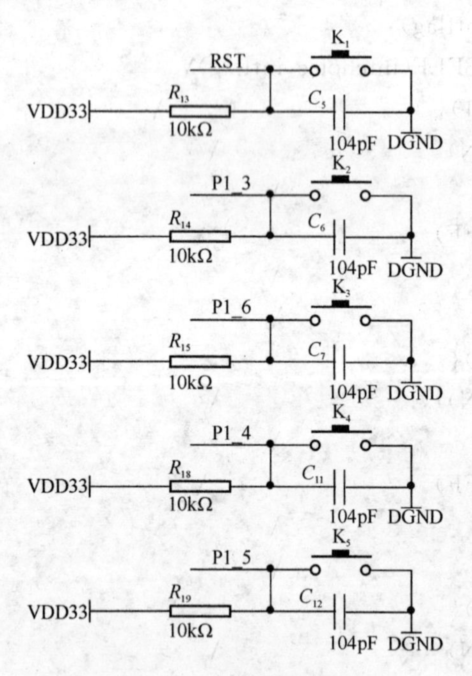

图 14.7　按键引脚原理图

(2) 首先添加按键引脚定义，在 hal_key. c 中添加。

```
/*SW_2isatP1.3*/
#defineHAL_KEY_SW_2_PORTP1
#defineHAL_KEY_SW_2_BITBV(3)
#defineHAL_KEY_SW_2_SELP1SEL
#defineHAL_KEY_SW_2_DIRP1DIR
/*edge interrupt*/
#defineHAL_KEY_SW_2_EDGEBITBV(1)
```

```
#defineHAL_KEY_SW_2_EDGEHAL_KEY_FALLING_EDGE
#defineHAL_KEY_SW_2_IENIEN2/*CPU interrupt mask register*/
#defineHAL_KEY_SW_2_IENBITBV(4)/*Mask bit for all of Port_0*/
#defineHAL_KEY_SW_2_ICTLP1IEN/*PortInterrupt Control register*/
#defineHAL_KEY_SW_2_ICTLBITBV(3)/*P1IEN-P1.3enable/disablebit*/
#defineHAL_KEY_SW_2_PXIFGP1IFG/*Interrupt flag at source*/
```

上面是按键2的相关设置，按键3、按键4、按键5仿照上述代码自己添加。

14.4.1 基于GenericApp例程之按键轮训实验

在voidHalKeyInit(void)函数中初始化按键引脚为通用GPIO口和输入引脚：

```
HAL_KEY_SW_2_SEL&=~(HAL_KEY_SW_2_BIT);/*Setp in function toGPIO*/
HAL_KEY_SW_2_DIR&=~(HAL_KEY_SW_2_BIT);/*Setp in direction toInput*/
```

在HalKeyConfig函数中屏蔽中断：

```
/*don't generate interrupt*/
HAL_KEY_SW_2_ICTL&=~(HAL_KEY_SW_2_ICTLBIT);
/*Clear interrupt enable bit*/
HAL_KEY_SW_2_IEN&=~(HAL_KEY_SW_2_IENBIT);
```

在HalKeyPoll函数中添加：

```
if(! Hal_KeyIntEnable)
{
if(! P1_3)
keys|=HAL_KEY_SW_2;
if(! 1_4)
keys|=HAL_KEY_SW_3;
if(! 1_5)
keys|=HAL_KEY_SW_4;
if(! 1_6)
keys|=HAL_KEY_SW_5;
……
}
```

这样按键按下后就知道是哪个按键被按下。

接下来就会调用(pHalKeyProcessFunction)(keys,HAL_KEY_STATE_NORMAL)，pHalKeyProcessFunction是一个函数指针，它在HalKeyConfig函数中被赋值为OnBoard_KeyCallback，传入的参数为按键值keys和0；进入回调函数，里面调用了OnBoard_SendKeys(keys,shift)函数，传入按键值，在这个函数里调用osal_msg_send(registeredKeysTaskID,(uint8*)msgPtr)将按键信息发送给注册的按键任务，保存按键信息的是一个结构体，保存按键值、按键状态和按键改变事件，在注册的按键任务收到这个MSG，根据传入的信息KEY_CHANGE知道是按键事件，再根据keys值知道是哪个按键按下。那么按键任务在哪儿注册的呢？在GenericApp例程的初始化函数voidGenericApp_Init(uint8task_id)中调用注册按键任务函数 RegisterForKeys(GenericApp _ TaskID)，注册按键任务为 GenericApp _ TaskID，现在就清楚了，信息发送函数 osal _ msg _ send 会将按键信息发送给 GenericApp _ TaskID 任务，在 main 函数里面 osal _ start _ system()→osal _ run _ system()→(tasksArr[idx])(idx，events)，这是一个数组，里面的值都是函数指针，代表 Zstack 中不同任务的处理函数，根据 idx 值决定调用哪个函数指针，idx 的值与任务 ID 是一一对应的，再根据传入的 events 值知道是哪个事件发生。在 GenericApp _ TaskID 对应的处理函数 GenericApp _ ProcessEvent 中有 KEY _ CHANGE 事件，调用按键处理函数 GenericApp _ HandleKeys 进行按键处理，在按键处理函数中你可以添加自己的代码，比如按键按下点亮 LED 灯。下面对整个按键轮训过程进行一个总结。

从 main 函数开始，mian 函数前面是一大堆初始化函数，执行 InitBoard(OB _ READY)时，会调用 HalKeyConfig(HAL _ KEY _ INTERRUPT _ DISABLE，OnBoard _ KeyCallback)，第一个参数代表不使能中断，第二个参数是按键回调函数，就是在按键按下时会执行的函数。HalKeyConfig 函数中调用 osal _ set _ event(Hal _ TaskID，HAL _ KEY _ EVENT)，向 Hal _ TaskID 任务发送一个 HAL _ KEY _ EVENT 事件，进入 Hal _ TaskID 任务对应的任务处理函数 uint16Hal _ ProcessEvent(uint8task _ id，uint16events)，如果是按键事件的话(if(events&HAL _ KEY _ EVENT))，调用 HalKeyPoll()和 osal _ start _ timerEx(Hal _ TaskID，HAL _ KEY _ EVENT，100)，第二个函数是一个向 Hal _ TaskID 任务添加一个间隔时间为 100 ms 的周期性触发事件，也就是说每隔 100 ms Hal _ TaskID 任务就产生事件 HAL _ KEY _ EVENT。在 HalKeyPoll()函数里面获取按键值，并调用回调函数 OnBoard _ KeyCallback，在回调函数里面调用 OnBoard _ SendKeys，在 OnBoard _ SendKeys 函数里面调用 osal _ msg _ send(registeredKeysTaskID，(uint8 *)msgPtr)，触发 GenericApp _ TaskID 任务的 KEY _ CHANGE 事件，在对应的处理函数 GenericApp _ ProcessEvent 中调用 GenericApp _ HandleKeys 进行你想要的按键处理过程。现在按键是电平触发且无防抖，有时会出现按下一次响应多次。过程如图 14.8 所示。

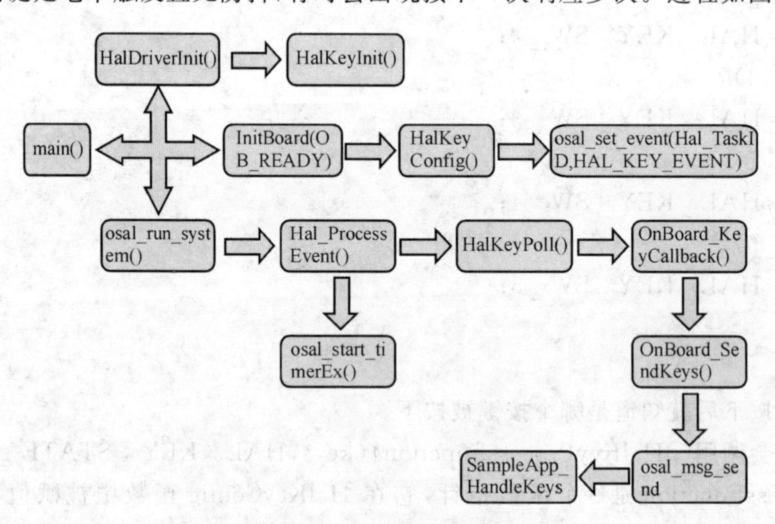

图 14.8　按键轮训处理过程图

14.4.2　基于 GenericApp 例程之按键中断实验

(1) 在 voidHalKeyInit(void)函数中初始化按键引脚为通用 GPIO 口和输入引脚：

HAL _ KEY _ SW _ 2 _ SEL&=～(HAL _ KEY _ SW _ 2 _ BIT)；/ * Setp infunction to GPIO * /

```
HAL_KEY_SW_2_DIR&=~(HAL_KEY_SW_2_BIT);/* Setp indirection to Input
*/
```

（2）在 InitBoard(OB_READY)时，调用 HalKeyConfig(HAL_KEY_INTERRUPT_ENABLE,OnBoard_KeyCallback)，传入2个参数：使能中断和回调函数，添加按键相关初始化代码使能中断和中断方式为下降沿中断：

```
if(Hal_KeyIntEnable)
{
/* Rising/Falling edge configuration */
PICTL&=~(HAL_KEY_SW_3_EDGEBIT+HAL_KEY_SW_2_EDGEBIT);/*
Clear the edge bit */
/* For falling edge,the bit must be set. */
#if(HAL_KEY_SW_2_EDGE==HAL_KEY_FALLING_EDGE)
PICTL|=HAL_KEY_SW_2_EDGEBIT;
PICTL|=HAL_KEY_SW_3_EDGEBIT;
#endif
/* Interrupt configuration:
 *-Enable interrupt generation at the port
 *-Enable CPU interrupt
 *-Clear any pending interrupt
 */
HAL_KEY_SW_2_ICTL|=HAL_KEY_SW_2_ICTLBIT;
HAL_KEY_SW_2_IEN|=HAL_KEY_SW_2_IENBIT;
HAL_KEY_SW_2_PXIFG=~(HAL_KEY_SW_2_BIT);

HAL_KEY_SW_2_ICTL|=HAL_KEY_SW_3_ICTLBIT;
HAL_KEY_SW_2_PXIFG=~(HAL_KEY_SW_3_BIT);

HAL_KEY_SW_2_ICTL|=HAL_KEY_SW_4_ICTLBIT;
HAL_KEY_SW_2_PXIFG=~(HAL_KEY_SW_4_BIT);

HAL_KEY_SW_2_ICTL|=HAL_KEY_SW_5_ICTLBIT;
HAL_KEY_SW_2_PXIFG=~(HAL_KEY_SW_5_BIT);
  ……
}
```

（3）在中断处理函数 HAL_ISR_FUNCTION(halKeyPort1Isr,P1INT_VECTOR)中调用按键处理函数 halProcessKeyInterrupt()并清除中断标志位，在按键处理函数中获取按键值，赋给一个全局变量。

```
  HAL_ISR_FUNCTION(halKeyPort1Isr,P1INT_VECTOR)
{
      HAL_ENTER_ISR();
      halProcessKeyInterrupt();
```

```
    /*
    Clear the CPU interrupt flag for Port_1
    PxIFG has to be cleared before PxIF
    */
    HAL_KEY_SW_2_PXIFG=0;
    HAL_KEY_CPU_PORT_1_IF=0;
CLEAR_SLEEP_MODE();
    HAL_EXIT_ISR();
}/*按键中断函数*/
```

全局变量的申明在 GenricApp.h 头文件,也可以添加在其他文件中:

```
externintkeyStatus_w;
```

在 hal_key.c 中添加全局变量的定义:

```
intkeyStatus_w=0;
```

在按键处理函数中添加按键值的获取和全局变量的赋值:

```
if(HAL_KEY_SW_2_PXIFG&HAL_KEY_SW_2_BIT)/*Interrupt Flag has been set
*/
{
   HAL_KEY_SW_2_PXIFG=~(HAL_KEY_SW_2_BIT);/*Clear Interrupt Flag
*/
   keyStatus_w|=KEY_STATUS_2;
   valid=TRUE;
}
```

这里指写出按键 2 的代码,其他按键代码与之类似。如果有按键按下 valid 为 true 启动间隔时间为 HAL_KEY_DEBOUNCE_VALUE(25 ms)的周期性定时任务事件 HAL_KEY_EVENT。

```
   if(valid)
   {
   osal_start_timerEx(Hal_TaskID,HAL_KEY_EVENT,HAL_KEY_DEBOUNCE_
VALUE);
   }
```

(4) 在 Hal_TaskID 的任务处理函数 Hal_ProcessEvent 中触发按键事件时调用 HalKeyPoll()函数,在 HalKeyPoll()中调用按键回调函数,在回调函数中对全局变量 keyStatus_w 进行判断是否有按键按下。

```
  if(keyStatus_w)
  {
  OnBoard_SendKeys(keyStatus_w,shift);
  keyStatus_w&=(~keyStatus_w);
  }
```

如果有按键按下,keyStatus_w 非空,在 OnBoard_SendKeys 中调用 osal_msg_send(registeredKeysTaskID,(uint8*)msgPtr)将按键信息发送给 GenricApp_TaskID 任务,触发

GenricApp _ TaskID 任务的 KEY _ CHANGE 事件，在对应的处理函数 GenricApp _ ProcessEvent 中调用 GenricApp _ HandleKeys 添加你想要的按键处理过程。过程如图 14.9 所示。

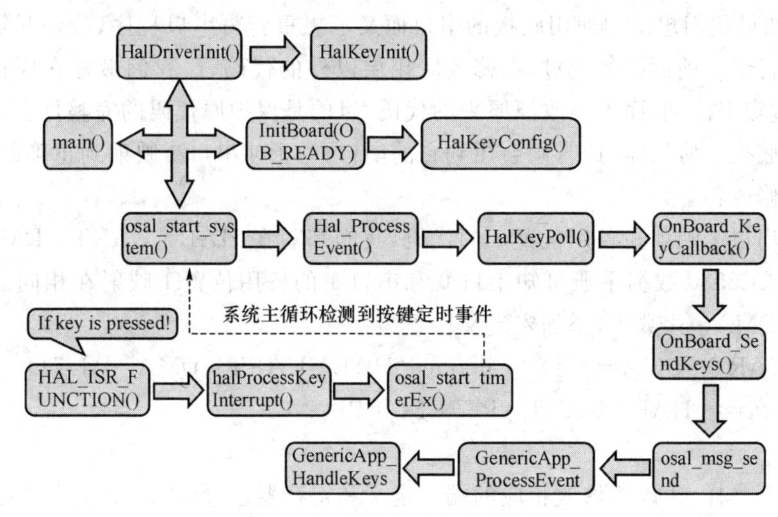

图 14.9 按键中断处理过程图

14.5 基于 GenericApp 例程串口功能的实现

在介绍节点通信实验前，首先介绍串口操作，因为串口在程序调试和通信中经常使用。在 ZStack 协议栈自带的例程中有串口例程 SerialApp，所以在串口的操作中可以仿照 SerialApp 例程添加自己的串口操作。另外 ZStack 协议栈中有 MT(Monitor and Test)功能，它利用 TI 提供的专用工具 Z－tool，通过串口的方式与运行协议栈的设备进行信息的交互，下达指令、反馈信息，里面已经对串口操作进行了支持。要让例程支持 MT 功能，需要添加 MT _ TASK 宏和 ZTOOL _ P1 宏，这样在程序进行编译时就会将 MT 相关代码编译进去。大家可以自己试试。

首先来看看协调器是如何从串口收发数据的。协议栈启动的时候，程序从 main()函数开始执行，在 zmain. c 文件当中。当运行到 HalDriverInit()函数对相关硬件进行初始化。其中又调用 HalUARTInit()对串口进行初始化，不过前提是定义了宏 HAL _ UART 的值是 TRUE。在 HalUARTInit()函数中又根据不同的宏定义决定串口是通过 DMA 还是中断的方式来实现。协议栈默认的定义 HAL _ UART＝TRUE，HAL _ UART _ DMA＝1，在 hal _ board _ cfg. h 中定义，我们可以根据具体的情况进行修改。所以最终调用 HalUARTInitDMA()以 DMA 方式初始化串口。在 HalUARTInitDMA()中，我们又看到如下代码对串口的 IO 位置进行映射。

```
  #if (HAL_UART_DMA=1)
  PERCFG &=~HAL_UART_PERCFG_BIT;
#else
  PERCFG |=HAL_UART_PERCFG_BIT;
#endif
```

分析代码可知，当 HAL _ UART _ DMA＝1 时，映射串口 0 在备用位置 1；当 HAL _

UART_DMA＝2 时，映射串口 1 在备用位置 2。由 hal_board_cfg.h 中定义的 HAL_UART_DMA 可知，默认映射串口 0 在备用位置 1 的 IO 口 DMA 工作方式。对于协调器来说，我们不需要做任何改动，直接使用即可。而对于通用底板上串口所接的 IO 口位置是串口 2 备用位置 1。如果我们想使用通用底板的串口而又不想重新写串口程序，我们只需要在协议栈中稍加修改就行了。前面已经说过，在修改应用层以外的代码时，我们最好在原代码的基础上添加，然后通过宏来区别，而不是改掉原来的代码，目的是保护原代码的完整性。比如说有时候我们想用通用底板作协调器，这时候会用到它的串口，为了使串口 1 映射到正确的位置，我们对程序进行如下修改：

所有修改串口 1 映射在备用位置 1 的代码，我们都写在 HAL_UART_DMA_ALT1 的定义里面。查 CC2530 数据手册可知串口 0 和串口 1 的备用位置 1 映射在相同的 IO 端口，在 HalUARTInitDMA()函数中，添加宏定义位置为：

```
#if (HAL_UART_DMA==1) || defined(HAL_UART_DMA_ALT1)
    PERCFG &=~HAL_UART_PERCFG_BIT;
...
```

但是引脚位置不一样，所以要修改相应的端口定义和寄存器位置，添加位置具体见_hal_uart_dma.c 文件。

```
#if defined(HAL_UART_DMA_ALT1)
#define PxOUT       P0
#define PxIN      P0
#define PxDIR      P0DIR
#define PxSEL      P0SEL
...
#if defined(HAL_UART_DMA_ALT1)
#define HAL_UART_PERCFG_BIT     0x02
#define HAL_UART_Px_RTS     0x08
#define HAL_UART_Px_CTS     0x04
#define HAL_UART_Px_RX_TX     0x30
...
```

其他的部分不用修改，使用时只需要预定义 HAL_UART_DMA=1 和 HAL_UART_DMA_ALT1 这两个宏就可以了。另外添加了 serial-com.h 和 serial-com.c 这两个文件，函数 Serial_Init()调用 HalUARTOpen()用于打开串口时，对串口的相关参数进行配置。

```
HalUARTOpen (SERIAL_COM_PORT, &uartConfig);
```

uartConfig 结构体变量中设置了波特率，停止位，检验位等，并设置了串口接收数据时调用的回调函数。SERIAL_COM_PORT 是一个自定义宏，表示打开那个串口，它的值由实际情况中打开的那个串口而定。

```
#ifndef SERIAL_COM_PORT
#if HAL_UART_DMA==2 || HAL_UART_ISR==2
#define SERIAL_COM_PORT 1
#else
#define SERIAL_COM_PORT 0
```

```
#endif
#endif
```

在应用层初始化调用 GenericApp _ Init()函数,完成对串口的打开设置。

```
Serial _ Init(SerialTx _ CallBack);
```

此时,我们就可以调用 HalUARTWrite()函数向串口发送数据,在 SerialTx _ CallBack()中接收串口数据进行处理。

```
if (Serial _ TxLen < SERIAL _ COM _ TX _ MAX)
{
    Serial _ TxLen=HalUARTRead( SERIAL _ COM _ PORT,
                         Serial _ TxBuf,SERIAL _ COM _ TX _ MAX);
}
if(Serial _ TxLen)
{
    memset(cmdMsg, 0, FRAME _ DATA _ LENGTH);
    data _ TxLen=Serial _ TxLen;
    memcpy(cmdMsg,Serial _ TxBuf,data _ TxLen);

    memset(Serial _ TxBuf, 0, SERIAL _ COM _ TX _ MAX);
    Serial _ TxLen=0;

    osal _ set _ event(GenericApp _ TaskID, SERIAL _ CMD _ EVT);
}
```

SerialTx _ CallBack()回调函数中主要调用 HalUARTRead()来读取串口发来的长度为 Serial _ TxLen 数据到缓冲区 Serial _ TxBuf;然后将缓冲区中数据复制到 cmdMsg,并设置数据长度为 data _ TxLen;最后清空 Serial _ TxBuf 和 Serial _ TxLen,以便能够接收下一条串口发来的数据。

14.6 接收串口数据帧处理

串口在接收数据后并没有立即进行处理,而是通过设置 osal _ set _ event()函数通知应用层有串口接收数据事件 SERIAL _ CMD _ EVT 发生。当运行到应用层时检测到该事件,此时再对接收到的数据进行处理。这样做的目的只是为了让程序更符合应用与底层操作分离的思想,实际上从程序本身执行的角度来看并没有多少优化在里面。事件 SERIAL _ CMD _ EVT 是一个自定义的宏,应用层在检测这个事件是否发生时是通过按位"与"的方式来实现的,因此只需要保证定义该宏时有一位是高位且不与其他事件有重复位。

```
#define SERIAL _ CMD _ EVT   0x00020
...
```

在应用层处理事件的函数 GenericApp _ ProcessEvent()中处理串口接收数据事件。

```
if(events & SERIAL _ CMD _ EVT)
{
```

```
    Serial_Cmd_Analysis(cmdMsg, data_TxLen);
    return (events ^ SERIAL_CMD_EVT);
}
```

该事件中调用 Serial_Cmd_Analysis()函数,函数中首先对数据进行识别,判断数据是否符合数据帧格式的要求。如果符合,则调用 GenericApp_SendTheMessage()向网络转发;如果不符合,根据不同的出错信息调用 HalUARTWrite()向串口输出不同的出错状态。

数据帧格式前 4 个字节必须是"#LY!",用于数据帧检验。

```
if(strncmp((char *)cmd, "#LY!", 4))
{
    //帧头错误
    memcpy(cmd, "#LY!", 4);
    cmd[4] &=~0xF0;
    cmd[4] |=0x10;
    goto cmd_err;
}
```

第 5 个字节表示帧类型,帧类型的高 4 位必须是 0,非 0 的情况下用于表示传送数据时不同的出错状态。低 4 位分别表示 4 种不同的操作方式,具有一定的优先级,在多位置 1 的情况下优先执行高优先级操作,忽略低优先级。

```
    //帧类型高 4 位用于出错返回,发送时必须是 0。
    if(cmd[4] & 0xF0)
    {
    cmd[4] &=~0xF0;
    cmd[4] |=0x20;
    goto cmd_err;
}
```

第 6 个字节表示有效数据部分长度,必须在 0~8 个字节范围内,超出这个长度则出错。

```
if(data_TxLen<FRAME_FIX_LENGTH &&
    cmd[5]>FRAME_MAX_DATA_LENGTH)
{
    cmd[4] |=0x30;
    goto cmd_err;
}
```

第 7 个字节表示设备 ID 号,不同的终端设备 ID 号不同,协调器通过识别 ID 号来得到终端设备的网络地址,从而向终端设备发送数据。当设为 0xFF 时,表示该帧是广播帧,向所有在线的终端设备发送数据。

```
if((cmd[6] > 0)&&(cmd[6] <=MAX_DEVICE_ID))
{
    GenericApp_DstAddr.addrMode=(afAddrMode_t)Addr16Bit;
    GenericApp_DstAddr.endPoint=GENERICAPP_ENDPOINT;
    GenericApp_DstAddr.addr.shortAddr=endDevInfo[cmd[6]-1].devIp;
```

```
}else if(cmd[6]==0xFF)//boradcast
{
    GenericApp_DstAddr.addrMode=(afAddrMode_t)AddrBroadcast;
    GenericApp_DstAddr.endPoint=GENERICAPP_ENDPOINT;
    GenericApp_DstAddr.addr.shortAddr=0xFFFF;
}else
{
    cmd[4] |=0x40;
    goto cmd_err;
}
```

通过以上对数据帧的处理后如果无出错返回,协调器向终端发送数据,发送函数 GenericApp_SendTheMessage()中调用 AF_DataRequest()向网络发送数据。其中要传递参数主要有数据帧的地址和长度,另外还要指定应用设备对象的 ID 号,对于实验箱程序来说,所有的设备应用层操作都共享一个对象 ID 号 GENERICAPP_CLUSTERID。

14.7　ZigBee 组网地址传递

前面协调器在处理串口发来数据的时候,默认协调器已经记录了所有终端设备的网络地址,只需要通过 ID 查询就能够得到。虽然在协调器程序中我们已经建立了一个用于存储在线设备的地址和 ID 号,但是协调器并没有主动获得数据,而是由终端设备上传给协调器的。

协调器建立网络,路由器和终端节点入网成功或者掉线后重新入网时,协议栈底层都会通知应用层网络状态发生改变。此时应用层收到系统事件通知 SYS_EVENT_MSG,并且设置事件状态位为网络状态改变 ZDO_STATE_CHANGE。协调器和终端设备都会收到这个事件,为了实现它们不同的功能,我们通过宏来区别。

```
case ZDO_STATE_CHANGE:
#ifdef ZDO_COORDINATOR
  ...
#else
/*路由终端设备初始化网络后上传地址信息到协调器*/
if((GenericApp_NwkState==DEV_ROUTER)
    ||(GenericApp_NwkState==DEV_END_DEVICE))
{
    GenericApp_DstAddr.addrMode=(afAddrMode_t)Addr16Bit;
    GenericApp_DstAddr.endPoint=GENERICAPP_ENDPOINT;
    GenericApp_DstAddr.addr.shortAddr=0x00;
    uptimes=2;
    osal_start_timerEx( GenericApp_TaskID,
                        GENERICAPP_SEND_MSG_EVT,
                        GENERICAPP_SEND_MSG_TIMEOUT );
}
```

```
#endif
break;
```

ZDO_COORDINATOR 宏定义协调器有的代码,相反未定义该宏时表示路由器和终端节点。此时设置地址为 0x00,表示协调器的网络地址。并启动延时事件,每隔 0.5 s 向协调上传地址信息,一共重复上传 3 次。为了保证协调器尽可能地收到终端设备的地址信息。该延时事件是通过终端设备处理的,所以写在未定义 ZDO_COORDINATOR 的宏里。

```
#ifndef ZDO_COORDINATOR
    if ( events & GENERICAPP_SEND_MSG_EVT )
    {
    DevUp_Info();
    if(uptimes -->0)
    {
    osal_start_timerEx(GenericApp_TaskID,
                                    GENERICAPP_SEND_MSG_EVT,
                                    GENERICAPP_SEND_MSG_TIMEOUT );
    }
    // return unprocessed events
    return (events ^ GENERICAPP_SEND_MSG_EVT);
    }
#endif
```

14.8 接收网络发来的数据

无论是处理串口发来的数据帧还是终端设备入网时上传地址信息,它们最终都调用一致的接口函数 AF_DataRequest()向网络发送数据,那么接收端是如何接收数据的呢?我们不必考虑协议栈底层是如何运行该过程的,最终都会通知应用层收到网络数据这一事件。该事件系统通知事件 SYS_EVENT_MSG,设置状态标志为 AF_INCOMING_MSG_CMD,因此我们在该状态标志下处理收到的网络数据。同样分为协调器和终端设备,通过宏 ZDO_COORDINATOR 来区别。

```
case AF_INCOMING_MSG_CMD:
    LY_GPIO_Ctrl(MLED,LY_LED_OFF);
    Hal_Us_Delay(TIME_NODE_DELAY);
    LY_GPIO_Ctrl(MLED,LY_LED_ON);
    GenericApp_MessageMSGCB(MSGpkt);
    break;
```

处理过程中设备 LED 指示灯闪烁表示有网络数据传输。具体的处理过程封装在 GenericApp_MessageMSGCB()函数中。这里要注意指示灯闪烁是通过延时来实现的,因此延时要尽可能设短一些或者干脆不加延时指示,否则影响传输速率。GenericApp_MessageMSGCB()函数在处理接收到网络数据的过程中,按道理应该同串口一样从头到尾分析数据是否符合帧格式。但由于发送数据之前我们已经分析过一遍了,所以这里只简单的判断一个帧头和数据长度，减少代码重复的过程。当然不排除有人恶意发送虚假数据或者重复设备的干扰，这些都是这里没有考虑的，暂且忽视这些问题的存在，后续在优化代码的时候可以考虑进去。

协议栈应用层只提供了一些调用硬件端口和网络功能的接口。如何在此基础上编程符合我们要求的程序，我们不仅要把应用程序的功能添加进来，还要构思如何搭建应用程序的框架，从而写出更有效率的代码。不管是代码执行效率上还是在后期维护的过程中，一个好的程序框架远比一个功能丰富的程序重要得多。

在添加程序功能之前，考虑到这个程序是针对实验箱而言的。一个实验中除了一个 ZigBee 模块作为协调器以外，其他至少有 8 个不同的扩展模块实现 8 种不同的功能。这里我们很容易想到用宏区别开来。但不同的扩展模块也存在着相似性，比如它们都是用的同一种通用底板。有时候我们更想一个程序支持多种功能，当我们在通用底板上烧写一个终端程序后，我们更希望插不同扩展板都能够工作，而不是每换一个扩展板都要重新烧写一下。因为扩展板是可插拔互换的，那我们的程序也应是灵活多变的，能够根据不同扩展板上的 ID 号，选择不同的执行功能。这就要求我们编写的程序在执行时有多种判断，而不是用宏来区分。宏主要用来区分协调器和终端设备，或者硬件的变更，新旧版本功能的支持，它的作用体现在运行程序之前。而多条件判断是运行程序时的多种支持。因此我们的最终代码并不指定对哪一款设备的支持，而应具有所有设备的功能，它是多平台的。

在不同设备运行或者多支持的过程中，比起单个支持的程序运行来说增加了代码冗余度，并在一定程度上影响程序的执行效率，或者在不同操作时我们稍加分析可以发现其间有太多的相似性。比如对于数据帧格式的识别，我们完全不必在不同设备的判断里重复定义，至少也要将它封装成一个函数，然后去调用。这里，我们多采用函数数组的方式来实现不同设备不同操作的功能。分析数据帧中的操作类型位数据，不同的操作类型之间存在一定的优先级，可以通过按位与的方式遍历函数数组进行相关操作

```
switch (pkt->clusterId )
{
    case GENERICAPP_CLUSTERID:
    for(i=0; i<4; i++)
    {
      if( *(pkt->cmd.Data+4) & (0x01<<i))
          {
            (ftAddr[i])(pkt->cmd.Data);
              break;
          }
    }
    break;
    ...
}
```

操作类型的函数数组定义为

```
const pTaskHandlerFt ftAddr[]={
    Device_main_Analysis,
    Device_Addr_Analysis,
```

```
    Device_Data_Analysis,
    Device_Ctrl_Analysis,
};
```

按位与 4 位分别对应不同的处理方法。其中：

优先级最高的 Device_main_Analysis()是空函数，未使用到。

第二个函数 Device_Addr_Analysis()用于通知应用层设备的一些地址信息，目前只有协调器用到，用于存储终端设备发来的地址信息。

```
void Device_Addr_Analysis(uint8 *node)
{
#ifdef ZDO_COORDINATOR
  if((node[6] > 0)&&(node[6] <=MAX_DEVICE_ID))//设备在线
  {
    endDevInfo[node[6]-1].devStatus=1;
    memcpy(&(endDevInfo[node[6]-1].devIp), node+7, sizeof(uint16));
   memcpy(&(endDevInfo[node[6]-1].devMac), node+9, 8);
}
#endif
...
}
```

第三个函数 Device_Data_Analysis()允许处理一些网络数据的传递。终端设备先根据 ID 号判断是哪一个设备，然后再查询 dcAddr[]数组针对不同的设备进行不同的数据查询操作，最后将查询到的数据反馈给协调器。协调器用于接收终端反馈给它的数据，再通过串口转发给上位机进行处理。

```
void Device_Data_Analysis(uint8 *node)
{
#ifndef ZDO_COORDINATOR
    devId=IRecvByte(LY_DEVICE_IIC_ADDR);
    ...
            if((dcAddr[devId-1])((uint8 *)&frame_node) < 0)
        ...
      GenericApp_SendTheMessage((uint8 *)&frame_node,
                         mclusterid, DataLength(frame_node.f_dataLength));

#else
  ...
      HalUARTWrite(SERIAL_COM_PORT, node, DataLength(node[5]));
  ...
#endif
}
```

最后一个 Device_Ctrl_Analysis()函数用于控制终端设备。该函数优先级最低，而权限最大，允许改变终端设备数据和状态。因此执行的时候必须保证数据帧类型前三位都置 0 而第四位置 1(即帧类型为 0x08)才能调用此函数。此函数的目的同 Device_Data_Analysis()函数，最终要查询 dcAddr[]针对不同的设备进行不同的控制操作。但由于控制不同设备的方式不同，这里的判别方式稍异于查询数据的函数。归纳起来不外乎两种：一种直接发送控制数据，终端数据进行处理，然后反馈操作信息；另一种启动终端的查询功能，终端可以实时地更新状态，然后传给协调器。但有些设备两者兼有之，比如 PLC，既要设置输出状态，又要实时监控输出状态。这里用了一条 goto 语句使其兼备两者的功能。对于协调器，同样只接收终端反馈给它的数据，再通过串口转发给上位机进行处理。

```
void Device_Ctrl_Analysis(uint8 *node)
{
#ifndef ZDO_COORDINATOR
  devId=IRecvByte(LY_DEVICE_IIC_ADDR);
  if(node[6]==devId || node[6]==0xFF)
  {
    node[6]=devId;
    switch(devId){
    case PLC_EXP_CTRL:
        if(node[7]=='S' || node[7]=='P')
          goto ctrl_query;
    case LED_EXP_CTRL:
    case LIGHT_EXP_CTRL:
#endif

        if(Direct_Device_Ctrl(node) < 0)
        {
          node[4] |=0x60;
          node[5]=0;
        }
        GenericApp_SendTheMessage(node, mclusterid, DataLength(node[5]));
        break;

    case RFID_EXP_QUERY:
    case HUM_TEM_EXP_QUERY:
    case LIGHT_EXP_DETECT:
    case AIR_QUA_EXP_QUERY:
    case ALARM_EXP_QUERY:

ctrl_query:
      if(Query_Device_Ctrl(node) < 0)
      {
```

```
            node[4] |=0x60;
            node[5]=0;
        }
        GenericApp_SendTheMessage(node, mclusterid, DataLength(node[5]));
        break;
      }
    }
  ...
#else
  ...
      HalUARTWrite(SERIAL_COM_PORT, node, DataLength(node[5]));
      ...
#endif
}
```

这里还要顺带介绍一下 dcAddr[]函数数组，其定义为：

```
#ifndef ZDO_COORDINATOR
const pTaskHandlerDevice dcAddr[MAX_DEVICE_ID]={
    LED_Ctrl_Data,
    PLC_Ctrl_Data,
    RFID_Query_Data,
    HT_Query_Data,
    LightDetect_Query_Data,
    Air_Query_Data,
    LightCtrl_Ctrl_Data,
    Alarm_Query_Data,
};
#endif
```

该函数数组定义了终端设备对 8 种不同扩展模块不同的处理方式，由于每一个终端设备只能同时处理一个扩展模块，而不同扩展模块的区别主要来自 ID 号。以 ID 号为键值，通过哈希表查询的方式直接查询函数得到操作函数，这样的操作方式远比多重判断的方式效率要高。因此在查询设备与控制设备的操作中都用到了这个数据。但有一个不好的地方就是对 ID 号的依赖性。ID 号不能随意更改，函数存放位置要与 ID 号一一对应，且相同的设备不能同时存在于一个网络环境下，最好是 ID 号与函数位置之间另有一个映射关系。

控制设备的时候当直接发送控制数据的时候，终端设备处理后立即返回，然后向协调器发送反馈数据。

```
int8 Direct_Device_Ctrl(uint8 *node)
{
    ...
    return (dcAddr[devId-1])(node);
}
```

当发送启动查询标志的时候，终端设备没有立即返回，而是调用 osal _ start _ timerEx()函数启动一个延时事件 QUERY _ TIMER _ EVT，该事件中正常工作情况下又设置相同的延时事件，因而该事件是一个定时任务，定时查询 dcAddr[]处理并向协调器发送反馈信息。

```
int8 Query _ Device _ Ctrl(uint8 * node)
{
  …;
  if(node[7]=='S')
    osal _ start _ timerEx(GenericApp _ TaskID, QUERY _ TIMER _ EVT, 1000);
  else if(node[7]=='P')
  {
    osal _ stop _ timerEx(GenericApp _ TaskID, QUERY _ TIMER _ EVT);
    …
  }
  …
}
```

协调器处理网络发来的数据相对简单得多，当帧类型为 0x02 时，存储终端设备的地址信息，当帧类型是 0x04 或 0x08 时，将数据通过串口转发。至此，我们的应用程序框架大体就是这样，虽然还不是很完整，但是从使用的角度来看，差不多的功能都已经实现了。

15 基于 ZigBee 物联网实验箱各功能模块的实现

下面将介绍基于 Z-Stack 协议栈建立的物联网实验例程，通过物联网网关控制 8 个不同的终端节点功能模块，同时在网关上位机软件上显示相应的实验数据，并且可以通过登录物联网网站，添加相应的传感器设备，在网页上看到实验数据。

15.1 LED 控制

每一块扩展板上面都有一个 24C02 的 EEPROM，图 15.1 中给出的 24C02 的具体接法。注意 SDA 接 P0 _ 6 引脚，SCL 接 P0 _ 7 引脚，图中只给出了外接上拉电阻，并没有标出与 CC2530 的具体连接方式。24C02 主要用于存储一个 ID 号，对应到对每一个设备的不同操作。该设备是通用 I2C 总线与 CC2530 单片机进行通信的，由于 CC2530 并没有直接提供关于对 I2C 总线的直接硬件操作，因此这里只有通过 IO 模拟 IO 总线的通信方式完成对 24C02 的读写。有关 I2C 读写 24C02 的具体通信协议这里不细述，可以查数据手册。这里要注意的是，A0、A1、A2 引脚都置低电平，所以这里的器件地址是 0xA0(写)、0xA1(读)。数据地址是 16 位，要连续两次发送 8 位地址等待应答信号。

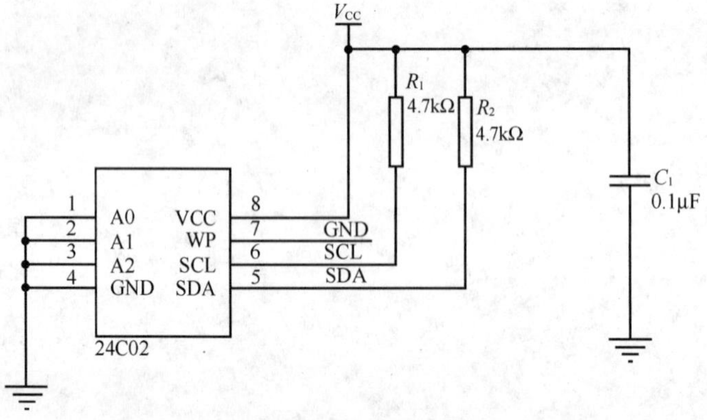

图 15.1　24C02 的具体接法

LED 的接法如图 15.2 所示，设置 IO 端口为输出。当输出高电平时三极管导通使 LED 灯亮；当输出为低电平时则灭。总共有 8 个这样的 LED 灯，对应 P1 的 8 个端口。

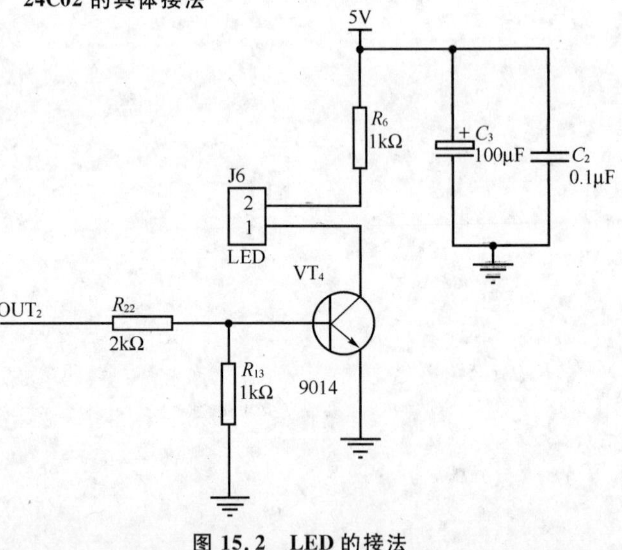

图 15.2　LED 的接法

有关实验箱扩展板的操作函数都定义在 nite - box. h 和 nite - box. c 这两个文件当中。LED 的操作函数如下所示：

```
int8 LED _ Ctrl _ Data(uint8  * node)
{
  P1SEL=0x0;
  P1DIR=0xFF;
```

```
  if(node[5]==0)        //用于查询数据,无操作信息
  {
      node[7]=P1;
      node[5]=1;
      return 0;
  }

  if(node[5] ! =1)
    return -2;

  P1=node[7];

  return 0;
}
```

这个函数在查询IO输出端数据和控制输出端数据时调用。当查询数据时有效数据长度为0(node[5]==0),直接返回P1端口的值;当控制输出端数据时,将数据包的值传递给P1(P1=node[7])。虽然在协议栈中承认通过查询数组调用此函数的高效性,但在这里并不赞同这样写函数。因为这里函数的功能封闭并不是很完整,对具体的使用条件依赖性很大。这里不同的操作是通过数据长度来判别的,不是很直观,在使用时要通过多次的调试才能确保函数功能的正确性。

15.2　PLC 控制

有关PLC继电器的控制又是一门新的学科,常用于电气自动化。这里只是简单通过微控制器控制外围电路的开关,了解一下它的工作原理和具体实现。

继电器是根据某种输入信号来通、断小电流控制电路,以实现控制和保护的自动控制电器。它是把某种物理量的变化转化为接点的通断。在工控领域,继电器不单是作为一个简单的"开关",还可以实现其他的控制(电车的快慢启停控制,汽车转变指示)。继电器作为一个控制系统来讲,它有两个主要部分,一个是控制系统(输入回路),另一个是被控制系统(输出回路),当控制系统输入某信号(输入量),如电、磁、光、热等物理量,达到一定值时,能使输出的被控量(输出量)跳跃式由零变化到一定值(或由一定位突变到零)。PLC主要特性是控制的可编程性,这里CC2530单片机作为微控制器,端口两个引脚接控制回路,从而控制两路继电器输出回路的开关。逻辑电路如图15.3所示。

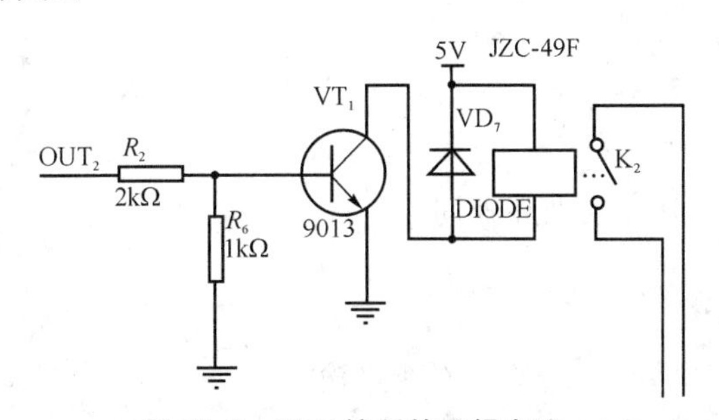

图 15.3　PLC 控制的逻辑电路

另有两路光电耦合器用于检测开关电路的开关状态,空置状态下三极管不导通,输入量为高电平。当开关电路有电流通过时,发光二极管发光,三极管导通,输入量为低电平。电路如

图 15.4所示。

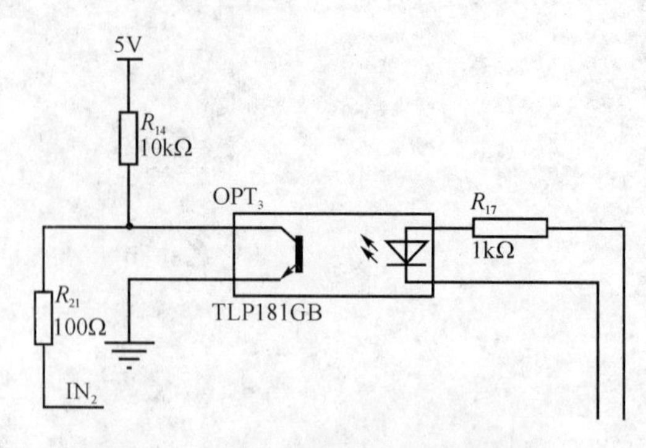

图 15.4　两路光电耦合器的接法电路

具体代码实现如下所示，该操作中，除了有输出量控制外，还有输入量检测。因此，数据正常情况下用作输出量控制。当为'S'或'P'时，用于启动或停止输入量查询。这里查询时用到了一个全局变量 retranscount，用于记录相同数据的重传次数，初始值 RETRANSCOUNT 可自定义。当 retranscount 为 0 时，函数返回 0x10，定时事件不再向协调器上传数据，减少网络数据传输的冗余量。

```
int8 PLC_Ctrl_Data(uint8 *node)
{
  P1SEL &=~0x30;
  P1DIR |=0x30;
  P1DIR &=~0x03;

  if(node[5]==0)//用于查询数据，无操作信息
  {
    node[7]=0;
    node[7] |=(P1&0x03)<<2;      //两路输入
    node[7] |=(P1&0x30)>>4;      //两路输出
    node[5]=1;

    return 0;
  }

  if(node[5] !=1)
    return -2;

  if(node[7]=='S')      //启动循环查询
  {
    node[7]=0;
    node[7] |=(P1&0x03)<<2;      //两路输入
    node[7] |=(P1&0x30)>>4;      //两路输出
    node[5]=1;
```

```
    if(tmp[0]==node[7])
    {
      if(retranscount)
      {
        retranscount--;
        return 0;
      }
      return 0x10;
    }
    else
    {
      retranscount=RETRANSCOUNT;
      tmp[0]=node[7];
    }

    return 0;
  }
  else if(node[7]=='P')
    return 0;

    /*控制操作*/
  P1_4=node[7]&0x01;
  P1_5=(node[7]&0x02)>>1;

  node[7] |=(P1&0x03)<<2;        //两路输入
  node[7] |=(P1&0x30)>>4;        //两路输出

  return 0;
}
```

15.3　RFID识别

无线射频识别技术是通过MF RC522集成芯片来实现非接触式数据读取的。它与CC2530的通信方式则采用I2C总线。CC2530通过I2C总线向MF RC522发送数据，数据符合MF RC522芯片的操作格式，启动数据读取功能，再将读到的数据通过I2C发给CC2530。电路图如图15.5所示。

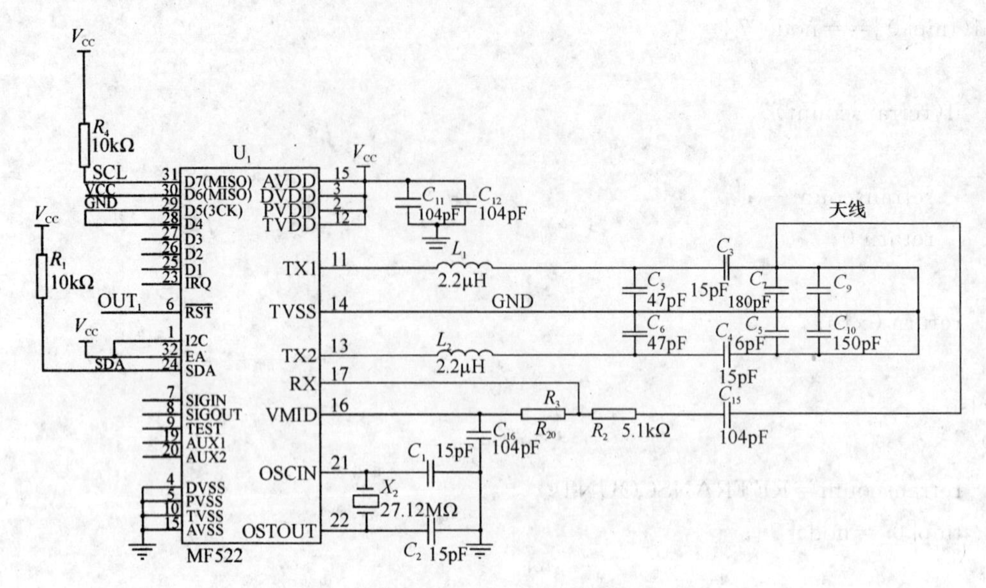

图 15.5　RFID 识别电路

有关 I2C 和 MF RC522 具体的操作方式，这里不再进行详述，只给出 CC2530 是如何对数据进行处理的。

```
int8 RFID_Query_Data(uint8 *node)
{
  unsigned char baATQ[2],bSAK;
  short status;

  P1DIR |=(0x01 << 4);
  P1_5 =0;
  P1_4 =1;

  Rc522RFReset(5); //RF-Reset

  if(node[5]==0)
  {
    status=ActivateCard(ISO14443_3_REQA, baATQ, node+7, node+5, &bSAK);
    if(status != STATUS_SUCCESS)
    {
      node[5]=4;
      memset(node+7, 0, 4);
    }
    return 0;
  }

  if(node[5] != 1)
    return -2;
```

```
if(node[7]=='S')
{
  //Activate Card
  status=ActivateCard(ISO14443_3_REQA, baATQ, node+7, node+5, &bSAK);
  //status=ActivateCard(ISO14443_3_WUPA,baATQ,abUID,&bUIDLen,&bSAK);
  if(status != STATUS_SUCCESS)
  {
    // There is no card in the RF Field
    if(strlen((char *)tmp) !=0)
    {
      retranscount=RETRANSCOUNT;
      memset(tmp, 0, sizeof(tmp));
    }

    if(retranscount)
    {
      retranscount--;
      node[5]=4;
      memset(node+7, 0, 4);
      return 0;
    }
  }
  else
  {
    // At least one card is in the RF Field

    // Compare actual UID with previous one
    if(memcmp(tmp, node+7, node[5]))
    {
      // New Card in the field
      memcpy(tmp, node+7, node[5]);

      P1_5=1;
      Hal_Us_Delay(400);
      P1_5=0;

      retranscount=RETRANSCOUNT;
      return 0;
    }
    else
```

```
        {
            if(retranscount)
            {
                retranscount --;
                return 0;
            }
        }
    }

    return 0x10;
  }
  else if(node[7]=='P')
    return 0;
  else
    return -3;
}
```

每次查询时，先调用 Rc522RFReset()进行 Rc522 复位操作，然后调用 ActivateCard()读取卡号，当有卡存在时，读取正确的数据，否则为 0。每次有新的卡读入时，延时设置 P1_5 引脚为高电平一段时间。该引脚接一个蜂鸣器，会发出“嘀”的一声。

15.4　温湿度检测

温湿度检测是通过 SHT11 温湿度传感器来得到温湿度数据的，同样也是通过 I2C 总线通信。逻辑电路如图 15.6 所示。

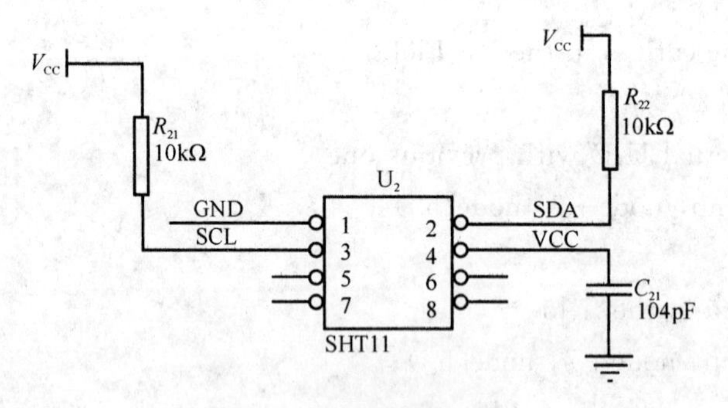

图 15.6　温湿度检测电路

温湿度数据检测函数为 HT_Query_Data()，先调用 s_connectionreset()复位启动 I2C 总线，然后调用 s_measure()分别读取温湿度数据，最后由 calc_sht11()函数计算出真实的温湿度值。温度单位是摄氏度，湿度单位是百分数。

```
int8 HT_Query_Data(uint8 *node)
{
  //(struct Frame_Opt *)node;
  HTValue humi_val, temp_val;
  uint8 error, checksum;
```

```
s_connectionreset();

error=0;
error +=s_measure((uint8 *) &humi_val.i, &checksum, HUMI); //measure humidi-
ty
error +=s_measure((uint8 *) &temp_val.i, &checksum, TEMP); //measure temper-
ature
if(error !=0)
{
  s_connectionreset();              //in case of an error: connection reset
  return -2;
}

humi_val.f=(float)humi_val.i;              //converts integer to float
temp_val.f=(float)temp_val.i;              //converts integer to float
calc_sht11(&humi_val.f, &temp_val.f);           //calculate humidity, temperature

if(node[5]==0)
{
  //ftoa(temp_val.f, 0, (char *)(node+7));
  //ftoa(humi_val.f, 0, (char *)(node+9));
  node[7]=(uint8)temp_val.f;
  node[8]=(uint8)humi_val.f;
  node[5]=2;
  return 0;
}

if(node[5] !=1)
  return -3;

if(node[7]=='S')
{
  node[7]=(uint8)temp_val.f;
  node[8]=(uint8)humi_val.f;
  node[5]=2;

  if(tmp[0]==node[7] && tmp[1]==node[8])
  {
    if(retranscount)
    {
```

```
            retranscount --;
            return 0;
          }
          return 0x10;
        }
        else
        {
          retranscount=RETRANSCOUNT;
          tmp[0]=node[7];
          tmp[1]=node[8];
        }
      }
      else if(node[7]=='P')
        return 0;
      else
        return -4;

      return 0;
}
```

15.5 光强检测

光强检测是通过一个光敏电阻，当不同亮度的光照在光敏电阻，引起阻值发生变化。通过电路设计，产生不同的电压输入到 IO 端口，然后由芯片进行 AD 采样，将模拟量转化为单片机可处理的数字量。电路图如图 15.7 所示。

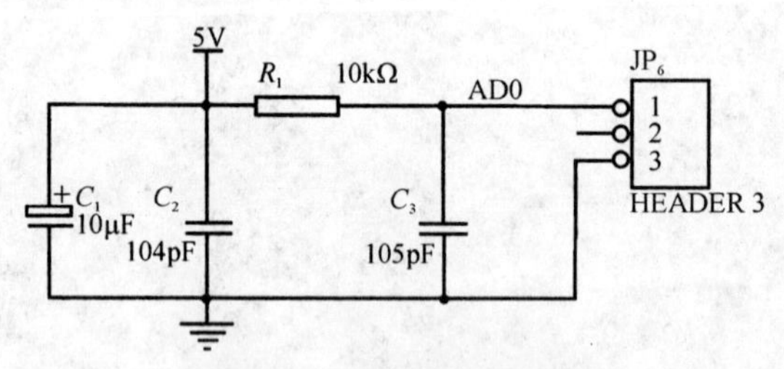

图 15.7　光强检测电路

光强检测函数为 LightDetect _ Query _ Data()，根据数字量的变化，我们预设不同的阈值。通过与这些阈值的比较，我们最终得出不同等级的光照强度上传给上位机。

```
int8 LightDetect _ Query _ Data(uint8 * node)
{
   //(struct Frame _ Opt * )node;
   uint16 avgAD, i;

   for(i=0; i<64; i++)
   {
```

```
    avgAD +=getAD();
    avgAD=avgAD/2;
  }
  avgAD &=0x0FFF;

  if(node[5]==0)
  {
    if(avgAD > 962)/* 弱光 */
    {
      node[7]=1;
    }
    else if(avgAD > 200)/* 正常 */
    {
      node[7]=2;
    }
    else /* 强光 */
    {
      node[7]=3;
    }
    node[5]=1;

    return 0;
  }

  if(node[5] ! =1)
    return -2;

  if(node[7]=='S')
  {
    if(avgAD > 962)/* 弱光 */
    {
      node[7]=1;
    }
    else if(avgAD > 200)/* 正常 */
    {
      node[7]=2;
    }
    else /* 强光 */
    {
      node[7]=3;
    }
```

```
        node[5]=1;

        if(tmp[0]==node[7])
        {
            if(retranscount)
            {
                retranscount--;
                return 0;
            }
            return 0x10;
        }
        else
        {
            retranscount=RETRANSCOUNT;
            tmp[0]=node[7];
        }
    }
    else if(node[7]=='P')
        return 0;
    else
        return -3;

    return 0;
}
```

15.6　空气质量检测

空气质量检测是通过 MQ135 空气质量传感器进行的，根据有害气体的程度输出不同大小的电压值。将这个电压值与预设的一个电压值进行比较，当超过这个阈值的时候比较器输出高电平，三极管导通，从而输入到 CC2530 低电平信号。该传感器的逻辑电路如图 15.8 所示。

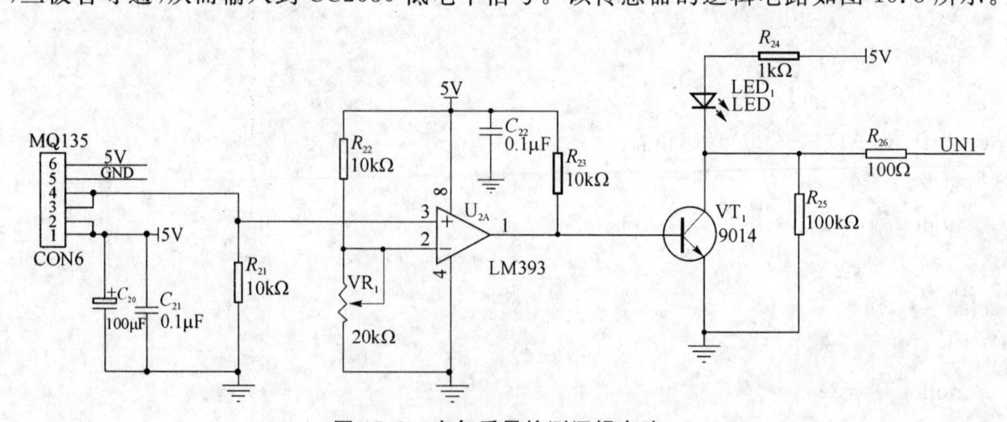

图 15.8　空气质量检测逻辑电路

空气质量检测函数为 Air _ Query _ Data()，该函数只设 P1 _ 1 引脚为输入引脚，然后读取该引脚的值。测试时我们可以用灯烟熏来观察结果有无变化，有时候看不到变化效果，可能是由于阈值未设好的缘故。可以调节可调电阻，从而使阈值设定在合适的位置。

```
int8 Air _ Query _ Data(uint8 * node)
{
  if(node[5]==0)
  {
    if(P1INP & 0x04)
      node[7]=P1 _ 1;
    else
      node[7]=0;

    node[5]=1;
    return 0;
  }

  if(node[5]! =1)
    return -2;

  if(node[7]=='S')
  {
    P1DIR &=~0x04;
    P1INP |=0x04;

    node[5]=1;

    if(P1 _ 2==0)
    {
      P1 _ 1=1;
      node[7]=1;
    }
    else
    {
      P1 _ 1=0;
      node[7]=0;
    }

    if(tmp[0]==node[7])
    {
      if(retranscount)
      {
```

```
        retranscount --;
        return 0;
      }
      return 0x10;
    }
    else
    {
      retranscount=RETRANSCOUNT;
      tmp[0]=node[7];
    }
  }
  else if(node[7]=='P')
  {
    P1INP &=~0x04;
    P2INP &=~0x40;
    P1DIR |=0x04;
    P1_2=1;
  }
  else
    return -3;

  return 0;
}
```

15.7 亮度调制

亮度调制是通过 PWM 调制,设置输出脉冲波形的不同占空比,从而输出不同电压的模拟量,驱动灯的亮度。亮度调制的数字电路如图 15.9 所示。

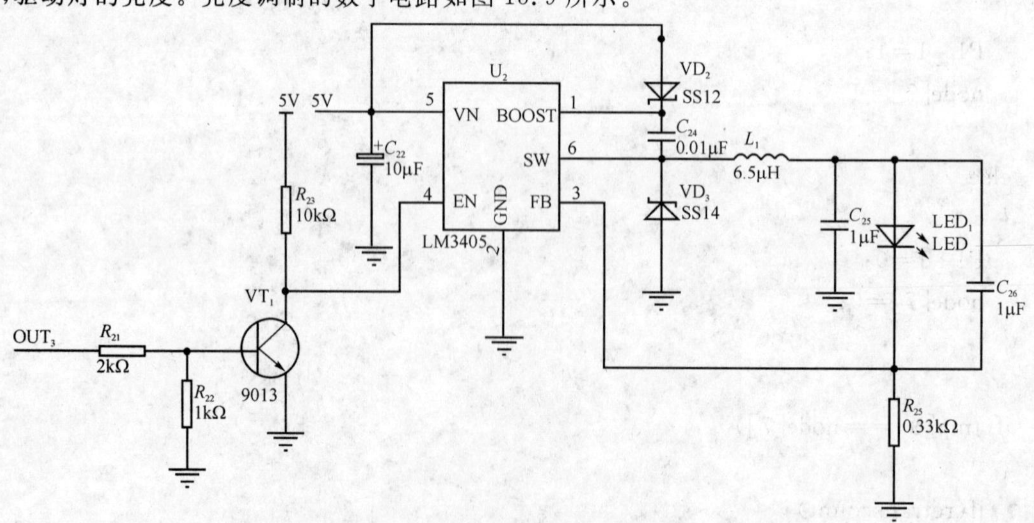

图 15.9 亮度调制的数字电路

亮度调制函数为 LightCtrl _ Ctrl _ Data()，根据不同的亮度等级设置，设置定时器 1 不同占空比后向配置引脚输出 PWM 波形。

```
int8 LightCtrl _ Ctrl _ Data(uint8  * node)
{
  if(node[5]==0)  //用于查询数据，无操作信息
  {
    node[7]=T1CC1L/10;
    node[5]=1;
    return 0;
  }

  if(node[5] ! =1)
    return -2;

  if(node[7]>7)
    return -3;

  InitTimer1();

  T1CC1L=node[7] * 10+4;
  T1CC1H=0;


  if(node[7] ! =0)
    T1CTL=0x06;
  else
  {
    T1CTL=0x04;
  }

  return 0;
}
```

15.8　门磁报警

门磁报警是通过干簧管受磁场感应导通的原理来设计的。当干簧管未导通时引脚 P1 _ 1 输入高电平，受磁导通后变为低电平。通过磁铁是否与干簧管进行接触决定是否进行报警。报警时可驱动扩展板上另外一个模块蜂鸣器发出响声。该装置的逻辑电路如图 15.10 所示。

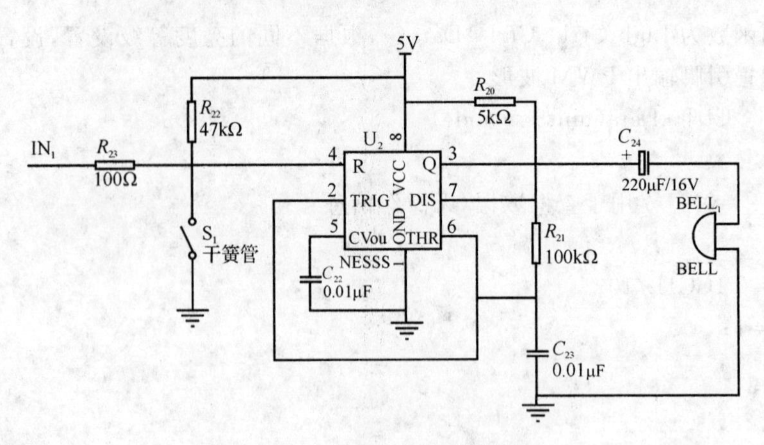

图 15.10　门磁报警装置的电路

报警函数为 Alarm _ Query _ Data(),P1 _ 1 引脚为输入引脚,当检测到低电平时设置 P1 _ 2 为高电平,蜂鸣器响。

```
int8 Alarm _ Query _ Data(uint8 * node)
{
  if(node[5]==0)
  {
    if(P1INP & 0x04)
      node[7]=P1 _ 1;
    else
      node[7]=0;

    node[5]=1;
    return 0;
  }

  if(node[5]! =1)
    return -2;

  if(node[7]=='S')
  {
    P1DIR |=0x06;
    P1 _ 1=1;
    P1 _ 2=1;

    P1DIR &=~0x04;
    P1INP |=0x04;

    node[5]=1;
```

```
        if(P1_2==0)
        {
            P1_1=1;
            node[7]=1;
        }
        else
        {
            P1_1=0;
            node[7]=0;
        }

        if(tmp[0]==node[7])
        {
            if(retranscount)
            {
                retranscount--;
                return 0;
            }
            return 0x10;
        }
        else
        {
            retranscount=RETRANSCOUNT;
            tmp[0]=node[7];
        }
    }
    else if(node[7]=='P')
    {
        P1INP &=~0x04;
        P2INP &=~0x40;
        P1DIR |=0x06;
        P1_1=0;
        P1_2=0;
    }
    else
        return -3;

    return 0;
}
```

16 龙芯开发板硬件平台

16.1 嵌入式 Linux 系统移植

16.1.1 BootLoader 移植

Linux 系统在启动之前，必先要运行一段小程序对硬件实现初始化，从而将系统软硬环境带到一个合适的状态，以便为最终调用操作系统内核准备好正确的环境，那么这一段小程序就可称为 Bootloader。基于龙芯的系统所采用的 Bootloader 是用 PMON 工具来实现的，PMON 不仅有 Bootloader 启动 Linux 内核的必备功能，还有它的类 BIOS 特性，更多地它像一个小型的系统，用它来完成启动配置，程序调试，文件烧写等功能，大大方便了我们的开发流程。

16.1.2 PMON 编译

在配置和编译之前，首先要安装相关工具与依赖库。因为编译 PMON 时需要用到工具 pmoncfg，而编译该工具又需要依赖 bison 和 flex，执行下面命令进行安装：

```
sudo apt-get install bison flex
```

解压 1b-pmon.tar.gz，编译生成 pmoncfg 工具

```
tar vxf 1b-pmon.tar.gz
cd 1b-pmoncfg/tools/pmoncfg
make
```

编译完成后在当前目录下生成 pmoncfg，拷贝到交叉编译器的 bin 目录下。

```
cp pmoncfg /opt/gcc-4.3-s232/bin
```

另外 pmon 编译还依赖于工具 makedepend

```
apt-get install xutil-dev
```

完成上述准备工作后，就可以对 PMON 进行编译了，进入到芯片相关目录

```
cd 1b-pmon/zloader.ls1b
```

使用 Makefile，编译二进制目标文件

```
make cfg; make tgt-rom
```

编译完成后在当前目录下生成 gzrom.bin 文件

16.1.3 PMON 烧写与更新

当 flash 中没有任何程序的时候，只能通过 ejtag 仿真器进行烧写。如果已经烧好了一个可用的 PMON，此时想烧写更新 PMON 目标程序，可以通过 PMON 本身来完成烧写功能。

PMON 本身的更新是通过 TFTP 传输协议下载目标程序到板子上，然后再通过 load 命令将目标程序烧写到复位启动时初始地址处，对于 MIPS 架构的芯片，这个地址是 0xbfc00000。因此，更新时，拷贝 gzrom.bin 到主机 tftp 目录下，假设主机的 IP 地址为 192.168.1.100，则在开发板 PMON 的命令行模式下执行以下命令来完成更新。

load -r -f 0xbfc00000 tftp://192.168.1.100/gzrom.bin

使用 ejtag 仿真器烧写时要用到 ejtag-debug 工具，该工具是运行于 Linux 系统下的一段程序，且需要 root 权限。解压 ejtag-debug-v3.8.5.tar.gz，并进入解压目录。

tar vxf ejtag-debug-v3.8.5.tar.gz

cd ejtag-debug

该目录下有一个已经编译好的可执行文件 ejtag_debug_usb，通过它完成烧写工作，在 configs 目录下有一个 config.ls1g 的配置文件，用于实现 1a 与 1b 的烧写工作。配置中默认烧写的文件名称为 gzrom.bin，直接拷贝目标文件 gzrom.bin 到当前目录。可直接用 ejtag_debug_usb 运行配置文件 config.ls1g。

sudo ./ejtag_debug_usb < configs/config.ls1g

或者先运行烧写工具"sudo ./ejtag_debug_usb"进入工作模式，然后再在工作模式下执行 source configs/config.ls1g 两种方法是一样的。

16.2 Linux 内核移植

16.2.1 内核配置

从 Linux 内核开始运行真正的 Linux 操作系统，Linux 内核很庞大，对于初学者以及致力于 Linux 应用开发的人员，熟悉内核应当从对内核进行配置，裁剪，得到符合自己需求的内核，并编译后下载到开发板中运行调试。这里提供的内核源码压缩包 1b-linux-3.3.tar.gz 是基于官方提供的 Linux3.3 内核源码更新过的，支持本实验所使用的开发板，且经过相应的配置，解压后直接编译，下载到开发板中即可运行。为了了解该内核的特性与功能，这里主要针对相关配置进行介绍。解压 1b-linux-V3.3.tar.gz 压缩包，并进入解压文件主目录，执行"make menuconfig"进行配置，主要配置设置该内核类型为龙芯 1B 相关配置。

Machine selection-->
  System type (Loongson 1B family of machines)-->
  Machine Type (Loongson1B demo board)-->

CPU 类型为龙芯 LS232 双发射处理器核的单芯片系统。

  CPU selection-->
    CPU type (LS232)-->

为了支持从 Nand flash 中启动根文件系统，先要配置内存技术设备的相关支持。

  Device Drivers-->
Memory Techonology Device(MTD) support-->
      <*> Caching block device access to MTD devices
      <*> NAND Device Support -->
      <*> Support for NAND on LOONGSON SOC

Nand flash 中烧写根文件系统时用到的有 ramdisk 技术与 yaffs2 技术。

  General setup -->
    [*] Initial RAM filesystem and RAM disk (initramfs/initrd) support
  File systems -->
    [*] Miscellaneous filesystems -->

```
<*> yaffs2 file system support
 -*- 512 byte / page devices
 -*- 2048 byte (or larger) / page devices
[*] Autoselect yaffs2 format
[*] Enable yaffs2 xattr support
```

另外，为了方便使用网络传送文件，添加网络文件系统 NFS 支持、方便开发。

```
Networking support -->
  Networking options -->
    [*] TCP/IP networking
    [*] IP: DHCP support
    [*] IP: BOOTP support
    [*] IP: RARP support
File systems -->
  [*] Network File Systems -->
    <*> NFS client support
    [*]       NFS client support for NFS version 3
    [*]           NFS client support for the NFSv3 ACL protocol extension
    [*]       NFS client support for NFS version 4
    [*]           NFS client support for the NFSv4.1 (EXPERIMENTAL)
    [*] Root file system on NFS
```

16.2.2 内核编译与移植

配置完成后退出保存，在解压文件的主目录下执行“make vmlinux”进行编译，最终主目录下编译生成目标文件 vmlinux，拷贝至 tftp 服务目录下。启动开发板，进入 PMON 的命令行控制模式，使用 tftp 服务烧写编译好的内核到 mtd0。

```
mtd_erase  /dev/mtd0
devcp  tftp://192.168.1.100/vmlinux  /dev/mtd0
```

设置 PMON 启动内核为从 mtd0 分区中读取。

```
set  al  /dev/mtd0
```

16.3 文件系统和应用程序移植

16.3.1 根文件系统制作

根文件系统是一种对存储设备上数据和元数据进行组织的机制，主要用于用户和操作系统的交互，这里的根文件系统由 busybox 制作。busybox 常用于嵌入式系统，它集成了一百多个最常用的 Linux 命令和工具，并且编译成一个单一的可执行文件，提高执行效率和缩小占用空间。

先从官网上下载压缩源码包 busybox-1.20.2.tar.bz2，解压并进入主目录：

```
tar vxf busybox-1.20.2.tar.bz2
cd busybox-1.20.2
```

执行“make menuconfig”先进行配置，几乎不需要什么更改，只需要指定交叉编译器的前缀就行了。

```
Busybox Settings-->
    Build Options-->
        (mipsel-linux-) Cross Compiler prefix
```

退出保存后，执行“make”进行编译，编译完成后再执行“make install”进行生成，最终根文件系统安装在主目录下的_install 目录下。进入到该目录，使用“ls”命令查看有：

```
bin  linuxrc  sbin  usr
```

为了得到我们最终想要的根文件系统，我们还要添加目录：

```
mkdir  dev etc lib mnt proc var tmp sys root
```

在运行应用程序的时候，可能要链接一些动态库，从交叉编译工具链中获取。复制交叉工具链安装目录下的动态库到 lib 目录下：

```
cp  -d  /opt/gcc-4.4-ls232/sysroot/lib/*   lib/
cp  -d  /opt/gcc-4.4-ls232/mipsel-linux/lib/*   lib/
rm  -rf  lib/*.a  lib/*.o
```

在 etc 目录下添加系统启动文件 inittab，文件内容如下：

```
#this is run first except when booting in single-user mode.
::sysinit:/etc/init.d/rcS
# /bin/sh invocations on selected ttys
# Start an "askfirst" shell on the console (whatever that may be)
::askfirst:-/bin/sh
# Stuff to do when restarting the init process
::restart:/sbin/init
# Stuff to do before rebooting
::ctrlaltdel:/sbin/reboot
```

在 etc 目录下添加 fstab，文件内容如下：

```
proc     /proc    proc     defaults    0     0
tmpfs     /tmp    tmpfs    defaults    0     0
sysfs    /sys     sysfs    defaults    0     0
tmpfs     /dev    tmpfs    defaults    0     0
```

这里 proc 和 sysfs 内核都默认支持的，而 tmpfs 需要自行添加支持。修改内核中相关配置：

```
    File system -->
    Pseudo filesystems -->
        [*] Tmpfs virtual memory file system support (former shm fs)
        [*] Tmpfs POSIX Access Control Lists
```

在 etc 目录下创建 init.d 目录，并在 init.d 下创建 rcS 文件，rcS 文件内容为：

```
    #! /bin/sh
mount -a
echo "/sbin/mdev" > /proc/sys/kernel/hotplug
mdev-s
```

```
ifconfig lo 127.0.0.1
ifconfig eth0 192.168.1.145 netmask 255.255.255.0
```

为 rcS 添加可执行权限：

```
chmod +x init.d/rcS
```

在 etc 下添加 profile 文件，文件内容为：

```
#!/bin/sh
export HOSTNAME=lysoc
export USER=root
export HOME=root
export PS1="[$USER@$HOSTNAME-\W]\#"
PATH=/bin:/sbin:/usr/bin:/usr/sbin
LD_LIBRARY_PATH=/lib:/usr/lib:$LD_LIBRARY_PATH
export set HOME=/root
```

创建设备节点，根文件系统中有一个设备节点是必须的，创建在 dev 目录下：

```
mknod dev/console c 5 1
```

至此根文件系统制作完成，将_install 目录复制成 rootfs 根文件系统目录，用来制作镜像文件，以便烧写到 Nandflash 中去。yaffs2 文件系统的制作工具需要自行制作。

```
tar yaffs2.tar.gz
cd yaffs2/utils
make
```

在当前目录 yaff2/utils 下生成 mkyaffs2image 可执行文件，拷贝到/usr/bin 目录下，制作 yaffs2 文件系统时执行：

```
mkyaffs2image rootfs rootfs-yaffs2.img
```

拷贝 rootfs-yaffs2.img 至 tftp 服务目录下。启动开发板，进入 PMON 的命令行控制模式，使用 tftp 服务烧写根文件系统：

```
mtd_erase /dev/mtd1
devcp tftp://192.168.1.100/rootfs-yaffs2.img /dev/mtd1y
```

其中，烧写位置 mtd1 表示 nandflash 的第 2 个分区，加 y 是因为烧写 yaffs2 镜像文件时需要读写 nandflash 的 spare(oob)区域。

设置内核启动根文件系统参数：

```
set al /dev/mtd0
set append "root=/dev/mtdblock1 console=ttys0,115200 noinitrd rw init=/linuxrc rootfstype=yaffs2"
```

至此整个嵌入式 Linux 系统移植完成，重启开发板，最终进入到文件系统的交互状态，如图 16.1 所示。

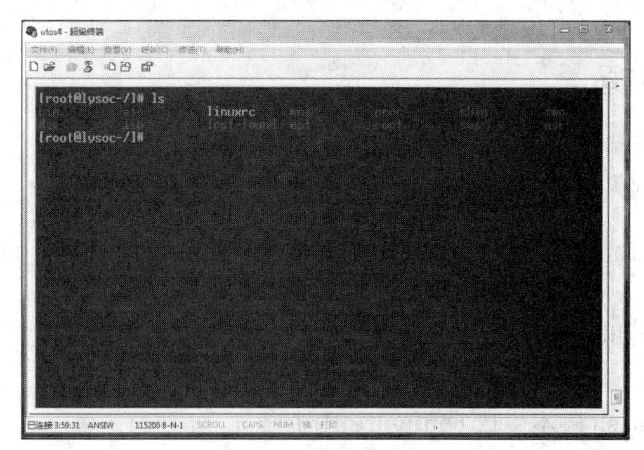

图 16.1 文件系统交互状态的界面

16.3.2 应用程序移植

系统移植完成后,我们可以添加 Linux 应用程序到开发板上运行。但是开发板上的 Linux 系统没有编译环境,所以还必须使用虚拟机 Linux 系统上的交叉编译器进行编译,然后再移植到开发板上运行。由于在内核移植的时候已经在内核配置中添加了 NFS 支持。我们可以将虚拟机上的 NFS 主目录通过网络挂载的方式挂载到开发板上,就可以实现虚拟机与开发板文件共享的功能了。

在虚拟机 Linux 编写一个简单的测试程序 a.c,内容如下:

```
#include <stdio.h>
int main()
{
    printf("Hello world! \n");
    return 0;
}
```

使用交叉编译器编译:

```
mipsel-linux-gcc  a.c
```

生成可执行目标文件 a.out,复制到 NFS 主目录下:

```
cp  a.out  /source/rootfs
```

在开发板上通过网络挂载虚拟机上的 rootfs 目录:

```
mount-t nfs-o nolock 192.168.1.100:/source/rootfs /tmp
```

进入到/tmp 目录下,发现有 a.out 文件,运行后显示:

```
Hello World!
```

此时,可执行文件 a.out 是通过网络进行远程调试,可以将应用程序拷贝到开发板上的其他目录。这样应用程序就保存在 nandflash 当中了。

16.4　QT 移植

16.4.1　tslib 移植

交叉编译 QT 之前，需要添加 tslib 支持来校准触摸屏。因此要进行 tslib 移植。

(1) 解压源码

$ tar -vxf tslib-1.4.tar.gz

$ cd tslib

(2) 执行 autogen.sh 脚本生成 configure 文件

$ ./autogen.sh

(3) 执行 configure 生成 Makfile 文件

$ echo "ac_cv_func_malloc_0_nonnull=yes" > $ARCH-linux.cache

$ ./configure--host=mipsel-linux --prefix=/home/loonsoner/qtmov/tslib/target --cache-file=$ARCH-linux.cache

(4) 编译安装

$ make

$ make install

(5) 把指定安装目录下的 tslib 的文件都拷贝到所挂载的根文件下

$ cp -a /target /source/tmp/tslib

(6) 在开发板上再从挂载目录下拷贝到指定目录

#mount--t nfs--o nolock 192.168.1.102:/source/tmp /tmp

cp /tmp/tslib /usr/local/

(7) 修改拷贝目录下的 etc 目录中的 ts.conf 文件，将第二行的#module_raw input 修改成 module_raw input，并拷贝该文件到开发板 etc 目录下。注意一定要顶格写，否则程序执行时会发生读取 ts.conf 错误。

(8) 在开发板/etc/profile 中添加相关环境变量，如下：

export TSLIB_ROOT=/usr/local/tslib

export TSLIB_TSDEVICE=/dev/input/event0

export LD_LIBRARY_PATH=/usr/local/tslib/lib:$LD_LIBRARY_PATH

export QWS_SIZE=480x272

export TSLIB_FBDEVICE=/dev/fb0

export TSLIB_PLUGINDIR=/usr/local/tslib/lib/ts

export TSLIB_CONSOLEDEVICE=none

export TSLIB_CONFFILE=/etc/ts.conf

export POINTERCAL_FILE=/etc/pointercal

export QWS_MOUSE_PROTO=Tslib:/dev/input/event0

export TSLIB_CALIBFILE=/etc/pointercal

export QWS_DISPLAY="LinuxFb:mmWidth100:mmHeight130:0"

(9) 此时，可以运行 tslib/bin 目录下的 ts_calibrate 来校准程序了。结果在 etc 目录下生成 pointercal 文件，是后续 QT 应用程序运行过程中要使用到的。

16.4.2 QT 源码编译

(1) 解压源码

$ tar -vxf qt-everywhere-opensource-src-4.8.5.tar.gz

(2) 将 qt-everywhere-opensource-src-4.8.5/mkspecs/qws/linux-mips-g++/qmake.conf 文件中的所有编译器中的 mips 部分改为 mipsel

(3) 新建一个 everywhere-build 目录用来存放编译所需要的配置脚本

$ mkdir everywhere-build

$ cd everywhere-build

(4) 执行 configure 生成 Makfile 文件

$ ../qt-everywhere-opensource-src-4.8.5/configure-embedded mips -prefix /usr/local/qt-everywhere -xplatform qws/linux-mips-g++ -fast -no-accessibility -no-scripttools -no-multimedia -no-mmx -no-svg -no-webkit -no-3dnow -no-sse -no-sse2 -silent -qt-libpng -qt-libjpeg -no-libtiff -make libs -nomake examples -nomake docs -nomake demo -no-nis -no-cups -no-iconv -no-dbus -no-openssl -qt-freetype -depths 16,18 -qt-gfx-linuxfb -no-gfx-transformed -no-gfx-multiscreen -no-gfx-vnc -no-gfx-qvfb -qt-kbd-linuxinput -no-glib -little-endian -release -qt-sql-sqlite -qt-mouse-tslib -I/home/loongsoner/qtmov/tslib/target/include -L/home/loongsoner/qtmov/tslib/target/lib

(5) 编译安装

$ make

$ make install

(6) 指定安装目录/usr/local/qt-everywhere 下生成编译工具(qmake,位于 bin 目录下)以及相应的库,将该目录拷贝到挂载目录下。如果只为了 QT 应用程序能在开发板上运行,只需拷贝相应的库即可。

$ cp -a /usr/local/qt-everywhere /source/tmp/

(7) 开发板上再从挂载目录下拷贝到相同路径的指定位置,由于配置时指定目录为/usr/local/qt-everywhere,所以开发板上也是相同的路径。

cp /tmp/qt-everywhere /usr/local/

(8) 添加中文字体库。前面移植的 QT 目标文件中有一个中文字体库,位于 lib/fonts 目录下的 unifont_160_50.qpf。但使用效果不太好,可以自行拷贝字库文件到该目录下。比如从 PC 机上拷贝中文宋体字库文件 simsun.ttf 到该目录下。新添加的字库要设置路径后才能被访问,设置环境变量

export QT_QWS_FONTDIR=/usr/local/qt-everywhere/lib/fonts

(9) 此时,可以使用 qmake 编译 QT 应用程序,并拷贝到开发板上运行。移植过程中可能由于运行环境的不同而缺少相关工具或库,请自行从网上搜索相关资料解决。

16.5 上位机控制平台制作

本上位机平台软件主要实现对 ZigBee 网络的控制。ZigBee 网络由一个协调器和若干个终端节点组成,通过协调器和终端节点之间数据的无线传输实现 ZigBee 组网功能。终端节点根据不同的功能分别设计成 LED 控制、PLC 控制、RFID 电子标签识别、温湿度检测、光强监控、

空气质量检测、亮度调节、报警等不同模块。每个模块的功能分别由一个 CC2530 单片机控制，另外 CC2530 还负责 ZigBee 的组网功能，终端节点根据从 ZigBee 网络传来的数据实现对各自功能的操作。协调器作为 ZigBee 网络的核心节点，通过 ZigBee 网络向不同的节点发送数据，从而实现无线控制功能。另外协调器位于上位机开发板上，通过串口与龙芯 1B 的处理器相连。龙芯 1B 处理器通过向串口收发数据控制协调器，再通过协调器控制整个 ZigBee 网络。

QT 上位机控制软件是基于龙芯 1B 微处理器实现的，因此在 QT 上实现对 ZigBee 网络的控制，主要是通过对串口的收发数据进行处理。串口的收发数据符合一定的传送帧格式，通过识别帧进行处理实现不同的操作。另外 QT 上位机还负责上传 ZigBee 网络数据到互联网 Web 服务器的功能。

因此，QT 上位机软件功能的实现一是通过串口读写数据，二是通过网口上传采集到的节点数据。串口负责对 ZigBee 网络的控制，是整个程序设计的核心。网口上传数据只需要在数据到来的时候用 udp 协议的数据包套接字发送出去就可以了。

串口的功能实现采用分开读、分开写的方式来进行。因为上位机平台要实时监控串口发来的数据，为了使程序运行不影响串口工作，这里专门开一个线程来读取串口发来的数据。再在主程序运行的过程中设置一个主类，用于全局控制，并设置一些静态变量供全局访问。在不同类之间数据的传送以及一些动作的进行采用信号的方式触发。

(1) 在启动主界面之前，设计一个 LogoDialog 类，除了显示 logo 图片外，还在此处完成一些初始化工作，如打开串口，启动串口读线程，初始化主类 MainDialog 类。

(2) 打开串口函数定义在 SerialTools 类中，直接调用 Linux 下标准 IO 的 open 函数，返回文件描述符。该文件描述符作为后续各类构造函数的参数传送给各类，以便在各类中都能访问串口。

```
int SerialTools::openPort(int iIndex)
{
    char buf[16];
    int iFd=-1;
    sprintf(buf,"/dev/ttyS%d",iIndex);
    iFd=open(buf,O_RDWR | O_NOCTTY);
    return iFd;
}
```

(3) 创建主类 mainDialog 和串口读线程 uartReadThread，线程调用 start()函数启动线程运行，通过 connect 连接 uartReadThread 发来的信号和 mainDialog 的槽函数。uartReadThread 线程处理串口读取数据，由于串口一次最多只能读取 8 个字节，有时候一帧的数据必须分为多次才能读完。所以在读到数据后对读到的数据进行分析。当符合一帧的格式时，将读到的帧传给主类 mainDialog 的静态全局变量中，并触发 doPacket()信号。doPacket()为自定义的信号，在类中只进行声明而不定义。发送时调 emit doPacket()，即可发送。由于该信号已连接到 mainDialog 中的 do_packet_with()槽函数。因此同时也会触发该槽函数的执行。

```
mainDialog=new MainDialog(0,m_ifd);
uartReadThread=new UartReadThread(m_ifd);
connect (uartReadThread,SIGNAL(doPacket()),
        mainDialog,SLOT(do_packet_with()));
uartReadThread->start();
```

(4) 主类 mainDialog 中,除了要创建处理不同任务的子窗口类外,还要为子窗口类设计各自的槽函数,在 mainDialog 中自定义相应的触发信号。通过信号与槽函数的连接,来实现对读取数据包的自动处理。

```
ledCtrlDialog=new LEDCtrlDialog(0,m_ifd);
plcCtrlDialog=new PLCCtrlDialog(0,m_ifd);
rfidCtrlDialog=new RFIDCtrlDialog(0,m_ifd);
htCtrlDialog=new HTCtrlDialog(0,m_ifd);
lightDetectDialog=new LightDetectDialog(0,m_ifd);
airQualityDialog=new AirQualityDialog(0,m_ifd);
lightCtrlDialog=new LightCtrlDialog(0,m_ifd);
alarmDialog=new AlarmDialog(0,m_ifd);
connect(this,SIGNAL(doLed()),ledCtrlDialog,SLOT(do_led_with()));
connect(this,SIGNAL(doPlc()),plcCtrlDialog,SLOT(do_plc_with()));
connect(this,SIGNAL(doRfid()),rfidCtrlDialog,SLOT(do_rfid_with()));
connect(this,SIGNAL(doHt()),htCtrlDialog,SLOT(do_ht_with()));
connect(this,SIGNAL(doLightDetect()),
        lightDetectDialog,SLOT(do_lightdetect_with()));
connect(this,SIGNAL(doAir()),airQualityDialog,SLOT(do_air_with()));
connect(this,SIGNAL(doLightCtrl()),lightCtrlDialog,SLOT(do_lightctrl_with()));
connect(this,SIGNAL(doAlarm()),alarmDialog,SLOT(do_alarm_with()));
```

(5) mainDialog 自定义的信号 doLed()等,在槽函数 do_packet_with()中进行触发。而 do_packet_with()槽函数又是由读串口线程 uartReadThread()中发来的信号 doPacket()触发。也就是在有数据帧从串口发来的时候,判断处理该帧的窗口是否打开,如果打开,则向相应的窗口类发送相应的触发信号。此时的判断方式通过比较数据帧的 id 与 isSubWindowOpen 是否相等。isSubWindowOpen 表示当前打开的窗口,在窗口切换时进行改变。

```
void MainDialog::do_packet_with()
{
    if(currentPacket.id==isSubWindowOpen)
    {
        switch(isSubWindowOpen)
        {
        case 1: emit doLed(); break;
        case 2: emit doPlc(); break;
        case 3: emit doRfid(); break;
        case 4: emit doHt(); break;
        case 5: emit doLightDetect(); break;
        case 6: emit doAir(); break;
        case 7: emit doLightCtrl(); break;
        case 8: emit doAlarm(); break;
        default: break;
        }
```

```
    }
}
```

(6) 以 LED 灯控制为例,控制值为 m_value,将 m_value 写入到帧中,在点击屏幕相关按键后调用 write 函数发送到串口。

```
void LEDCtrlDialog::buttonClicked(const int &key)
{
  ...
    memset(&up_frame,0,sizeof(up_frame));
    strncpy((char *)up_frame.frame_header,"#LY!",4);
    up_frame.frame_type=0x04;
    up_frame.useful_length=0x02;
    up_frame.id=0x01;
    up_frame.data[1]=m_value;
    write(m_ifd,&up_frame,17+up_frame.useful_length);
}
```

(7) 串口处理完正确帧后会返回确认帧,由读线程接收,触发 doPacket()信号,再触发 doLed()信号,最终运行 do_led_with()槽函数,在槽函数中进行相应的处理,最后调用 sendUdpDatagram()函数将数据传送到 Web 服务器上。

```
void LEDCtrlDialog::do_led_with()
{
    unsigned char tmpType;
    unsigned char tmpValue;
    get_frame=MainDialog::currentPacket;
    tmpType=get_frame.frame_type;
    tmpValue=get_frame.data[1];
    ...
    MainDialog::sendUdpDatagram(EM_ID,LED_SEN_ID,tmpValue);
}
```

(8) sendUdpDatagram()同样将传送加入到固定的格式中,调用数据包套接字进行上传。

```
void MainDialog::sendUdpDatagram(char *deviceID,char *sensorID,int data)
{
    char sendMsg[128]={0};
    strcat(sendMsg,"[{\"EMID\":\"");
    strcat(sendMsg,deviceID);
    strcat(sendMsg,"\",\"SENID\" :\"");
    strcat(sendMsg,sensorID);
    strcat(sendMsg,"\",\"TYPE\":\"HUM\",\"VALUE\" :\"");
    sprintf(sendMsg+strlen(sendMsg), "%d",data);
    strcat(sendMsg,"\" }]\r\n");
 udpSocket.writeDatagram(sendMsg,strlen(sendMsg),
 QHostAddress(SERVER_IP),SERVER_PORT);
}
```

16.6 Nginx+php的Web服务器制作

由于移植Nginx+php的Web服务器到龙芯1B的嵌入式开发板上，根据功能与需求需要对该服务器进行相应的裁减与定制。因此在移植之前先要把相关要用到的库编译好。相关库编译如下所示：

zlib

由于zlib库源码的configure脚本不支持交叉编译选项，所以用符号链接反gcc指向我们的交叉编译器mipsel-linux-gcc，在编译完后再改回来即可。

(1) 将gcc指向交叉编译器mipsel-linux-gcc

```
# cd /usr/bin
(备份gcc)
# mv gcc gcc _ bak
(创建gcc到misel-linux-gcc的符号链接)
#ln -s /usr/local/mips/gcc-4.4-ls232/bin/mipsel-linux-gcc gcc
(备份ld)
# mv ld ld _ bak
(创建ld到misel-linux-ld的符号链接)
#ln -s /usr/local/mips/gcc-4.4-ls232/bin/mipsel-linux-ld ld
```

(2) 执行configure生成Makefile

```
$ cd /home/loongsoner/lib/zlib-1.2.3
$ ./configure --prefix=//home/loongsoner/lib/zlib-1.2.3/target --shared
```

(3) 编译安装

```
$ make
$ make install
```

(4) 改回gcc

```
# cd /usr/bin
# mv gcc _ bak gcc
#mv ld _ bak ld
```

libxml2

(1) 解压libxml2-2.7.8.tar.gz

```
$ tar vxf libxml2-2.7.8.tar.gz
$ cd libxml2-2.7.8
```

(2) 执行configure生成Makefile

```
./configure -prefix=/home/loongsoner/lib/libxml2-2.7.8/target--host=mipsel-linux
```

(3) 编译安装

```
$ make
$ make install
```

curl

(1) 解压curl-7.33.0.tar.bz2

```
$ tar vxf curl-7.33.0.tar.bz2
```

$ cd curl-7.33.0

(2) 执行 configure 生成 Makefile

./configure -prefix=/home/loongsoner/lib/ curl-7.33.0/target--host=mipsel-linux

(3) 编译安装

$ make

$ make install

freetype

(1) 解压 freetype-2.3.9.tar.gz

$ tar vxf freetype-2.3.9.tar.gz

$ cd freetype-2.3.9

(2) 执行 configure 生成 Makefile

./configure --prefix=/home/loongsoner/lib/freetype-2.3.9/target--host=mipsel-linux

(3) 编译安装

$ make

$ make install

jpeg

(1) 解压 jpegsrc.v7.tar.gz

$ tar vxf jpegsrc.v7.tar.gz

$ cd jpeg-7

(2) 执行 configure 生成 Makefile

./configure --prefix=/home/loongsoner/lib/jpeg-7/target--host=mipsel-linux

(3) 编译安装

$ make

$ make install

ligpng

(1) 解压 libpng-1.2.37.tar.gz

$ tar vxf libpng-1.2.37.tar.gz

$ cd ligpng-1.2.37

(2) 执行 configure 生成 Makefile

./configure --prefix=/home/loongsoner/lib/ ligpng-1.2.37/target--host=mipsel-linux

(3) 编译安装

$ make

$ make install

16.7 Nginx 移植

Nginx 是一款轻量级的 Web 服务器/反向代理服务器及电子邮件(IMAP/POP3)代理服务器,并在 BSD-like 协议下发行。由俄罗斯的程序设计师 gor Sysoev 所开发,供俄罗斯大型的入口网站及搜索引擎 Rambler 使用。其特点是占有内存少,并发能力强,国内著名的网站如新浪、网易、腾讯等都有使用。

本次所使用的 Nginx 是一个稳定版本 1.4.3。虽然 Nginx 有诸多强大的功能,但在龙芯

1B 嵌入式开发板上，我们只做了简单的移植，用来供网页浏览器可以访问开发板的部分功能。交叉编译 Nginx 源码的时候会遇到相关出错的情况，以下是具体移植的步骤以及相关出错的处理。

(1) 解压 pcre-8.33.tar.gz

$ tar vxf pcre-8.33

(2) 解压 nginx-1.4.3.tar.gz

$ tar vxf nginx-1.4.3.tar.gz

$ cd nginx-1.4.3

(3) 执行 configure 生成 Makefile

./configure --with-pcre =/home/loongsoner/job/web-server/pcre-8.33--with-zlib =/home/loongsoner/lib/zlib-1.2.3 --prefix=/usr/local/nginx --with-debug --with-cc=mipsel-linux-gcc

这里目标文件指定的目录为/usr/local/nginx，因为移植到开发板上，需要拷贝目标文件到相同路径下。

执行 configure 时会出现如下错误：

checking for C compiler ... found but is not working

./configure: error: C compiler mipsel-linux-gcc is not found

原因是 configure 会编译一个小测试程序并运行判断编译器是否正常工作，由于交叉编译器编译出的程序是无法在编译主机上运行的，故而产生一些错误。解决方法将 auto/cc/name 文件的 21 行的"exit 1"注释掉即可。

$ vi auto/cc/name +21

将"exit 1"改为"#exit 1"，退出保存。重新执行以上 configure 语句。

此时又出现错误：

checking for int size ... objs/autotest: 1: Syntax error: word unexpected (expecting ")") bytes

./configure: error: can not detect int size

此处 configure 通过测试程序来获得"int、long、long long"等数据类型的大小，同样由于交叉编译器编译出的程序无法在编译主机上运行而产生的错误。解决方法可以用"gcc"替代"mipsel-linux-gcc"来进行数据类型大小测试。

$ vi auto/types/sizeof +36

将"ngx_test ="$CC $CC_TEST_FLAGS $CC_AUX_FLAGS \
-o $NGX_AUTOTEST $NGX_AUTOTEST.c $NGX_LD_OPT $ngx_feature_libs""中"$CC"改为 gcc，退出保存。重新执行以上 configure 语句。此时就会一路往下执行，最终生成 Makefile。

(4) 编译安装

$ make

会出现错误：

configure: error: cannot run C compiled programs.

If you meant to cross compile, use '--host'

是因为在编译 pcre 源码时，未指定运行平台。解决方法 objs/Makefile

$ vi objs/Makefile +1091

将“./configure-disable-shared”改为：

“./configure-disable-shared-host=mipsel-linux”

重新执行 make，又出现错误：

src/os/unix/ngx_errno.c：In function 'ngx_strerror'：

src/os/unix/ngx_errno.c:37：error：'NGX_SYS_NERR' undeclared (first use in this function)

src/os/unix/ngx_errno.c:37：error：(Each undeclared identifier is reported only once

src/os/unix/ngx_errno.c:37：error：for each function it appears in.)

src/os/unix/ngx_errno.c：In function 'ngx_strerror_init'：

src/os/unix/ngx_errno.c:58：error：'NGX_SYS_NERR' undeclared (first use in this function)

意思是 NGX_SYS_NERR 未定义，解决方法是自行添加该宏定义：

$ vi objs/ngx_auto_config.h

添加：

```
#ifndef NGX_SYS_NERR
#define NGX_SYS_NERR  132
#endif
```

再次重新执行 make，又出现错误：

objs/src/core/ngx_cycle.o：In function 'ngx_init_cycle'：

/home/loongsoner/job/web-server/nginx-1.4.3/src/core/ngx_cycle.c：464：undefined reference to 'ngx_shm_free'

/home/loongsoner/job/web-server/nginx-1.4.3/src/core/ngx_cycle.c：469：undefined reference to 'ngx_shm_alloc'

/home/loongsoner/job/web-server/nginx-1.4.3/src/core/ngx_cycle.c：647：undefined reference to 'ngx_shm_free'

objs/src/event/ngx_event.o：In function 'ngx_event_module_init'：

/home/loongsoner/job/web-server/nginx-1.4.3/src/event/ngx_event.c:526：undefined reference to 'ngx_shm_alloc'

意思是 ngx_shm_free 和 ngx_shm_alloc 函数未定义，解决方法是定义宏 NGX_HAVE_SYSVSHM。

$ vi objs/ngx_auto_config.h

添加：

```
#ifndef NGX_HAVE_SYSVSHM
#define NGX_HAVE_SYSVSHM  1
#endif
```

修改保存后再次执行 make，完成编译。

$ sudo make install

(5) 安装完成目标文件生成在/usr/local/nginx 目录下。将 nginx 目录拷贝到开发板上相同路径。

(6) 修改 nginx 相关配置

```
# cd /usr/local/nginx
# vi conf/nginx.conf
```

第1行,改"#user nobody"为"user root",

添加以下配置,添加php脚本FastCGI监听服务。

```
location ~ \.php$ {
    root            html;
    fastcgi_pass    127.0.0.1:9000;
    fastcgi_param   SCRIPT_FILENAME   $document_root$fastcgi_script_name;
    include         fastcgi_params;
    }
```

(7) 此时,在开发板上运行/usr/local/nginx/sbin/nginx就可启动Nginx服务器了,并且支持php脚本语言。

16.8 php移植

php是一种通用开源脚本语言,主要适用于web开发领域。这里使用的是当前的一个稳定版本5.4.21。移植时可以配置得很丰富,此处只进行简单的处理。

(1) 解压php-5.4.21.tar.bz2

```
$ tar vxf php-5.4.21.tar.bz2
$ cd php-5.4.21
```

(2) 执行configure生成Makefile

```
./configure--prefix=/home/loongsoner/job/web-server/php-5.4.21/target--with-zlib--with-zlib-dir=/home/loongsoner/lib/zlib-1.2.3--with-pdo-sqlite--with-sqlite3--with-freetype-dir=/home/loongsoner/lib/freetype-2.3.9--enable-ftp--with-libxml-dir=/home/loongsoner/lib/libxml2-2.7.8--host=mipsel-linux--with-curl=/home/loongsoner/lib/curl-7.33.0--enable-pdo--without-iconv--with-png-dir =/home/loongsoner/lib/libpng-1.2.37--disable-cli--with-jpeg-dir=/home/loongsoner/lib/jpeg-7
```

(3) 编译安装

```
$ make
$ make install
```

(4) 完成安装生成目标文件在target目录下,复制target/bin目录下的php-cgi文件到开发板执行,并绑定端口为9000

```
# ./php-cgi--b 9000
```

此时,即可在Nginx服务器上运行php脚本程序了。在开发板上创建info.php文件在/usr/local/nginx/html目录下,添加内容为:

```
<?
Phpinfor();
?>
```

保存后通过PC机上的Web浏览器由IP地址访问开发板上该文件,得到结果显示如图16.2所示,则nginx+php的Web服务器移植成功。

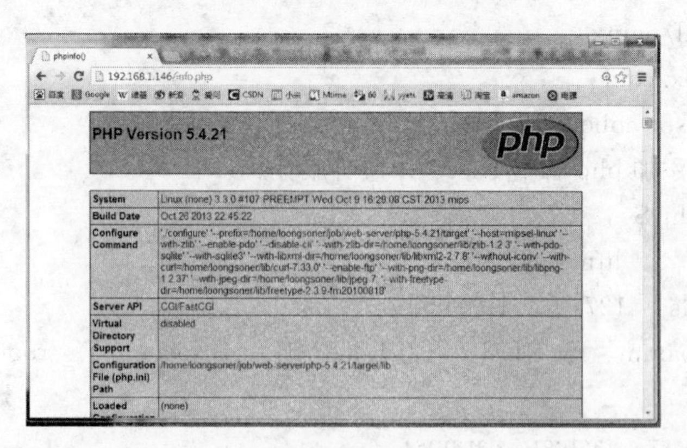

图 16.2　结果显示界面

另外，还可以在 Nginx 中添加 php-fpm 或者 spawn-fcgi 来对 php 进程进行管理，此处简单介绍 spawn-fcgi 的移植。

(5) 解压 spawn-fcgi-1.6.3.tar.bz2

$ tar vxf spawn-fcgi-1.6.3.tar.bz2

$ cd spawn-fcgi-1.6.3

(6) 执行 configure 生成 Makfile，注意，这里使用 gcc-4.4-ls232 编译时会出错，建议使用较低一些版本的编译器如 gcc-3.4.6 或 gcc-4.3。

$ export $ARCH=mipsel

$ echo "ac_cv_func_malloc_0_nonull=yes" > $ARCH-linux.cache

$ ./configure--prefix =/home/loongsoner/job/web-server/spawn-fcgi-1.6.3/target--host=misel-linux--cache-file=mipsel-linux.cache

(7) 编译安装

$ make

$ make install

(8) 安装生成目标文件夹 target，拷贝/target/bin 目录下的 spawn-fcgi 到开发板/usr/local/bin 目录下。运行时执行：

/usr/local/bin/spawn-fcgi-a 127.0.0.1-p 9000-u root-g root-f /usr/local/bin/php-cgi-C5

16.9　基于 QT 的上位机控制平台

QT 上位机控制软件是基于龙芯 1B 微处理器实现的，因此在 QT 上实现对 ZigBee 网络的控制，主要是通过对串口的收发数据进行处理。串口的收发数据符合一定的传送帧格式，通过识别帧进行处理，实现不同的操作。另外 QT 上位机还可以通过访问共享内存借助网关来收发数据。共享内存的使用只需打开源码目录下"protocol.h"中 SHM_MODE 宏即可。

串口的功能实现采用分开读、分开写的方式来进行。因为上位机平台要实时监控串口发来的数据，为了使程序运行不影响串口工作，这里专门开一个线程来读取串口发来的数据。再在主程序运行的过程中设置一个主类，用于全局控制，并设置一些静态变量供全局访问。在不同类之间数据的传送，以及一些动作的进行采用信号的方式触发。

(1) 在启动主界面之前，设计一个 LogoDialog 类，除了显示 logo 图片外，还在此处完成一些初始化工作，如打开串口，启动串口读线程，初始化主类 MainDialog 类。

(2) 打开串口函数定义在 SerialTools 类中，直接调用 Linux 下标准 I/O 的 open 函数，返回文件描述符。该文件描述符作为后续各类构造函数的参数传送给各类，以便在各类中都能访问串口。

```
int SerialTools::openPort(int iIndex)
{
  char buf[16];
  int iFd=-1;
  sprintf(buf, "/dev/ttyS%d", iIndex);
  iFd=open(buf, O_RDWR | O_NOCTTY);
  return iFd;
}
```

(3) 创建主类 mainDialog 和串口读线程 uartReadThread，线程调用 start()函数启动线程运行，通过 connect 连接 uartReadThread 发来的信号和 mainDialog 的槽函数。uartReadThread 线程处理串口读取数据，由于串口一次最多只能读取 8 个字节，有时候一帧的数据必须分为多次才能读完。所以在读到数据后对读到的数据进行分析。当符合一帧的格式时，将读到的帧传给主类 mainDialog 的静态全局变量中，并触发 doPacket()信号。doPacket()为自定义的信号，在类中只进行声明而不定义。发送时调用 emit doPacket()即可发送。由于该信号已连接到 mainDialog 中的 do_packet_with()槽函数，因此同时也会触发该槽函数的执行。

```
mainDialog=new MainDialog(0, m_ifd);
uartReadThread=new UartReadThread(m_ifd);
connect(uartReadThread, SIGNAL(doPacket()),
        mainDialog, SLOT(do_packet_with()));
uartReadThread->start();
```

(4) 主类 mainDialog 中，除了要创建处理不同任务的子窗口类外，还要为子窗口类设计各自的槽函数，在 mainDialog 中自定义相应的触发信号。通过信号与槽函数的连接，来实现对读取数据包的自动处理。

```
ledCtrlDialog=new LEDCtrlDialog(0, m_ifd);
plcCtrlDialog=new PLCCtrlDialog(0, m_ifd);
rfidCtrlDialog=new RFIDCtrlDialog(0, m_ifd);
htCtrlDialog=new HTCtrlDialog(0, m_ifd);
lightDetectDialog=new LightDetectDialog(0, m_ifd);
airQualityDialog=new AirQualityDialog(0, m_ifd);
lightCtrlDialog=new LightCtrlDialog(0, m_ifd);
alarmDialog=new AlarmDialog(0, m_ifd);

connect(this, SIGNAL(doLed()), ledCtrlDialog, SLOT(do_led_with()));
connect(this, SIGNAL(doPlc()), plcCtrlDialog, SLOT(do_plc_with()));
connect(this, SIGNAL(doRfid()), rfidCtrlDialog, SLOT(do_rfid_with()));
connect(this, SIGNAL(doHt()), htCtrlDialog, SLOT(do_ht_with()));
connect(this, SIGNAL(doLightDetect()),
        lightDetectDialog, SLOT(do_lightdetect_with()));
```

```
connect(this, SIGNAL(doAir()), airQualityDialog, SLOT(do_air_with()));
connect(this, SIGNAL(doLightCtrl()), lightCtrlDialog, SLOT(do_lightctrl_with()));
connect(this, SIGNAL(doAlarm()), alarmDialog, SLOT(do_alarm_with()));
```

(5) mainDialog自定义的信号doLed()等,在槽函数do_packet_with()中进行触发。而do_packet_with()槽函数又是由读串口线程uartReadThread()中发来的信号doPacket()触发。也就是在有数据帧从串口发来的时候,判断处理该帧的窗口是否打开,如果打开,则向相应的窗口类发送相应的触发信号。此时的判断方式通过比较数据帧的id与isSubWindowOpen是否相等。isSubWindowOpen表示当前打开的窗口,在窗口切换时进行改变。

```
void MainDialog::do_packet_with()
{
    if(currentPacket.id==isSubWindowOpen)
    {
        switch(isSubWindowOpen)
        {
        case 1: emit doLed(); break;
        case 2: emit doPlc(); break;
        case 3: emit doRfid(); break;
        case 4: emit doHt(); break;
        case 5: emit doLightDetect(); break;
        case 6: emit doAir(); break;
        case 7: emit doLightCtrl(); break;
        case 8: emit doAlarm(); break;
        default: break;
        }
    }
}
```

(6) 以LED灯控制为例,控制值为m_value,将m_value写入到帧中,在点击屏幕相关按键后调用write()函数发送到串口。

```
void LEDCtrlDialog::buttonClicked(const int &key)
{
    ...

    memset(&up_frame, 0, sizeof(up_frame));
    strncpy((char *)up_frame.frame_header, "#LY!", 4);
    up_frame.frame_type=0x04;
    up_frame.useful_length=0x02;
    up_frame.id=0x01;
    up_frame.data[1]=m_value;
    write(m_ifd, &up_frame, 17+up_frame.useful_length);
}
```

(7) 串口处理完正确帧后会返回确认帧,由读线程接收,触发doPacket()信号,再触发

doLed()信号，最终运行 do_led_with()槽函数，在槽函数中进行相应的处理，最后调用 sendUdpDatagram()函数将数据传送到 web 服务器上。

```
void LEDCtrlDialog::do_led_with()
{
    unsigned char tmpType;
    unsigned char tmpValue;
    get_frame=MainDialog::currentPacket;
    tmpType=get_frame.frame_type;
    tmpValue=get_frame.data[1];

    ...

    MainDialog::sendUdpDatagram(EM_ID, LED_SEN_ID, tmpValue);
}
```

(8) sendUdpDatagram()同样将传送加入到固定的格式中，调用数据包套接字进行上传。

```
void MainDialog::sendUdpDatagram(char *deviceID, char *sensorID, int data)
{
    char sendMsg[128]={0};

    strcat(sendMsg, "[{ \"EMID\": \"");
    strcat(sendMsg, deviceID);
    strcat(sendMsg, "\", \"SENID\" : \"");
    strcat(sendMsg, sensorID);
    strcat(sendMsg, "\" ,\"TYPE\": \"HUM\", \"VALUE\" : \"");
    sprintf(sendMsg+strlen(sendMsg) , "%d", data);
    strcat(sendMsg, "\" }]\r\n");

udpSocket.writeDatagram(sendMsg, strlen(sendMsg),
                        QHostAddress(SERVER_IP), SERVER_PORT);
}
```

16.10　基于 Linux C 的网关程序设计

(1) 网关程序的功能类似于 ZigBee 模块协调器的功能，只实现串口数据到其他终端平台数据的转发，并不直接进行控制。控制终端的实现依赖于 QT 界面或者 android 终端等。该网关程序是可裁减定制的。主要参见以下几个宏的定义。

(2) 位于源码目录下"protocol.h"文件中，READ_UART_METHOD 表示选择串口的通信方式，1 表示独立开一个线程，2 表示使用 select 多路利用；SHM_DATA_SUPPROT 表示是否启动共享内存传递数据，该功能主要用于与 QT 终端通信；ACCEPT_STREAM_CLIENT 表示是否开启 TCP/IP 服务器功能，允许远程终端如 android 平台终端软件登录访问。CONSOLE_CONTROL 用于调试，在此模式下可通过命令选择，向串口共享内存或者 TCP/IP

客户端发送数据。

(3) 假如以上几个宏都打开,看看程序是如何工作的。从 main 函数开始,先调用 initial _ mem _ sem()初始化共享内存,主要是创建键值,使用此值分配相应的共享内存。

```
int initial_mem_sem(SHM_DATA **shmaddr, int *psemid)
{
    ...
    if((key1=ftok("/", 0x21)) < 0){
        perror("ftok");
        return -1;
    }

    //用到的信号量键值生成
    if((key2=ftok("/", 0x12)) < 0){
        perror("ftok");
        return -2;
    }

    if((shmid=shmget(key1, sizeof(SHM_DATA), IPC_CREAT|0666)) < 0){
        perror("shmget");
        return -3;
    }
    if((*psemid=semget(key2, 2, IPC_CREAT|0666)) < 0){
        perror("semget");
        return -4;
    }

    if((*shmaddr=(SHM_DATA *)shmat(shmid,NULL,0)) < (SHM_DATA *)0){
        perror("shmat");
        return -5;
    }

    union semun sem_args;
    unsigned short array[2]={0, 0};
    sem_args.array=array;

    if((ret=semctl(*psemid, 1, SETALL, sem_args)) < 0){
        perror("semctl");
        return -6;
    }
    return 0;
}
```

(4) 创建线程调用 analysis_shared_mem()专用于共享内存读资源。

```
void *analysis_shared_mem(void *p)
{
    ZIGBEE_FRAME *m_frame=&(shmaddr->m_frame[1]);
    while(1)
    {
        down(semid, 1);
        shmaddr->flag &=~0x10;

        write(serial_id, m_frame, FRAME_FIX_LEN+m_frame->useful_length);
}
```

(5) 读写共享内存的时候采用信号量锁定资源并释放资源。

```
int up(int semid, int sem_num)
{
    struct sembuf sem_option;
    sem_option.sem_num=sem_num;
    sem_option.sem_op=1;
    sem_option.sem_flg=SEM_UNDO;

    semop(semid, &sem_option, 1);
}

int down(int semid, int sem_num)
{
    struct sembuf sem_option;
    sem_option.sem_num=sem_num;
    sem_option.sem_op=-1;
    sem_option.sem_flg=SEM_UNDO;

    semop(semid, &sem_option, 1);
}
```

(6) 支持控制台调试的话同时再开一个线程调用 io_console_control()用于读取输入的命令,并进行判别处理。

(7) 调用 ethernet_initial()初始化网络,用于启动服务器监听功能。

```
int ethernet_initial(fd_set *rdfs, int *maxfd)
{
    int fd,ret;
    struct sockaddr_in server_addr;

    fd=socket(PF_INET, SOCK_STREAM, 0);
    if(fd < 0)
```

```
    {
        perror("socket error\n");
        return -1;
    }

    server_addr.sin_family=PF_INET;
    server_addr.sin_port=htons(ETHERNET_PORT);
    server_addr.sin_addr.s_addr=htonl(INADDR_ANY); // inet_addr("192.168.1.
112");
    ret=bind(fd, (struct sockaddr *)&server_addr, sizeof(struct sockaddr));
    if(ret < 0)
    {
        printf("bind failed\n");
        return -2;
    }

    listen(fd, 10);

    FD_SET(fd, rdfs);
    *maxfd=fd;

    return 0;
}
```

(8) 最后进行死循环使用 select 多路复用读取接收的数据。

```
    while(1)
    {
#ifdef SELECT_SUPPORT
        current_rdfs=global_rdfs;
        ret=select(maxfd+1, &current_rdfs, NULL, NULL, &dtime);

        if(ret==0)
        {
            dtime.tv_sec=TIME_COUNT_SECONDS;
            dtime.tv_usec=0;
        }
        else if(ret > 0)
        {
            dtime.tv_sec=TIME_COUNT_SECONDS;
            dtime.tv_usec=0;
```

```
        for(i=0; i<=maxfd; i++)
        {
            if(FD_ISSET(i, &current_rdfs))
            {
#ifdef READ_UART_SELECT
            if(serial_id==i)
            {
                uart_read_func(NULL);
            }
#endif
#if defined(READ_UART_SELECT) && defined(ACCEPT_STREAM_CLIENT)
          else
#endif
#ifdef ACCEPT_STREAM_CLIENT
          if(listenfd==i)
          {
            accept_update(listenfd, &global_rdfs, &maxfd);
          }
          else
          {
            memset(buf, 0, sizeof(buf));
            if ((nbyte=recv(i, buf, sizeof(buf), 0)) <=0)
            {
              close(i);
              FD_CLR(i, &global_rdfs);
              clientlist_clr(i, &p_list);
            }
          else
          {
            analysis_ethernet_packet(buf, nbyte);
          }
        }
#endif
      }
    }
  }
  else
  {
    perror("select:");
    goto end;
  }
```

```
#else
    //仅用于阻塞进程
    select(0, NULL, NULL, NULL, 0);
#endif
  }
```

(9) 这里数据主要来源于网络,接收后调用 analysis_ethernet_packet()处理然后发给串口。

```
void analysis_ethernet_packet(unsigned char *m_buf, int len)
{
  ...

  if(*(m_buf+2)<0 || *(m_buf+2)>9 || len<3)
    return;

  lastlen=len-(*(m_buf+2)+PACKET_FIX_LEN);

  //多条数据时进行入栈处理,注意发送时的顺序反相
  //且只处理栈顶不同的元素,同类型后面的数据将忽略
  while(1)
  {
    if(*(c_buf+2)>=0 && *(c_buf+2)<=9)
    {
      strncpy((char *)m_frame.frame_header, "#LY!", 4);
      m_frame.id=*(c_buf+0);
      m_frame.frame_type=*(c_buf+1);
      m_frame.useful_length=*(c_buf+2);

      i=0;
      while(i < m_frame.useful_length)
      {
        m_frame.data[i]=*(c_buf+i+PACKET_FIX_LEN);
        i++;
      }
    }
    else
      return;

    if(lastlen >=PACKET_FIX_LEN)
    {
      c_buf +=*(c_buf+2)+PACKET_FIX_LEN;
```

```
        lastlen -= *(c_buf+2)+PACKET_FIX_LEN;
        push_zstack(&frame_stack, &m_frame);
      }
      else
        break;
    }

    write(serial_id, &m_frame, FRAME_FIX_LEN+m_frame.useful_length);
    ...
}
```

(10) 也有可能数据来自串口，当串口也选择使用多路复用时，串口无论是线程还是多路利用，最终调用 uart_read_func()对数据进行处理。处理时识别正确的数据帧，然后发给各个在线的终端控制平台。

```
void *uart_read_func(void *p)
{
  ....
  //接收串口数据，并对有效的帧进行处理
  while(isStart)
  {
    i=0;
    memset(rbuf, 0, sizeof(rbuf));
    rlen=read(serial_id, rbuf, sizeof(rbuf));
#ifdef READ_UART_SELECT
    if(rlen <=0)
      break;
#endif
    while(i < rlen)
    {
      if(0==step) //步骤 0:识别帧头
      {
        switch(rbuf[i])
        {
        case '#':
          if(0==mcount) mcount++;
          else mcount=0;
          break;

        case 'L':
          if(1==mcount) mcount++;
          else mcount=0;
          break;
```

```
        case 'Y':
          if(2==mcount) mcount++;
          else mcount=0;
          break;

        case '!':
          if(3==mcount)
          {
            step=1;
            memcpy(&tmpFrame, "#LY!", 4);
          }

        default:
          if(0 !=mcount) mcount=0;
          break;
        }
      }
      else if(1==step) //步骤1:读取固定长度的数据部分
      {
        *(tmp+fixLen++)=rbuf[i];
        if(fixLen >=FRAME_FIX_LEN)
        {
          step=2;
          dataLen=tmpFrame.useful_length;
          if(dataLen>FRAME_MAX_DATA_LEN || dataLen<=0)
          {
            tmpFrame.useful_length=0;
            goto update;
          }
        }
      }
      else if(2==step)   //步骤2:读取数据部分
      {
        if(dataLen--)
          *(tmp+fixLen++)=rbuf[i];

        if(dataLen <=0)
        {
update:       fixLen=4;
          step=0;
          //串口重复数据处理,只发送一次
```

```
                if(memcmp(&beforeFrame, &tmpFrame, FRAME_FIX_LEN+tmpFrame.useful_length))
                {
                    //处理数据包
                    analysis_serial_frame(&tmpFrame);
                    memset(&beforeFrame, 0, sizeof(beforeFrame));
                    memcpy(&beforeFrame, &tmpFrame, FRAME_FIX_LEN+tmpFrame.useful_length);
                    memset(&tmpFrame, 0, sizeof(tmpFrame));
                }
            }
        }

        i++;
    }
  }
}
```

第五部分　物联网实战

17　物联网实战教学实验箱

17.1　智能农业

物联网(智能农业)应用平台软件的研发,探索平台运营和软件服务等创新商业模式,进而推广到智能家居安防等多个应用领域。

南京龙渊微电子科技有限公司已完成物联网基站、农业传感器等硬件,新开发自主物联网协议C-MAC、行业应用平台软件、客户终端软件(手机、平板、PC)等,形成全套物联网软硬件平台和行业解决方案。同时探索云计算平台服务、SAAS等商业模式。目前已经在南京建设了智能农业示范工程,在淮安参与了万顷良田的智能农业示范建设。

17.1.1　物联网业务平台

物联网应用系统平台如图17.1所示。

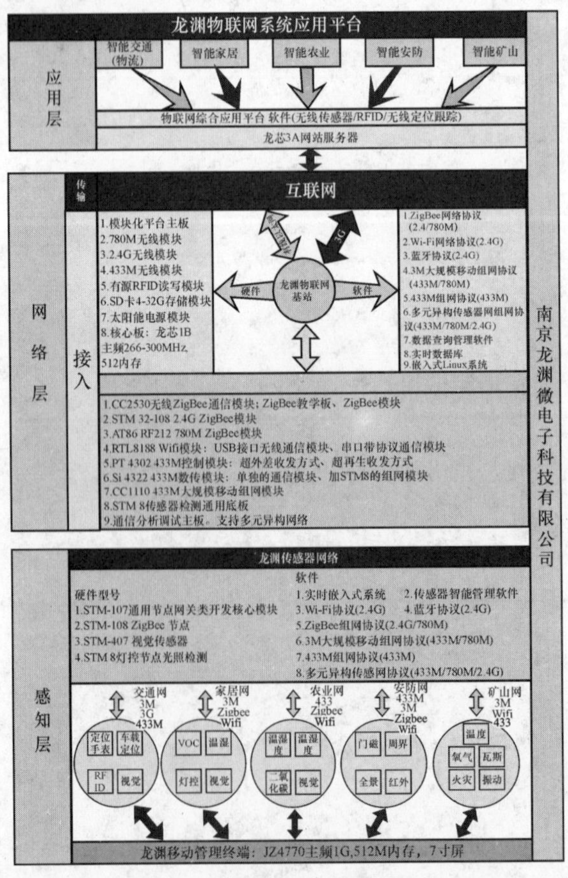

图17.1　物联网应用系统平台

17.1.2　关键技术概述

物联网软件平台是基于国产软硬件，研究物联网从感知层、网络层到应用层的关键技术，开发物联网业务网站、自主物联网协议及无线模块、智能农业应用套件等。

相关子系统包括：智能农业服务网站；物联网基站；自主物联网协议 C-MAC 的无线模块及传感器节点；智能手机终端软件；大数据平台搜索引擎；智能农业数据云中心等。

关键技术及技术指标如下：

(1) C-MAC 自主协议

主要内容：C-MAC 无线通信组网协议，具有国际先进、国内领先水平，其网络拓扑结构，如图 17.2。

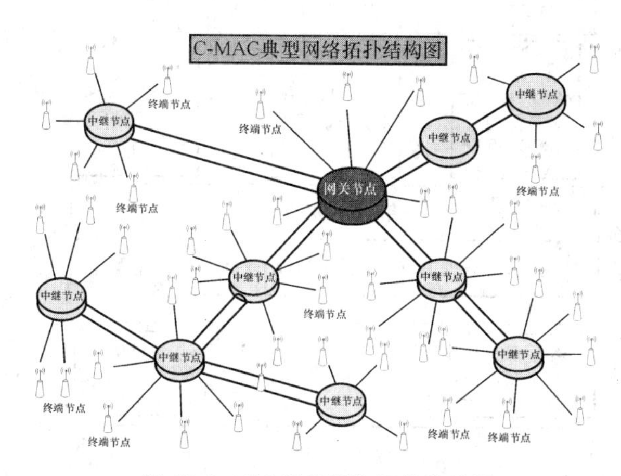

图 17.2　C-MAC 网络拓扑结构图

关键技术：

多级路由：路由级数无限制。

大规模组网：组网节点容量无限制。

即插即用：全自动配置，组网像安装灯泡一样简单。

终端传感节点低功耗：电池寿命可达到 ZigBee 的 5 倍以上。

高可靠，抗干扰：避开易干扰频段可支持多模块多频段的通信，并自适应切换。

高精度无线定位技术：基于向量计算的无线定位。

技术指标：

多级路由：实现 255 级路由。

大规模组网：可容纳 10 万个节点组网。

终端传感节点低功耗：5 000 mA 电池寿命可达 5 年以上。

高精度无线定位技术：实现室内 1 m 级高精度定位。

(2) 无线基站软件设计结构

软件层主要包括驱动设计的移植与运用程序的开发，由于基站的设计中涉及了 Wi-Fi 模块，需要对其的驱动进行交叉编译，并下载测试。由于基站最终实现的与用户的交互的方式是 Web 形式，因此要在主控制器上实现 Web 服务器的移植，为了更好地实现对传感器采集数据的管理，基站移植了 Sqlite 数据库。当用户通过 Web 浏览器向 Web 服务器请求数据时，基站通过 Cgi 接口与数据库进行交互，数据库中的数据是由 WSN 网络中的传感器采集到并通过串口收发程序写入到数据库中的。Web 服务器也可直接通过 Cgi 接口实现对传感器的控制。其大致流程图如图 17.3 所示。C-MAC 协议结构图如图 17.4。

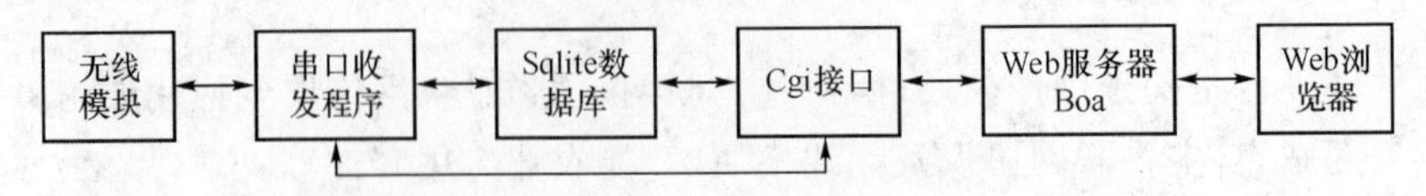

图 17.3 基站软件设计主要流程图

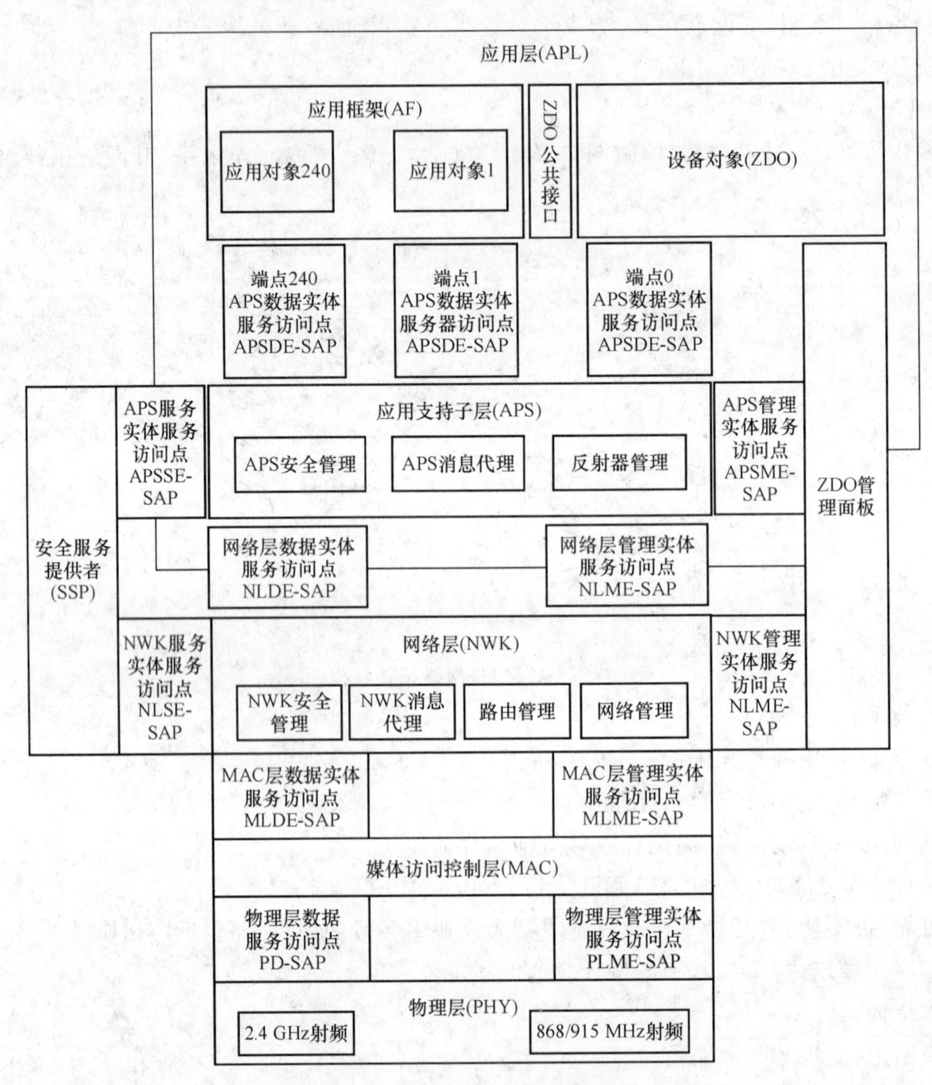

图 17.4 C-MAC 协议结构图

(3) 云计算平台

主要内容：开发智能农业云数据中心平台，支持 C-MAC 无线协议。

关键技术：分布式存储技术。

技术指标：系统容量 100T、10 个分布存储节点，支持 10 000 个传感节点接入。

(4) 物联网基站多协议融合转换

开发内容：基于龙芯 1B，开发无线基站，同时集成多个无线模块，实现多种通信协议转换融合。

关键技术：嵌入式数据库技术；自主物联网通信协议 C-MAC ；云计算平台接入。

技术指标：支持转换协议 C-MAC、Wi-Fi、ZigBee、3G 等。

(5) 大数据平台搜索引擎

开发内容:开发基于传感器数据的大数据平台,定制了大数据传输协议和存储数据库格式。利用该大数据服务平台,开发满足行业专业需求,符合专业用户操作行为的物联网行业端搜索引擎。

关键技术:大数据传输协议和存储数据库格式;专业用户操作行为分析技术;关键数据检索技术。

技术指标:18T 数据全文检索速度 3 s。

(6) 物联网智能农业服务网站

开发内容:开发人机界面,进行数据采集、分析、控制人机界面的各类网站和客户端软件。

关键技术:跨平台终端软件开发;模块化业务定制。

技术指标:网站业务平台通过 Web 页面发布,能接入 10 000 个以上采集点的数据,允许 1 000人在线访问。建设智能农业服务网站 1 个。

(7) 智能手机客户端软件

开发内容:开发人机界面,进行数据采集、分析、控制人机界面的各类网站和客户端软件。

关键技术:跨平台终端软件开发;模块化业务定制。

技术指标:终端软件可以在 PC、智能手机、平板电脑等终端平台上运行。

17.1.3 重点解决的问题

1) C-MAC 无线传感网通信协议软件特点

C-MAC 协议是南京龙渊微电子科技有限公司针对中国物联网实际应用的需求,定制的无线传感网组网协议,在通信距离,组网规模、多级路由、互联网支持等指标上全面超过国外 ZigBee 技术。具有优异的网络稳定性和可靠性,其组网速度耗时为零,所有的设备上电即工作,支持 255～512 级路由和几万节点的超大组网规模。物理层采用了很多先进的无线通信技术如跳频、自适应速率、安全可靠的全网无线唤醒技术 、交织纠错编码等;链路层采用智能的碰撞避免算法,具有优异的抗干扰能力。拥有灵活的休眠技术,所有的组网设备都可以休眠,有同步和异步两种休眠模式。模块提供了极为丰富的参数配置,集成用户不需要对现有设备、协议做任何修改,也不需要对模块进行二次开发便可以轻松实现无线组网,可直接连接传感器,直接管理太阳能电池,自动接入互联网平台。为用户节省大量的研发时间和费用的同时提供了业界最先进的无线组网方案,满足对性能、功耗和成本的苛刻要求,解决业界的难题。

2) 物联网业务平台功能

(1) 数据采集管理:

①传感器参数包括:时间、地址、温度、湿度、光照度、二氧化碳、土壤含水量等可自定义。

②客户服务器模式:通过互联网采集客户端服务器上的数据库信息,并对应保存在网站数据库中。

③客户终端模式:从互联网上采集上网的传感器终端的数据并保存在网站数据库中。

通过后台可定制添加参数和修改各个参数的名称,数据可按日期查询,数据可按日导出为 xls 等文件。

(2) 数据展示:

①图表展示:各种参数如温度、湿度可单独进行列表图和曲线图展示,分日、星期,分月、年进行展示。也可以将各种参数在一张列表和曲线图上同时展示。

②实时数据展示:在温室的模型图上进行展示,实时显示各种参数,可以用不同的图标代表相应的参数,如温度计代表温度、小太阳代表光照度等。温室模型图可以更换为实际温室的照

片，各种传感器的小图标可在模型图上移动，对应实际摆放的位置。

③不同温室的展现方式：

栏目展示：以栏目方式代表各个温室，每个温室一个栏目，可在后台添加和修改。

地图展示：主页面显示一个基地的平面图，每个温室的小图标分布在平面图内，可显示一些基本信息。点击温室图标进入单独温室的页面。

(3) 数据分析：

①历史数据比对：和去年同期曲线进行比对。

②结合气象预报对未来室内环境变化进行预测，预警。

(4) 设备控制：

①手动控制远程设备如：风机、幕帘、喷淋、加温等(需通过网络和远程终端控制系统)。

②自动控制远程设备：和传感系统相关联，由自动控制软件根据传感器参数按照程序或专家系统自动控制远程设备，实现对环境参数的改变，使其保持在理想的状态。

③视频监控：

可添加网络摄像头，实现在线视频监视，并和各个传感器的位置对应。

④报警系统：

可设置电话、手机短信、网络邮箱等报警方式，对环境参数的异常进行报警。

⑤账号系统：

a. 设置网站管理员、温室客户、访客等不同账号组，有不同的权限级别，可自定义用户组。

b. 温室客户可以建立自己的基地栏目和主页面，主页面可显示基地的基本情况，客户可以申请域名转向。

ⅰ. 土壤水分传感模块(见表 17.1)

表 17.1　土壤水分传感模块的主要参数

项目	指标
测量参量	被测样品中的体积水分百分含量
应用主对象	土壤
量程	水分精确测量量程 0.05 ～ 0.50 $m^3 \cdot m^{-3}$ 水分全量程 0 ～ 1.0 $m^3 \cdot m^{-3}$
测量精度	水分测量精度：±1%(体积%，以被测土壤进行校正)±2%(体积%，直接测量)
盐碱度导致的水分测量误差	不大于±3.5%(体积%，在 0～40%土壤体积%内)
电耗	20 mA(特征值)
供电电压	9～12 V DC
输出信号	电流环输出：4～20 mA(或 0～20 mA)
感应体积	60mm(长) × 30mm (直径)
环境绝缘	符合 IP68 标准
工作环境	0～+60 ℃

ⅱ. 新型安防用传感器(见表 17.2)

同时具备红外入侵检测和摄像头功能，两种设备配合使用。红外入侵传感器主要检测移动物体并报警，同时激活摄像头，对异常情况进行拍照取证，并在线传输到管理主机。在设防期间，大部分的时间里传感器都只发布周期的简单的安全信号，采用 C-MAC 无线网络最为合适。当有人入侵时，触发红外入侵传感器，发出报警信号，同时激活摄像头，拍下入侵者的照片，通过

Wi-Fi 宽带网络传输到管理主机。

表 17.2　新型安防用传感器配置

名称	红外和摄像头传感器
主控芯片	STM32
传感器模块 1	集成红外线入侵传感器
传感器模块 2	集成摄像头
射频芯片 1	Si4432 芯片 用于 C-MAC 和 780 频段的通信
射频芯片 2	RT 8188 用于 2.4 G Wi-Fi 通信
存储	1G TF 卡，用于组建缓冲数据库
智能选网协议	片上集成
缓冲数据库	缓冲数据库大小 512 M 左右

ⅲ. 智能农业温湿光与摄像头二合一传感器(见表 7.3)

表 17.3　智能农业二合一传感器配置

名称	智能农业用温湿光和摄像头传感器
主控芯片	STM32
传感器模块 1	集成温湿光传感器
传感器模块 2	集成高清摄像头
射频芯片 1	STM32 芯片 进行 780 频段的通信
射频芯片 2	RT 8188 用于 2.4G Wi-Fi 通信
存储	1G TF 卡，用于组建缓冲数据库和软件存储
智能选网协议	片上集成
缓冲数据库	缓冲数据库大小 512 M 左右

3) 物联网基站(网关)

负责联系和中转多个无线网络(Wi-Fi、C-MAC)的数据，并接入到互联网上的数据应用平台，以实现若干物联网应用。物联网基站配置如表 17.4 所示。图 17.5 所示是一无线网关。

表 17.4　物联网基站配置

<table>
<tr><td colspan="2">型号</td><td colspan="2">凌云物联网网关(基站)</td></tr>
<tr><td colspan="2">处理器</td><td colspan="2">3251(龙芯 1B)，266～300 MHz</td></tr>
<tr><td rowspan="2">存储器</td><td rowspan="2">内存</td><td>Nandflash</td><td>1～4 G</td></tr>
<tr><td>SDRAM</td><td>256～512 M</td></tr>
<tr><td colspan="2">有线网络支持</td><td colspan="2">100 M(1 000 M)网口 1 个</td></tr>
<tr><td colspan="2" rowspan="5">无线网络模块</td><td colspan="2">集成 C-MAC(C-MACM/780M)模块</td></tr>
<tr><td colspan="2">支持 3G/GPRS 模块</td></tr>
<tr><td colspan="2">可选 Wi-Fi</td></tr>
<tr><td colspan="2">可选 ZigBee(2.4 G/780 M)模块</td></tr>
<tr><td colspan="2">可选 C-MAC/315 M 无线模块</td></tr>
<tr><td colspan="2">无线通信距离</td><td colspan="2">C-MAC：5 000 m；Wi-Fi：100 m；ZigBee：70 m</td></tr>
</table>

续表 17.4

操作系统		嵌入式 Linux
电池(基站)		5 000 mA　锂聚合电池
云平台接口		支持上海引跑 AppOne 云平台,博大光通云 GtiBee 云平台
太阳能供电(基站)		支持 10 W～20 W 太阳能电池板
卫星定位(基站)		集成北斗/GPS 卫星导航模块
I/O 接口	USB	1 个
	SD 卡	支持各类 SD 卡(部分型号)

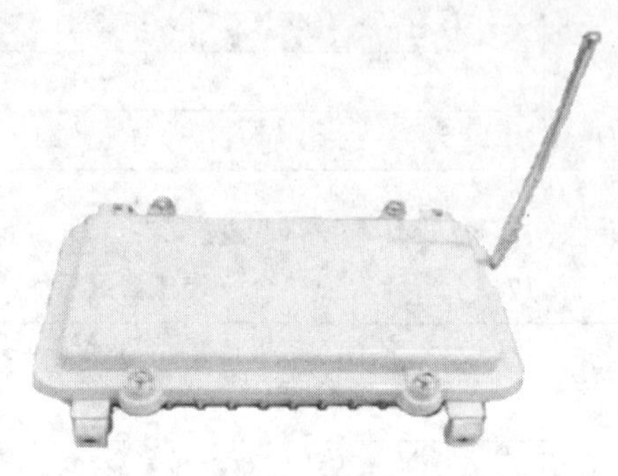

图 17.5　无线网关

4）物联网移动管理终端

移动管理终端由外围感知接口、中央处理模块和外部通信接口三部分组成。通过外围感知接口与传感设备连接,将这些传感设备的数据进行读取并通过中央处理模块处理后,按照网络协议,通过外部通信接口,用于对无线传感器网络节点的移动管理和控制,如 GPRS 模块、ZigBee、Wi-Fi 等方式发送到指定中心处理平台或者基站接入到互联网。物联网移动终端配置见表 17.5。

表 17.5　物联网智能移动终端配置表

产品型号		物联网智能移动终端	
处理器		JZ4770 主频:1 GHz	
存储器	内存	Nandflash	4 G
		DDR2	512 M
显示屏		7 英寸 LCD 显示屏	
屏幕分辨率		800×480	
视频支持		1 080 P 高清	
无线网络模块		集成 2.4 G 和 780 M ZigBee 模块 (中国标准)	
		集成 Wi-Fi 功能、集成 蓝牙功能	
		3 G 模块选配	
		GPS 或北斗模块选配	
RFID		集成 RFID 读/写功能	
定位模块		北斗/GPS	
摄像头		内置 200 万摄像头	

续表 17.5

无线通信距离		ZigBee:50～500 m;Wi-Fi:100 m;3 M:1 000 m
操作系统		嵌入式 Linux、RT-Thread
I/O 接口	USB	micro Sub
	视频传输	Mini HDMI
	SD 卡	micro SD 卡
物理特性	整机尺寸	$L\times H\times T$=193.0 mm×117 mm×14 mm
	重量	0.4 kg

5）云终端

云龙系列云计算终端是云计算产业的核心终端产品(见图 17.6)。基于龙芯 CPU 技术,具备自主知识产权。与 PC 机相比,集成度高,功耗低,成本低,性价比高,安全性高,接口丰富。适用于呼叫中心、培训中心、学校以及证券交易大厅等场所。和互联网云计算服务中心配合,可实现各种云计算应用,并确保技术自主可控。云终端性能设计参数见表 17.6。

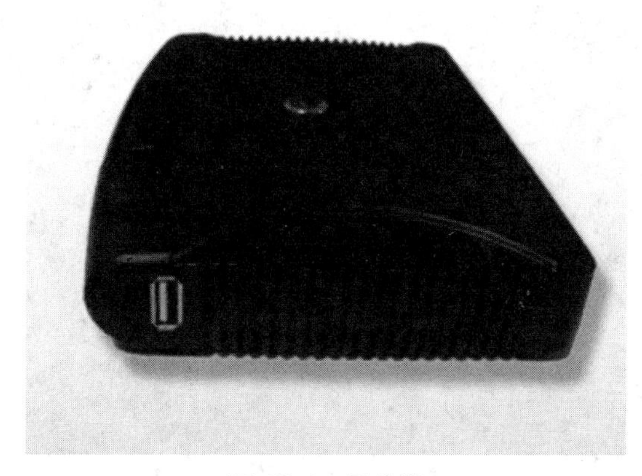

图 17.6　云终端

表 17.6　云终端性能设计参数

产品型号		云终端	
处理器		SoC3250 300 MHz	
存储	内存	Nandflash	64 M～4 G
		SDRAM	64 M～256 M
声卡		AC97 ALC203 芯片	
网卡		8201CP 芯片	
操作系统		Windows 2000 专业版/服务器版、Windows XP 农业版/专业版/媒体中心版、Windows 2003 服务器版、Linux 系统	

续表 17.6

I/O 接口	USB	1～4 个
	视频传输	VGA 显示输出
	鼠标键盘	PS2 接口
	SD 卡	支持各类 SD 卡
	串口	标配 1 个，可扩展多个
	音频输出	1～5 声道输出
	音频输入	MIC 接口
物理特性	整机尺寸	$L \times H \times T = 123\ \text{mm} \times 123\ \text{mm} \times 28\ \text{mm}$
	重量	0.50 kg
系统特性	云终端操作响应速度	0.1～0.5 s
	网络数据响应延迟	低于 150 ms
	成本	150～200 元
	能耗	3～5 W

图 17.7～图 17.14 所示是物联网在智能农业中应用实例。

图 17.7　丁集日光温室无线测控系统界面

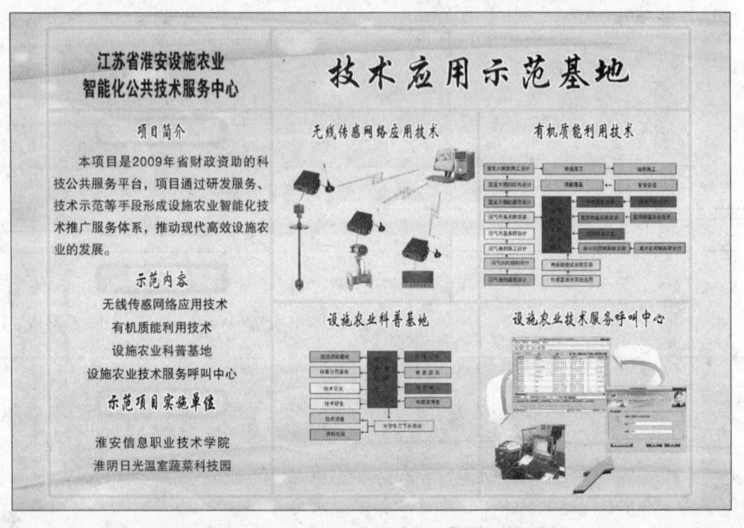

图 17.8　丁集技术应用示范基地概况

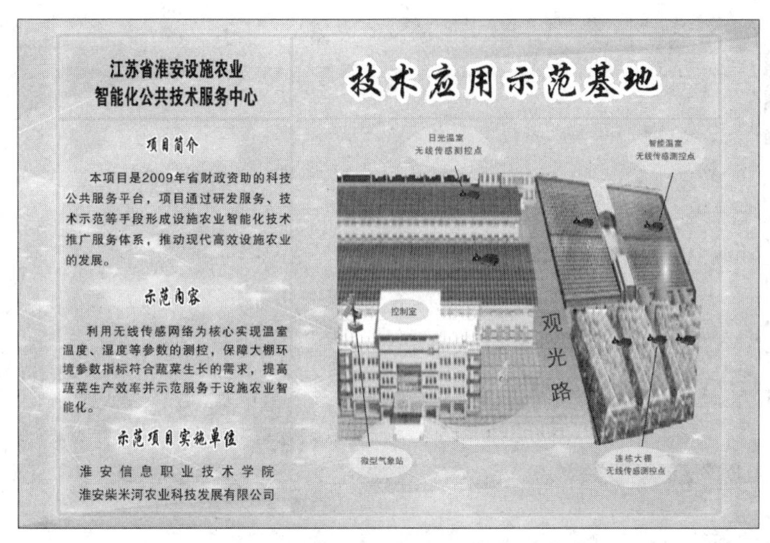

图 17.9 柴米河技术应用示范基地概况

图 17.10 淮安农业科学院技术应用示范基地无线测控系统界面

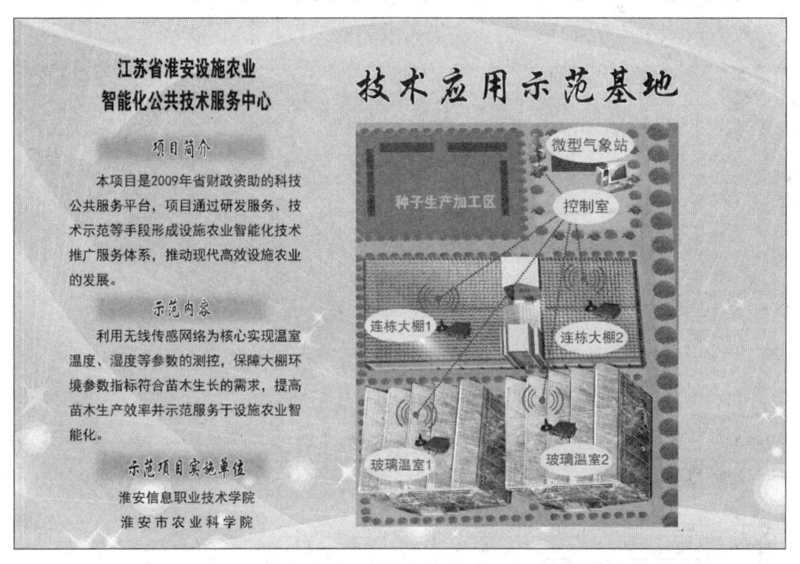

图 17.11 淮安农业科学院技术应用示范基地概况

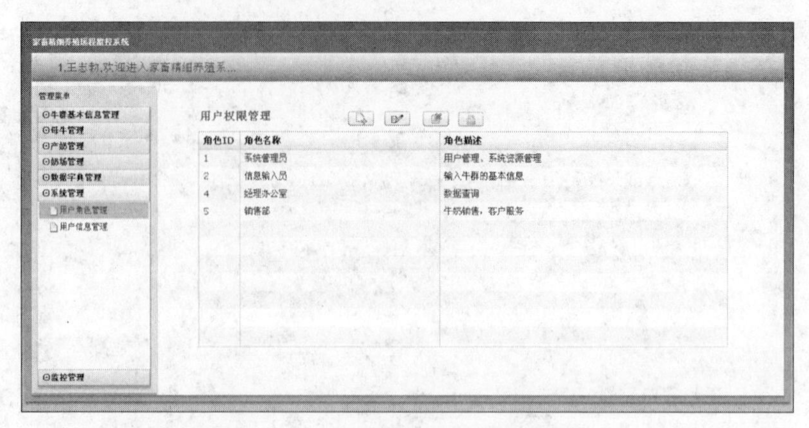

图 17.12　奶牛精细化养殖管理系统

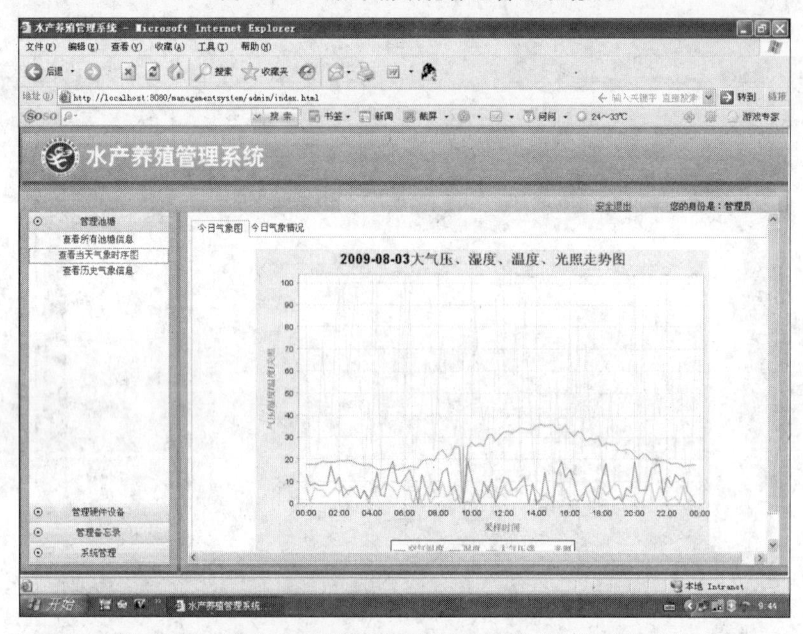

图 17.13　5000 亩龙虾养殖基地的龙虾养殖远程监控系统

图 17.14　淮安设施农业技术服务呼叫中心平台

17.2　智能家居

采用国产软硬件和多元异构组网技术，构建高效、安全的智能楼宇家居管理系统，并依托于江宁开发区完成示范工程。主要开发温湿光、空气质量等多种室内无线传感器和物联网网关、移动管理终端、应用平台软件、远程监控和视频等。

前期在翠屏科创园实现楼宇办公室的环境无线监测、无线照明开关和用电管理、视频监控安防、信息广播等功能，达到智能用电、节能减排、安全管理、远程监控与视频等目的 P　CVY0 -，后期 V 在开发区 321 计划等人才公寓中，实现上述应用以及社区服务采购、家庭与超市农场智能对接、远程监控与控制等创新模式的智能家居安防示范。VC 项目分三期投资 2 000 万元，实施企业和家庭用户示范达 10 000 户以上。尤其是最早安装的实时温湿度数据采集监测和智能控制，是政府办公节能减排的重要措施。

17.2.1　采用的关键技术

采用云计算平台、分布式架构和模块化设计，安全可控。具有可配置性、扩展性、兼容性和持续升级能力，能够适应用户规模增长、新应用配置和新业务需求的不断变化。

(1) 物联网应用平台

将基于龙芯物联网网关搭建物联网应用系统平台，采用分布式结构和模块化设计，可以在平台上自由添加各个厂家的各种物联网应用模块，比如用在智能家居上，可添加家庭安防应用模块，如：人体感应传感器、红外线报警器、网络摄像头；家庭照明应用模块，如：PLC 电力线载波灯控器、无线灯控器。由于开发了统一的应用平台接口，支持各种行业标准，所以第三方的厂家可以很方便地将自己的物联网应用产品集成到平台之中，大大降低了集成成本，推动了物联网产品的普及。

(2) 云计算平台

云计算指 IT 基础设施的交付和使用模式，指通过网络以按需、易扩展的方式获得所需资源；广义云计算指服务的交付和使用模式，指通过网络以按需、易扩展的方式获得所需服务。这种服务可以是 IT 和软件、互联网相关，也可是其他服务。云计算的核心思想，是将大量用网络连接的计算资源统一管理和调度，构成一个计算资源池向用户按需服务。提供资源的网络被称为“云”。“云”中的资源在使用者看来是可以无限扩展的，并且可以随时获取，按需使用，随时扩展，按使用付费。云计算的产业三级分层：云软件、云平台、云设备。云计算平台可以划分为 3 类：以数据存储为主的存储型云平台，以数据处理为主的计算型云平台以及计算和数据存储处理兼顾的综合云计算平台。

GTiBee 无线云传感网通信协议崭新的 MAC 子层和物理层设计理念，以强大的云计算为基础，可以大大提高传感网的性能并减低传感网内组网硬件的成本。此创新技术属于国际领先水平，对中国的物联网芯片和系统应用产业具有重大的贡献和意义。

现有物联网通信系统中的局域无线传感网系统，例如 ZigBee，Wireless HART，Wireless M-Bus 等还在成长之中，但是一个普遍的问题是系统扩张的问题，即 problem of scaling。当节点数量较多时，传送距离，耗能，延迟等方面的重大缺陷就显示出来了。这是由于通用组网芯片对体积小，耗能低和价格低的要求比较严格，因此芯片内部硬件功能有限，不易将复杂灵活的通信协议以嵌入式软件形式写入。因此，现有 WSN 传感网的协议都相对简单，系统可靠性，柔韧性等都受到限制，系统扩张是个比较难解决的问题。

GTiBee无线云传感网通信协议以云计算技术为基础，将比较复杂的通信协议实施在计算和存储资源丰富的云端，减低了节点对硬件资源的要求，减少了嵌入式软件程序的复杂性。由于云端承担了主要的计算任务，节点的通信协议得到了简单化，而系统可靠性得到了大幅度的提高。此技术可以较好地解决系统扩张的问题，适用于大规模高密度高可靠性物联网系统应用，对下一代物联网通信技术的发展有着较深远的影响。

(3) 网络应用代理技术

采用了网络应用代理技术，可以在满足网关客户上网的同时保证网络的安全。

①包过滤技术：其原理在于监视并过滤网络上流入流出的包，拒绝发送那些可疑的包。

②代理服务技术：其原理是在网关计算机上运行应用代理程序，运行时由两部分连接构成，一部分是应用网关同内部网用户计算机建立的连接，另一部分是代替原来的客户程序与服务器建立的连接。通过代理服务，内部网用户可以通过应用网关安全地使用Internet服务，而对于非法用户的请求将予拒绝。代理服务技术与包过滤技术不同之处，在于内部网和外部网之间不存在直接连接，同时提供审计和日志服务

③网络地址转换技术：其原理如同电话交换总机，当不同的内部网络用户向外连接时，使用相同的IP地址(总机号码)；内部网络用户互相通信时则使用内部IP地址(分机号码)。内部网络对外部网络来说是不可见的，防火墙能详尽记录每一个内部网计算机的通信，确保每个数据包的正确传送。

④虚拟专用网VPN技术：虚拟专用网(VPN)是局域网在广域网上的扩展，是专用计算机网络在Internet上的延伸。VPN通过专用隧道技术在公共网络上仿真一条点到点的专线，实现安全的信息传输。虽然VPN不是真正的专用网络，但却能够实现专用网络的功能。

⑤审计技术：通过对网络上发生的各种访问过程进行记录和产生日志，并对日志进行统计处理，从而对网络资源的使用情况进行分析，对异常现象进行追踪监视。

⑥信息加密技术

(4) 网关异构网络互连与互操作

由于当前物联网应用中由于环境的差异和需要广泛采用了不同的网络结构，如无线摄像头采用Wi-Fi网络、医疗产品用蓝牙网络、小型传感器用ZigBee网络，安防传感器采用315/433网络，所以当要进行统一的管理时候必然面对各种异构网络互连与互操作的问题。通过统一地址转换、数据映射关系管理等方式实现以上技术，这些分散的网络资源可以进行互连和互操作，以便网络用户可以和其他用户一起共享文件和电子函件，或者访问企业的数据资源。此外，可交互操作环境是使用群件和工作流软件应用程序的基础，它可使机构中所有用户都能一起或以组的形式访问和分享这些应用程序。

(5) 传感器集成与数据融合

开发家庭多功能传感器，将温度、湿度、光照度、VOC(挥发性有机化合物)、人体感应等多种传感器集成为一体，并对采集的数据进行融合，形成综合传感数据日志。此技术将大大降低家庭传感器的采购数量和成本，并形成统一可查的传感器数据文件以便查询。

(6) 视觉测识别与异常行为识别

将开发视觉测识别与异常行为识别技术，用在网络摄像头监控上，对楼宇门口附近的人的可疑行为进行识别。比如人像识别和可疑人员的识别，比如陌生人反复在门口附近出现，可能为偷窃前的踩点，视频系统可以自动进行识别并发出警报，提醒物业进行盘查。比如多人聚集，并有暴力行为的时候也可进行识别报警，联系保安及时介入。

采用的技术有：

①基于模板匹配的运动人体异常行为识别方法。主要包括视频图像的获取，行为特征提取，基于样本的统计学习与模式识别技术。利用计算机视觉技术分析和理解人的运动，直接基于运动区域的几何计算进行行为识别并进行记录和报警，运用了高斯滤波去噪和邻域去噪相结合实现去噪，提高了智能监控系统的自主分析性能和智能监控能力，对异常行为有较高的识别准确性，能有效去除视觉采集图像的复杂背景和噪声，提高了检测算法的效率和鲁棒性。

②基于减背景的人体前景提取算法，智能视频监控中的数字图像处理、模式识别和计算机视觉等关键技术，研究异常行为检测方法。首先对四种基于减背景的人体前景提取算法进行了研究来提取人体前景，然后通过基于前景连通区域像素统计的人数判断方法，获取电梯轿厢内人数信息，最后针对单人和多人情况采取不同的异常行为检测方式。对于多人的情况，主要检测的是类似打斗这样的异常行为。通过采集视频图像，计算人体前景像素数量的变化、前景外接矩形的长宽变化以及前景外接矩形的中心变化这三个相关特征，并组成三维人体运动特征向量。对于获得的三维特征向量，研究了三种聚类方法，并通过对特征向量数据使用聚类算法，得到观察符号序列。利用得到的观察符号序列对人体正常行为模式建立隐马尔可夫模型，根据与正常行为隐马尔可夫模式的比较来识别多人异常行为。对于单人情况，主要检测的是类似于突发疾病而倒地长时间静止不动的异常行为。首先通过研究基于二值图的人体轮廓跟踪方法获取人体初始轮廓；然后使用了 Snake 方法，并通过此方法获得更接近人体形状的人体轮廓；最后通过 Hausdorff 算法来对连续两帧图像中获得的人体轮廓进行匹配度计算，通过计算一段时间内的人体前后帧的轮廓匹配程度，来判断人体是否处于长时间静止不动的异常状态。开发了基于 C 语言的视频异常行为智能检测系统，详细介绍各个模块的实现，并在模拟的环境中进行了相关测试。

③利用行人的移动轨迹特征来判断是否发生异常行为。利用背景相减法来检测是否有目标的存在，并利用目标的各种信息来追踪行人；建立目标行为模型，利用模型有效地识别目标的各种行为；利用轨迹对比的方式完成相关事件的轨迹检索，并供后续查询。

④从人体行为动作的近似运动周期出发，对人体异常行为进行识别。首先采用混合高斯模型的背景差分法提取出人体运动目标，然后对人体形状的变化进行分析来获取该人体运动的近似周期，将人的行为序列分解为一系列的近似运动周期单元，并提取某一近似运动周期单元的 R 变换特征，最后通过动态时间规整法来决定不同人体运动的类别归属。

⑤基于梯度方向直方图与 MILBoost 的行人检测方法。该方法采用梯度方向直方图，AdaBoost 算法，MILBoost 算法，实现了对图像中行人的快速检索。运用梯度方向直方图的方法提取检测对象的特征，首先通过 AdaBoost 对特征进行初步的筛选，然后使用 MILBoost 对筛选得到的特征进行组合训练得到最终判别所需的分类器。通过大量的实验对比我们可以看到：加入了 MILBoost 的行人检测的算法对于多姿态、多尺度的行人有很好的检测效果。

⑥基于光流监视器和时空连通性描述的异常行为检测方法。该方法基于光流法，将监控的场景划分为多个区域，每个区域有一个监控器可以对异常的光流运动进行报警，根据异常行为的发生是一个连续的过程，则必然存在一定的时空的连通特征，以此判断是否具有异常行为的发生。这样我们有效地降低了由于个别的噪声光流的扰动带来的误检，提高了检测的效率。

(7) 视觉传感智能分析一体化

楼宇视频系统采用视觉传感智能分析一体化技术，网络摄像头在视频传感的同时进行图像分析，如轮廓提取、边缘拟合、图形面积、图形周长等，并能对运动和异常物体自动进行跟踪，对火灾、暴力等进行自动的识别和报警。利用各类图像获取传感器，包括监控摄像机、手机、数码相机，获取人、车、物图像或视频，并采用智能分析技术对视觉信息进行处理，为后续利用提供支撑。它是未来物联网中的重要组成部分，具有广泛的应用前景。智能视觉物联网(视觉传感器+传输+智能分析)主要特点是：

①视觉信息获取和处理——智能视觉物联网利用大量固定或移动的图像采集设备作为结点，通过有线或无线传输网络为介质传输、对目标标签物体的身份及其实时状态进行智能分析，构造了一体化集成视觉物联网平台，使这些网络实体可以在无需人工干预的条件下进行协同信息理解。

②视觉标签——智能视觉物联网对视觉感知范围的人、车或其他物件进行“贴标签”，并辅以标签属性包括名称、ID、属性、地点等。

③网络中视觉信息挖掘——对视觉传感网所覆盖大范围中的目标标签进行关联，识别挖掘各类目标的运动轨迹，并分析其行为。

(8) Wi-Fi 技术

Wi-Fi，其实就是 IEEE802.11b 的别称，是由一个名为“无线以太网相容联盟”(Wireless Ethernet Compatibility Alliance，WECA)的组织所发布的业界术语，中文译为“无线相容认证”。它是一种短程无线传输技术，能够在数百英尺范围内支持互联网接入的无线电信号。随着技术的发展，以及 IEEE 802.11a 及 IEEE 802.11g 等标准的出现，现在 IEEE 802.11 这个标准已被统称作 Wi-Fi。从应用层面来说，要使用 Wi-Fi，用户首先要有 Wi-Fi 兼容的用户端装置。

(9) 无线天线的设计和解决模块和其他无线信号干扰的技术

对于短距离无线通信设备来说，天线的设计关系到通信距离的问题。辐射模型、增益、阻抗匹配、带宽、尺寸和成本等因素，会影响我们对于天线的选择和设计。目前，国内普通的 ZigBee 芯片均工作在 2.4 G 频段，也就是 ISM 频段。工作于这个频段的无线技术很多，常见的还有 Bluetooth(蓝牙)，Wi-Fi(无线局域网)等。

可以选择的天线有 PCB 天线、Chip 天线和 Whip 天线。具体的这三种天线的优劣如下：

PCB 天线低成本，可以达到较好的性能，在频率高的情况下尺寸小、效率高的天线设计困难，在频率低情况下尺寸较大。

Chip 天线体积小性能中等、成本中等。

Whip 天线性能好成本高、很多情况下不适用。

(10) 780 M 无线频道

ZigBee 支持的频道更广，特别是支持中国标准的 780 M 频道，适用性更好。

780 M 频道是国家短程无线个域网 GB/T 15629.15～2010 标准的频段。780 MHz 无线通信最大的优点是“干净”，避免了 2.4 G、433 M 频段内民用无线设备的干扰，将会是物联网行业的中流砥柱之一。而且 780 M 频道的通信距离也更远，更适合我国国情。竞争对手产品不支持 780 M 频道。产品是专门集成了 780 M 频道的无线模块，具有更好的适用性。

780 MHz 无线传感网模块可以衍生出有源 RFID(即 Active RFID)、无线传感网节点、路由和网关，还可以和其他网络模块配合进行网络融合、跨网络使用。

780 M 与 2.4 G、433 M 频道的参数对比见表 17.7。

表 17.7 三种频道的参数对比

典型参数	2.4 GHz	433 MHz	780 MHz
通信频率	该频段有蓝牙、Wi-Fi 以及其他短距离无线技术，同时家用的微波炉也在该频段范围内，用户比较多，设备间的兼容性和共存性是将要面对的问题	该频段有对讲机，车载通信设备，业余通信设备等，受环境干扰比较大，而且采用单频点工作，不能有效抵抗因遮挡而产生的多径效应，造成通信不可靠	780 MHz 频段符合 IEEE 802.15.4C 中国频段规范要求，同时符合 RFID 800 M、900 M 频段要求，工作在 UHF 低频频段，绕射能力更强
通信能力	穿过细小缝隙传输的能力比低频信号好，更多通过建筑物表面反射信号来实现绕障碍物传输	绕射能力比较强，传输距离比较远。但系统通信技术采用落后的窄带调幅技术，一般在 5～25 kHz	绕射能力好，可绕过障碍物，传输距离更远，抗多径衰减效果好
功　耗	功耗偏高，在电池供电情况下，可持续工作时间短	功耗大，发射机和天线体积庞大，大量使用会给人员健康带来影响	同样的发射功率下，传输距离更远，即同样的传输距离下，耗费的能量更小，更环保更节能
安全性	安全性高，采用 AES－128 数据加密算法	系统安全保密性差，很容易被攻击，被破译	安全性高，采用 AES－128 数据加密算法

(11) RFID 技术

射频识别即 RFID(Radio Frequency IDentification)技术，又称电子标签、无线射频识别，是一种通信技术，可通过无线电讯号识别特定目标并读写相关数据，而无需识别系统与特定目标之间建立机械或光学接触。

采用 2.4 G 有源电子标签和 13.5 无源标签，以及 2.4 G 读写器。

17.2.2 系统方案

系统方案分为社区智能照明与用电管理系统、环境温湿度监测系统、楼宇智能安防系统三个大系统，并有机地结合为一个统一的智能应用平台，如图 17.15。后期可在室外建立社区物联网公共平台，使得智能家居向外进行延伸，和社区气象、社区医疗、社区市场系统

图 17.15 智能家居方案

广泛的联系起来，并可以商业运营。

(1) 基本配置

①物联网智能无线网关

支持多种异构网络：3 G、ZigBee、蓝牙、Wi-Fi、433/315、GTiBee 无线云传感网通信协议。

物联网智能无线网关是整个系统的核心，负责联系和中转多个无线网络（Wi-Fi 网络、ZigBee 网络、蓝牙网络等）的数据，并通过互联网实现若干物联网应用。该网关同时集成 Wi-Fi、蓝牙、ZigBee、GTiBee 4 个无线模块，可以实现和无线局域网、无线传感网的无缝通信。此外还提供丰富的外部接口，4 个 USB、1 个串口可以外接 3G 模块、其他无线模块，实现更多的无线网络的支持。网关内部集成多种网络协议，尤其是多个 ZigBee 应用协议，实现对多个企业的应用协议的兼容，并提供开放的通用 ZigBee 应用协议。表 17.8 是物联网无线网关配置表，网关产品样板及使用图分别如图 17.16、17.17 所示。

表 17.8　物联网无线网关配置表

产品型号	智龙无线网关		
处理器		SoC3251　266 MHz	
存储器	内存	Nandflash	1 G
		SDRAM	256～512 M
有线网络支持		100 M 网口 1 个	
POE 供电		支持	
无线网络模块		集成 780 M ZigBee 模块（中国标准）	
		集成 Wi-Fi 模块	
		集成 蓝牙模块	
		集成 3G/GPRS	
		集成 315/433 M 模块，支持 GTiBee 无线云传感网通信协议	
无线通信距离		ZigBee：50～500 m；Wi-Fi：100 m；蓝牙：10 m	
操作系统		嵌入式 Linux 、RT-Thread	
I/O 接口	USB	2 个	
	SD 卡	支持各类 SD 卡	
物理特性	整机尺寸	$L\times H\times T$=190 mm×120 mm×50 mm	
	重量	0.7 kg	
能耗		3～5 W	

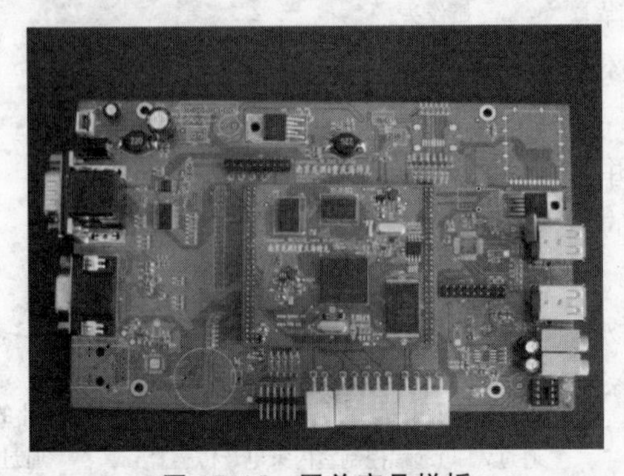

图 17.16　网关产品样板

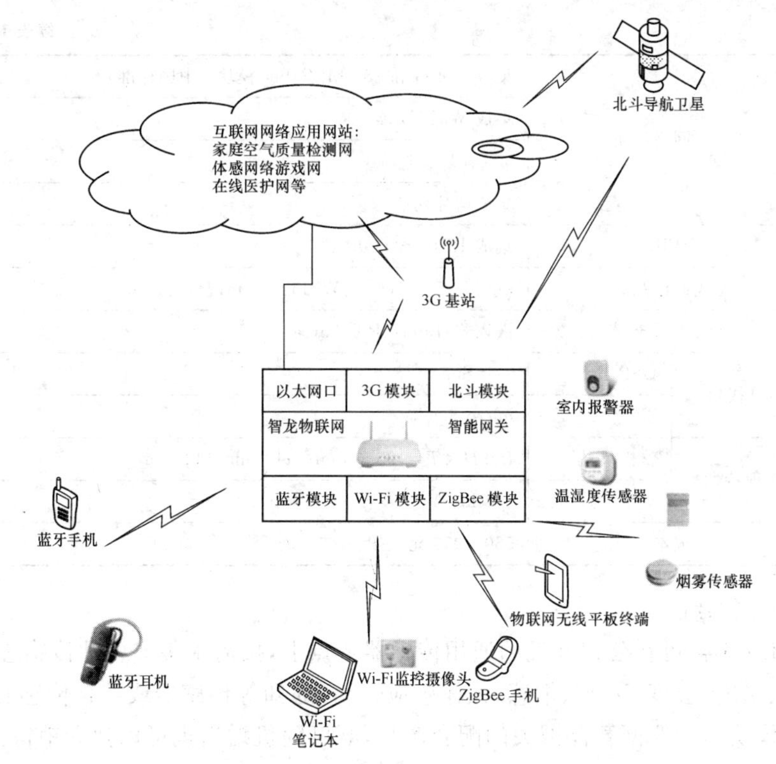

图 17.17　物联网网关使用图

②家庭信息终端

7 寸平板电脑(壁挂或台座式);

各种传感器、设备的显示和控制;

家庭电子商务,物业支付平台、刷卡、电子钱包、网购;

电子标签读写、条形码、二维码读写;

生活信息平台、生活资讯、广告。

物联网智能移动终端采用现在比较成熟的 Wi-Fi、Bluetooth(蓝牙)、3G 以及最新兴起的无线传感网 ZigBee 无线模块,根据物联网传感网络的数据收集,处理和应用管理方面的需要。利用先进的嵌入式 CPU,DDR2 内存,NAND 存储器和一些外围模块;通过 Android4.0 系统来运行物联网应用软件,把设备做成集 ZigBee 数据收集、分析和应用管理于一体的终端设备,实现若干物联网应用的操作管理。物联网智能移动终端特别集成了 780M 的 ZigBee 无线模块,是业内首个集成 ZigBee 无线模块的平板电脑终端之一。表 17.9 是物联网智能移动终端配置表。

表 17.9　物联网智能移动终端配置表

产品型号		智龙无线网关	
处理器		JZ4770 1 GHz	
存储器	内存	Nandflash	1 G
		DDR2	512 M
显示屏		7 英寸 LCD 显示屏	
屏幕分辨率		800×480	
视频支持		1 080 P 高清	

续表 17.9

无线网络模块		集成 2.4 G 和 780 M ZigBee 模块（中国标准）
		集成 Wi-Fi 功能
		3 G 模块　选配
		集成蓝牙功能
RFID		集成 RFID 读写功能
无线通信距离		ZigBee：50～500 m；Wi-Fi：100 m；蓝牙：10 m
操作系统		嵌入式：Linux、RT-Thread
I/O 接口	USB	2 个 Sub
	SD 卡	micro SD 卡
物理特性	整机尺寸	$L\times H\times T=193.0$ mm×117 mm×14 mm
	重量	0.4 kg
成本		550～950 元

（2）环境监测系统

家庭综合传感器：可在公司开发的通用传感器节点上，按需求集成各种传感芯片和模块，形成不同的光照、温度、湿度、VOC、烟感、人体感应、语音通知等传感器或综合传感器。

无线应用模块是物联网智能网关的配套产品，既可随机赠送也可以独立销售。包括无线温湿度计、无线体感手环、无线 RFID 读卡器、无线遥控器等产品，可实现各种无线应用。各类传感器均支持 ZigBee 或蓝牙、Wi-Fi 网络协议。

（3）照明与用电管理系统

系统由无线照明调光开关、LED 灯具、智能插座、电动窗帘和家庭智能网关、智能家居移动管理终端构成。无线照明调光开关可以支持遥控器控制、网关远程控制、手工滑动控制等多种控制方式。开关集成了光照传感器和红外人体感应传感器，可以根据光照度，主人到来的情况自主控制照明灯的开关，并自动调节 LED 灯的照明强度，有电动窗帘的还可以和电动窗帘联动，白天有室外光的时候优先使用电动窗帘。

①照明遥控开关

主控芯片：STM8；

控制方式：人工触摸滑动、无线遥控器、无线网关遥控；

调光方式：可控硅无级调光；

通信模块：433 M Si4432/ GTiBee。

②无线智能计量插座

主控芯片：STM8；

控制方式：无线网关遥控、无线遥控器、手动开关；

通信模块：433 M Si4432/ GTiBee。

（4）安防系统

①无线智能摄像头

无线智能摄像头可以对实时获取的视频信息进行分析，得到是否有入侵、徘徊等危险行为，并通过网络报警。由于报警采用的是窄带网络，可以节约有限网络带宽，便于实现大规模的布点。配置如下：

控制芯片：STM32～407；主频 168 MHz；

摄像头：500 万像素高清摄像头；

嵌入式视频智能识别算法：识别环境因子如烟雾；火焰；降雨；聚集；移动；占道，属于国内先进水平。

无线模块：Wi-Fi。

②无线门磁

无线门磁可探测到门窗的开关状态，并通过无线模块发出信号到无线网关进行报警。配置如下：

控制芯片：STM8；

报警方式：门磁感应器；

无线模块：433 M Si4432；

电池续航力：一年。

17.2.3 智能家居示范案例

前期在南京某科创园实现楼宇办公室的环境无线监测、无线照明开关和用电管理、视频监控安防、信息广播等功能，达到智能用电、节能减排、安全管理、远程监控与视频等目的，后期在开发区 321 计划等人才公寓中，实现上述应用以及社区服务采购、家庭与超市农场智能对接、远程监控与控制等创新模式的智能家居安防示范。

具体示范包括的产品内容见表 17.10。

表 17.10 智能家居示范的产品内容

序号	类别	内容
1	基本设备	家庭物联网网关(双网口，集成 ZigBee、Wi-Fi、蓝牙无线模块，支持 3G 网卡)300 台
		家庭信息触摸终端(7 寸触摸屏，集成 ZigBee、Wi-Fi、蓝牙无线模块，支持 3G 网卡)300 台
		客厅综合传感器(集成温度、湿度、光照、人体感应、显示屏和语音报告、采用 ZigBee、蓝牙或 X10 网络模块)300 台
		家庭卧室综合传感器(集成温度，湿度，光照，人体感应、空气质量、采用蓝牙、ZigBee、或 X10 网络模块)300 台
		厨房多功能传感器(可燃气体、油烟、火灾烟感)300 台
		无线照明开关 900 只
	选配设备	无线门磁 100 台
		无线窗磁 100 台
		电动窗帘 50 台
		手腕无线血压计 20 台
		手臂无线血压仪 20 台
		无线血糖伴侣 20 台
		运动及生活规律手表 20 台
		无线人体秤 100 台
		网络摄像头 100 台
		其他传感器 300 台
2	设备安装，综合布线	
11	物联网基站	物联网基站 4 个，实现室外无线物联网的覆盖
13	物联网公共平台中心	信息中心由 4 台服务器组成

17.3 智能医疗

采用云计算平台、分布式架构和模块化设计，依托基站式物联网的强大数据采集功能。把数据融合与业务协同等关键技术应用到智能分析专家系统、社区居民医护、公众健康服务、紧急救护服务、重症监护及救治、院内治疗、医疗设备与药品器械的管理等方面，和健康在线的云平台进行无缝通信，安全可控，具有可配置性、扩展性、兼容性和持续升级能力，能够适应用户规模增长、新应用配置和新业务需求的不断变化，而采用低成本、便携式、物联网终端的方案具有适应社会发展需要的推广价值和典型的示范效应，能够极大地推动公共医疗服务水平。

17.3.1 关键技术概述

(1) 多功能接口云计算平台

云计算起源于大型互联网企业。对于互联网企业，成本压力和指数级的业务增长压力使他们关注于物理资源的利用率和应用的可扩展性。在应用服务器这层，通过 Cluster Session 来实现水平扩展；在数据存储这层，采用基于 BASE 模型的 NOSQL 数据存储来实现扩展。目前互联网企业主导面向公众服务的公有云 PaaS 平台，如 Google App Engine 和 Amazon Beanstalk。对于公有云 PaaS 平台，PaaS 就是云环境下的应用部署平台。对于个人用户或者简单应用来说，公有云 PaaS 平台使得开发人员仅关注应用逻辑开发本身，不用把精力花费在基础实施和应用的扩展和维护上。所谓企业级 PaaS 平台，主要包含两类，一是大型企业内部的私有云 PaaS 平台，另一类是面向 ISV 厂商的 PaaS 平台。然而对于企业级 PaaS 平台，PaaS 不仅仅是云环境下的应用部署平台。抛开安全问题不讲，私有云 PaaS 平台和公有云 PaaS 有如下核心区别：①复杂的多租户模型：对于公有云 PaaS 平台，其租户模型是（用户-> 应用-> 应用实例），一个用户可以部署多个应用，每个应用可以有多个运行时实例，应用实例共享资源池。对于一个大型企业，一个大部门可能是一个租户，大部门下面的子部门也是一个租户；或者一个 SaaS 应用系统的一个实例就是一个租户。对于租户的资源使用，大部门租户是共享资源池里面的资源，也可能某些关键租户需要独占一些资源以保证安全。②已有应用的兼容：企业的历史应用都是基于关系型数据库的，某些 PaaS 平台不支持关系型数据存储，即使是简单的已有应用都无法迁移到 PaaS 平台上。③复合应用的构建：企业 On-Premise 应用在很长一段时间内都是要存在的，私有云 PaaS 平台要成为 On-Premise 和公有云之间的桥梁。私有云 PaaS 平台除了是应用部署平台外，还需要提供集成和方便构建复合应用的能力，就是 Gartner 所提的 iPaaS 能力。企业级 PaaS 平台不仅仅是应用部署平台，而且是复杂多租户环境和复杂应用环境下的共享基础设施平台，是 On-Premise 部署通往公有云部署的必经之路。

其中，PaaS 是 Platform as a Service 的缩写，意思是平台即服务。把服务器平台作为一种服务提供的商业模式。通过网络进行程序提供的服务称之为 SaaS(Software as a Service)，而云计算时代相应的服务器平台或者开发环境作为服务进行提供就成为了 PaaS。

PaaS 的优势：所谓 PaaS 实际上是指将软件研发的平台（计世资讯定义为业务基础平台）作为一种服务，以 SaaS 的模式提交给用户。因此，PaaS 也是 SaaS 模式的一种应用。但是，PaaS 的出现可以加快 SaaS 的发展，尤其是加快 SaaS 应用的开发速度。在 2007 年国内外 SaaS 厂商先后推出自己的 PaaS 平台。PaaS 之所以能够推进 SaaS 的发展，主要在于它能够提供企业进行定制化研发的中间件平台，同时涵盖数据库和应用服务器等。PaaS 可以提高在 Web 平台上利用的资源数量。

用户或者厂商基于 PaaS 平台可以快速开发自己所需要的应用和产品。同时，PaaS 平台开发的应用能更好地搭建基于 SOA 架构的企业应用。此外，PaaS 对于 SaaS 运营商来说，可以帮助他进行产品多元化和产品定制化。

PaaS 能将现有各种业务能力进行整合，具体可以归类为应用服务器、业务能力接入、业务引擎、业务开放平台，向下根据业务能力需要测算基础服务能力，通过 IaaS 提供的 API 调用硬件资源，向上提供业务调度中心服务，实时监控平台的各种资源，并将这些资源通过 API 开放给 SaaS 用户。PaaS 主要具备以下三个特点：①平台即服务：PaaS 所提供的服务与其他的服务最根本的区别是 PaaS 提供的是一个基础平台，而不是某种应用。在传统的观念中，平台是向外提供服务的基础。一般来说，平台作为应用系统部署的基础，是由应用服务提供商搭建和维护的，而 PaaS 颠覆了这种概念，由专门的平台服务提供商搭建和运营该基础平台，并将该平台以服务的方式提供给应用系统运营商；②平台及服务：PaaS 运营商所需提供的服务，不仅仅是单纯的基础平台，而且包括针对该平台的技术支持服务，甚至针对该平台而进行的应用系统开发、优化等服务。PaaS 的运营商最了解他们所运营的基础平台，所以由 PaaS 运营商所提出的对应用系统优化和改进的建议也非常重要。而在新应用系统的开发过程中，PaaS 运营商的技术咨询和支持团队的介入，也是保证应用系统在以后的运营中得以长期、稳定运行的重要因素；③平台级服务：PaaS 运营商对外提供的服务不同于其他的服务，这种服务的背后是强大而稳定的基础运营平台，以及专业的技术支持队伍。这种“平台级”服务能够保证支撑 SaaS 或其他软件服务提供商各种应用系统长时间、稳定的运行。PaaS 的实质是将互联网的资源服务化为可编程接口，为第三方开发者提供有商业价值的资源和服务平台。有了 PaaS 平台的支撑，云计算的开发者就获得了大量的可编程元素，这些可编程元素有具体的业务逻辑，这就为开发带来了极大的方便，不但提高了开发效率，还节约了开发成本。有了 PaaS 平台的支持，Web 应用的开发变得更加敏捷，能够快速响应用户需求的开发能力，也为最终用户带来了实实在在的利益。

(2) 基于健康在线云计算物联网平台的整体示范点建设整体方案如图 17.18 所示。

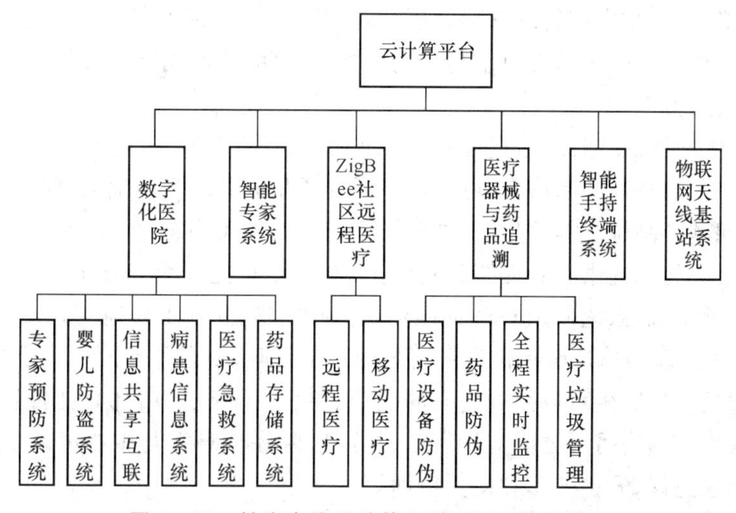

图 17.18　健康在线云计算物联网平台的示范点

(3) 基站式物联网天线系统

物联网天线基站系统属于物联网感知层和传输层两层之间的接入层网络设备，负责感知层多种无线局域网融合统一，并与互联网的接入，具有一定智能管理能力和 WSN 多元异构网络融合、互联网的接入、网站数据库访问、无线定位功能、支持网络管理、自我检测、安全监控等功能。

17.3.2 示范内容和方式

具体说来，主要示范内容包括以下五个方面：

1）数字化医院

物联网在医疗信息管理等方面具有广阔的应用前景。目前医院对医疗信息管理的需求主要集中在以下几个方面：身份识别、样品识别、病案识别。其中，身份识别主要包括病人的身份识别、医生的身份识别，样品识别包括药品识别、医疗器械识别、化验品识别等，病案识别包括病况识别、体征识别等。

具体应用分为以下几个方面：

(1) 病患信息管理。病人的家族病史、既往病史、各种检查、治疗记录、药物过敏等电子健康档案，可以为医生制订治疗方案提供帮助；医生和护士可以做到对病患生命体征、治疗化疗等实时监测信息，杜绝用错药、打错针等现象，自动提醒护士进行发药、巡查等工作。

(2) 医疗急救管理。在伤员较多、无法取得家属联系、危重病患等特殊情况下，借助 RFID 技术的可靠、高效的信息储存和检验方法，快速实现病人身份确认，确定其姓名、年龄、血型、紧急联系电话、既往病史、家属等有关详细资料，完成入院登记手续，为急救病患争取了治疗的宝贵时间。目前该技术在美国 wellfordhall 治疗中心已经得到应用。

(3) 药品存储。将 RFID 技术应用在药品的存储、使用、检核流程中，简化人工与纸本记录处理，防止缺货及方便药品召回，避免类似的药品名称、剂量与剂型之间发生混淆，强化药品管理，确保药品供给及时、准备。

(4) 血液信息管理。将 RFID 技术应用到血液管理中，能够有效避免条形码容量小的弊端，可以实现非接触式识别，减少血液污染，实现多目标识别，提高数据采集效率。

(5) 药品制剂防误。通过在取药、配药过程中加入防误机制，在处方开立、调剂、护理给药、病人用药、药效追踪、药品库存管理、药品供货商进货、保存期限及保存环境条件等环节实现对药品制剂的信息化管理，确认病患使用制剂之种类、记录病人使用流向及保存批号等，避免用药疏失，保证病患用药安全。

(6) 医疗器械与药品追溯。通过准确记录物品和患者身份，包括产品使用环节的基本信息、不良事件所涉及的特定产品信息、可能发生同样质量问题产品的地区、问题产品所涉及的患者、尚未使用的问题产品位置等信息，追溯到不良产品及相关病患，控制所有未投入使用的医疗器械与药品，为事故处理提供有力支持。我国于 2007 年首先试验建立了植入性医疗器械与患者直接关联的追溯系统，系统使用 GSI 标准标识医疗器械，并在上海地区的医院广泛应用。

(7) 信息共享互联。通过医疗信息和记录的共享互联，整合并形成一个发达的综合医疗网络。一方面经过授权的医生可以翻查病人的病历、患史、治疗措施和保险明细。患者也可以自主选择或更换医生、医院；另一方面支持乡镇、社区医院在信息上与中心医院实现无缝对接，能够实时地获取专家建议、安排转诊和接受培训等。

(8) 新生儿防盗系统。将大型综合医院的妇产科或妇儿医院的母婴识别管理、婴儿防盗管理、通道权限相结合，防止外来人员随意进出，为婴儿采用一种切实可靠防止抱错的保护。

(9) 报警系统。通过对医院医疗器械与病人的实时监控与跟踪，帮助病人发出紧急求救信号，防止病人私自出走，防止贵重器件毁损或被盗，保护温度敏感药品和实验室样本。

2）智能专家系统

专家系统是一个智能计算机程序系统，其内部含有大量的某个领域专家水平的知识与经验，能够利用人类专家的知识和解决问题的方法来处理该领域问题。也就是说，专家系统是一个具有大量的专门知识与经验的程序系统，它应用人工智能技术和计算机技术，根据某领域一个或多个专家提供的知识和经验，进行推理和判断，模拟人类专家的决策过程，以便解决那些需要人类专家处理的复杂问题，专家系统 expert system 运用特定领域的专门知识，通过推理来模拟通常由人类专家才能解决的各种复杂的、具体的问题，达到与专家具有同等解决问题能力的计算机智能程序系统。它能对决策的过程作出解释，并有学习功能，即能自动增长解决问题所需的知识。

3）ZigBee 社区及医院远程医疗监护

远程医疗监护，主要是利用物联网技术，构建以患者为中心，基于危急重病患的远程会诊和持续监护服务体系。远程医疗监护技术的设计初衷是为了减少患者进医院和诊所的次数。根据美国疾病控制中心(CDC)2005 年的报告，大约 50%的美国人至少患有一种慢性疾病，他们的治疗费用占全美 2 万亿美元医疗支出的 3/4 以上。除了高额的高科技治疗和手术费用外，医生的例行检查、实验室检测和其他监护服务支出大约有几十亿美元。随着远程医疗技术的进步，高精尖传感器已经能够实现在患者的体域网(body-area)范围内实现有效通信，远程医疗监护的重点也逐步从改善生活方式转变为及时提供救命信息、交流医疗方案，目前有关技术主要包括：专为生物医学信号分析而设计的超低功率 DSP、低采样速率/高分辨率的 ADC、低功耗/超宽带射频、MEMS 能量收集器。

(1) 远程医疗。将农村、社区居民的有关健康信息通过无线和视频方式传送到后方，建立个人医疗档案，提高基层医疗服务质量；允许医生进行虚拟会诊，为基层医院提供大医院大专家的智力支持，将优质医疗资源向基层医疗机构延伸；构建临床案例的远程继续教育服务体系等，提升基层医院医务人员继续教育质量。

(2) 移动医疗。通过监测体温、心跳等一些生命体征，为每个客户建立一个包括该人体重、胆固醇含量、脂肪含量、蛋白质含量等信息的身体状况，实时分析人体健康状况，并将生理指标数据反馈到社区、护理人或相关医疗单位，及时为客户提供饮食调整、医疗保健方面的建议，也可以为医院、研究院提供科研数据。

4）医疗器械与药品的监控管理

借助物资管理的可视化技术，可以实现医疗器械与药品的生产、配送、防伪、追溯，避免公共医疗安全问题，实现医疗器械与药品从科研、生产、流动到使用过程的全方位实时监控。传统的 RFID 技术被广泛应用在资产管理和设备追踪的应用中，人们希望通过立法加强该技术在药品追踪与设备追踪方面的应用。根据世界卫生组织的报道，全球假药比例已经超过 10%，销售额超过 320 亿元，中国药学会有关数据显示，我们每年至少有 20 万人死于用错药与用药不当，有 11%～26%的不合格用药人数。以及 10%左右的用药失误病例。因此，RFID 技术在对药品与设备进行跟踪监测、整顿规范医药用品市场中起到重要作用。根据“全球保健和医药应用市场”的报告，2011 年的 RFID 在保健和医药应用市场中的收入已增长到 23.188 亿美元，年复合增长率将达到 29 名。其中，药品追踪市场的年复合增长率将接近 32.8%，医疗设备追踪市场的年复合增长率会达到 28.9%。具体来说，物联网技术在物资管理领域的应用方向有以下几个方面：

(1) 医疗设备与药品防伪。

RFID 标签依附在产品上的身份标识具有唯一性，难以复制，可以起到查询信息和防伪打假的作用,将是假冒伪劣产品一个非常重要的查处措施。例如,把药品信息传送到公共数据库中,患者或医院可以将标签的内容和数据库中的记录进行核对,方便地识别假冒药品。

(2) 全程实时监控。药品从科研、生产、流通到使用整个过程中,RFID 标签都可进行全方位的监控。特别是出厂的时候,在产品自行自动包装时,安装在生产线的读取器可以自动识别每个药品的信息,传输到数据库,流通的过程中可以随时记录中间信息,实施全线监控。通过药品运送及储存环境条件监控,可达成运送及环境条件监控。确保药品品质。当出现问题时,也可以根据药品名称、品种、产地、批次及生产、加工、运输、存储、销售等信息,实施全程追溯。

(3) 医疗垃圾信息管理。通过实现不同医院、运输公司的合作,借助 RFID 技术建立一个可追踪的医疗垃圾追踪系统,实现对医疗垃圾运送到处理厂的全程跟踪,避免医疗垃圾的非法处理。目前,日本已经展开了这方面的研究,并取得了较好的效果。

5) 基站式物联网无线系统

物联网天线社区基站系统是把单个社区或医院区域组成一个局域无线传感网络,属于物联网感知层和传输层两层之间的接入层网络设备,负责感知层多种无线局域网融合统一,也就是把社区居民或医院患者的体征信息实时传到云服务健康平台,便于互联网的接入,具有一定智能管理能力。

主要功能如下:

(1) WSN 多元异构网络融合

基站通过不同的无线模块接入到不同的无线网络中,采集各种类型的无线传感器的数据,并融合在统一的数据库中,可支持内存数控库以提高速度,对外的管理终端、互联网提供整合后的数据。目前可能支持的 WSN 网络有:2.4G ZigBee、2.4 G Wi-Fi、780 M VNET、433 M。基站间的通信使用 2.4 G 或 5.8 G。基站提供最多 5 个天线孔,可以根据具体需求自由组合各种无线模块。

(2) 互联网的接入

基站可通过有线以太网和手机蜂窝接入到互联网。集成 GPRS/3G 无线模块,可根据具体需求自由组合接入方式。

(3) 网站数据库访问

基站可通过互联网自动接入网络数据库,进行读写,为具体应用提供数据基础。

(4) 无线定位功能

基站可以带 GPS/北斗模块,实现卫星定位功能,并支持对无线终端的相对定位,结合起来实现对无线终端的绝对定位。

(5) 数据的存储备份

基站支持小型数据库,支持 4~32 G SD 卡存储。数据定期进行备份,在与数据服务器通信短暂中断的时候,可以记录一段时间的数据。

(6) 支持网络管理

自带 Web 服务器,支持远程浏览器访问,进行数据查询和管理控制。

(7) 自我检测

基站内部环境检测:温度、湿度。

(8) 安全监控

基站自带震动和断路传感器,对基站机体的碰撞,机壳的打开,机体的位移进行检测报警,可配套摄像头,拍摄现场情况。

17.3.3 技术方案

智能医疗的物联网平台的整体结构(如图 17.19)。

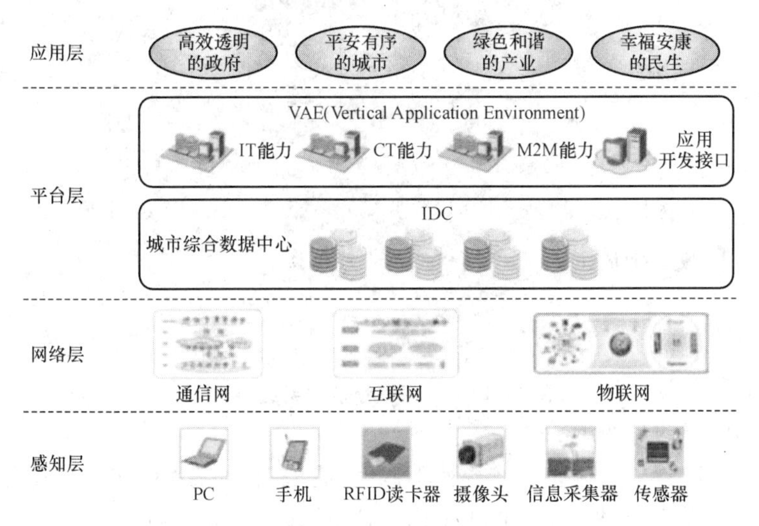

图 17.19 健康在线云计算物联网平台结构

1）感知层

(1) 社区远程医疗监护系统的实现方式如下:需要进行医疗实时监护的业主随身携带生理参数采集器或 RFID 信息卡,采集器是利用了最新的传感器技术、数字信号处理技术(Digtal Signal Processing,DSP)、计算机技术、通信技术、网络技术等的一项综合技术,提供了一种通过对生理参数进行连续监测来研究远地对象的生理功能的方法。

感知层的一个重要载体就是"RFID 腕带",其中包括患者姓名、性别、年龄、职业、挂号时间、就诊时间、诊断时间、检查时间、费用情况等信息。患者身份信息的获取无须手工输入,而且数据可以加密,确保了患者身份信息的唯一来源,避免手工输入可能产生的错误,同时加密维护了数据的安全性。此外,腕带还有定位功能,佩戴腕带的人再也不能偷偷溜出医院了。

社区医疗监护系统的框图及架构如图 17.20、图 17.21 所示。

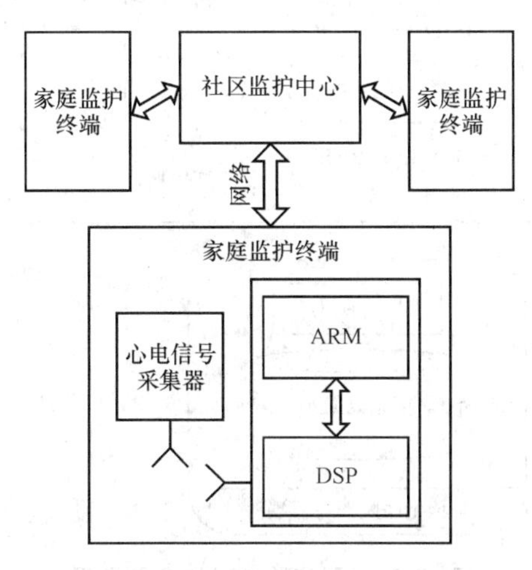

图 17.20 社区医疗监护系统的框图

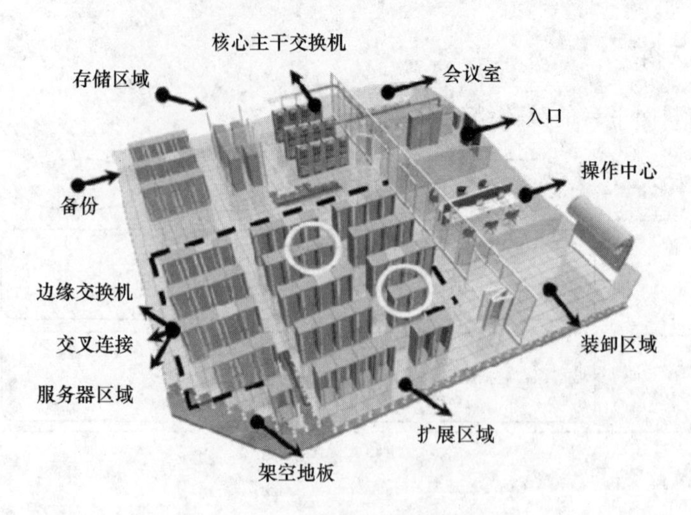

图 17.21　社区医疗监护系统架构

(2) 医院感知系统(见图 17.22)

无线门诊输液系统:门诊输液系统由条形码、智能识别、无线网络组成。充分发挥现有 HIS 系统作用,实现病人信息自动管理。护士采用手持 PDA 标签确认病人身份,扫描输液软带上标签确认药品,减少了工作隐患。输液系统流程为:病人—门诊输液室护士台—扫描处方条形码—打印双联条形码—医师配药—扫描病人身份条码标签—输液。

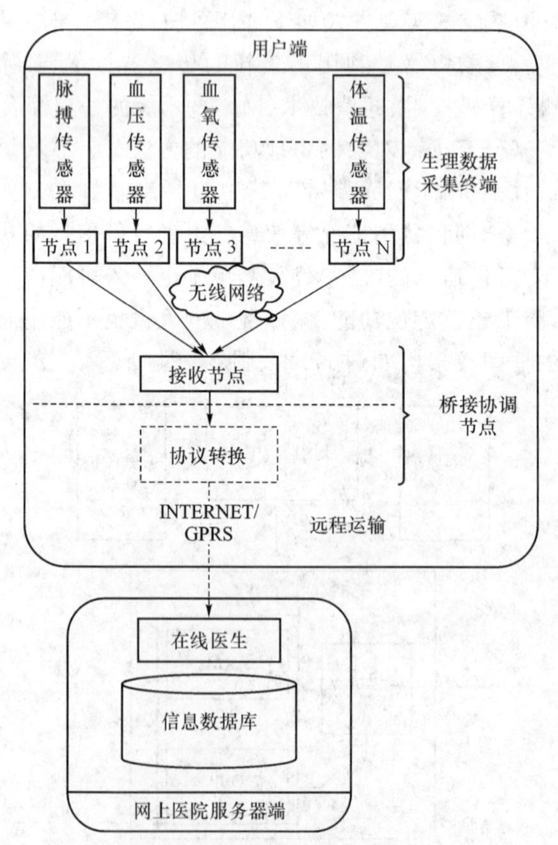

图 17.22　医疗监护感知系统框图

无线移动查房系统:医护人员可以通过在医院的手推车上安装的计算机、或者移动无线临床医疗终端、护士 PDA 等设备,无线接入 EMR(Electronic Medical Record)。比如,临床医生可以推着一辆手推车探视患者，并从患者的床边，迅速地获取患者的住院信息、病史、化验结果和其他患者数据。护士可以在病人床前实时将病人的体温、血压、血糖、服药等情况通过无线网络及时地更新进入系统，以便医生及医技科室调用及查询，直接获取。

无线快速交费取药：处方单带有条码信息，收费完成之后配药单自动传到药房后台，准备药之后再扫描一下，就医者就可以直接到窗口领药。药师不需要敲一下键盘，不需要按一下鼠标，避免了发药时候可能出现的错误。

无线定位：使用适当的无线基础设施实施实时定位服务，其边际成本是微不足道的，而收益却是巨大的。定位服务适用于医院，因为它的实施几乎不需要成本，却可以帮助医院节省大量的管理费用，以及削减部分高价值物品的库存量，同时大大降低耐用设备损耗。我们常常可以去定位手术包、移动手推车、追踪医疗垃圾车去向等重要移动资产。此外，通过追踪可能危及他人的传染病患者，能够有效降低医院的交叉感染率，并且在关键时刻提高医生的反应速度。

无线自动库存管理：结合定位功能我们常常可以在药品进出库的地方放置触发器，当成箱的药品进入仓库后我们不需要一一扫描，系统自动读完数据并记录保存。当药品要被出库时同样会被系统记录，自动减去库存，降低人工录入敲错键盘的风险。

无线婴儿防盗：当医院统一架构了 Wi-Fi 网络，由于 Wi-Fi 网络具有穿透力强、距离覆盖远等优点用来做婴儿防盗是恰到好处。在婴儿脚踝处装有防菌医用级的腕带(破坏自动报警)，在幼婴看护层的大门装有 JOYMAKE 触发器，一旦婴儿被离开楼层就会被触发报警，而且只要在 Wi-Fi 覆盖范围内都将知道婴儿的位置和历史行动轨迹。医院可以用一套网络解决婴儿防盗的问题。

无线标本检验：每个病房的护士根据医生在医嘱系统中留下的病人检验要求，在护士站中打印标签，并粘贴在相应的化验单和样本容器上。这张标签的内容包括：病人唯一的身份标识条码；病人姓名、年龄、床位等基本信息；病人的检验等内容。使得在样本传递、检验、结果反馈的每一个环节都能够通过条码及相关信息准确地确认病人身份。整个过程，从护士到化验员的每一个人都能够利用手持数据终端进行扫描和打印条码，减少标本采集和分析过程中的出错率。他们能够在正确的时间把正确的标本和数量放到正确的容器中。此外，化验分析结果也得到迅速记载，供医生做出正确决策，实现及时治疗。实现病人从看病开始，门诊、收费、检验、取药等有关信息都跟随病人自动在 HIS 系统上流转，再也不用拿着一张病单来回跑。

2）网络层

根据用户的需求和实际的场地环境采用三重网络层通道生理数据采集终端实现对病人生理参数的采集，使用有线或无线传输。桥接协调节点负责对无线网络的管理和对生理参数的转发。远程网上医院服务器端的监控软件则接收各病人的生理参数，做出相应处理，供医生查看以及做诊断等。

分别设计了基于 ZigBee 的医院解决方案和基于蓝牙的个人用户解决方案。两者的不同之处在于生理参数的无线传输方式不同，这也是考虑到不同用户的不同需求来制定的。也可以采用通过嵌入式中央控制器将生理参数通过 TCP/IP 传输网络发送到位于远处的监护中心。

3）平台层

数据中心是信息系统的中心，通过网络向医院或公众提供信息服务。包括硬件和软件，硬件是指数据中心的基础设施，支持整个系统和计算机设备。

基础级构建：

包括计算和存储、所有设备通过一套线路系统（电力和网络）相互连通。

具冗余设备级构建：

具有冗余设备，但所有设备仍由一套线路系统相连通。

可并行维护级构建：

具有冗余设备，所有计算机设备都具备双电源，并按照数据中心建筑结构合理安装。

容错级构建：

将冗余设备划分多重、独立、物理上互相分隔，所有计算机设备都按照数据中心建筑结构合理安装，仍由一条线路系统相连。

软件是指数据中心安装的程序和提供的服务。虚拟化底层软件、操作系统软件、中间件业务软件和一些相关的辅助软件。软件的维护工作包括软件的安装、配置、升级、监控。安全性是操作系统管理和维护的重要内容，常见措施包括安装补丁、设置防火墙、安装杀毒软件、升级防毒库、设置帐号权限密码、检测系统日志等等。而且要遵循优先原则，避免软件的不兼容性发生。中间件和软件的维护方式类似，安装、配置、调试、维护和定期升级。

4）虚拟化技术（Virtualization）

虚拟化技术在云计算平台中扮演着重要的角色。在此方案中将探讨服务器的虚拟化技术、网络虚拟化技术、存储虚拟化、桌面虚拟化和应用的虚拟化技术的构建。最终搭建成一个完整的云计算平台。

构建虚拟局域网和虚拟专用网，可以将云端用户进行内部局域分组，虚拟局域网就是可以将一个物理局域网划分为多个不同的虚拟局域网，满足为不同的用户提供私有云平台应用。

采用SAN(Storage Area Network)实现高性能网络化存储。SAN技术通过内部的仲裁光纤环路设计，实现虚拟存储块的互联，使系统的高可用性切换时间降低到1 ms以下，同时通过SAN Maping技术可以确保虚拟存储块间的数据隔离，实现多用户并行访问。

桌面虚拟化将用户的桌面环境与其使用的终端设备解耦。服务器上存放的是每个用户的完整桌面环境。用户可以使用具有足够处理和显示功能的不同终端设备通过网络访问该桌面环境。

数字化医院在HIS应用的基础上将增加了PACS系统、远程医疗系统等新业务和应用，在辅助医院提高工作效率和服务病人的同时无疑这些新的应用对网络的性能、可靠性、安全性、运维能力等提出了更高的要求，一方面在进行网络性能升级的同时也面临着应用的提升对网络运维的压力，另一方面医院都希望能更具有竞争力并提高效率，这就必须对信息做出及时有力的响应，这样才能进一步提高效率进而推动未来的增长。

外网安全只是安全的一个层面，要保障整个医疗信息系统安全，光有外网安全是不够的，根据资料统计，在对单位造成严重损害的案例中，有70%是组织里的内部人员所为。医疗行业的网络环境都比较复杂，网络设备、安全设备、服务器和各类应用众多，同时，管理维护这些设备和应用的人员也很多，并且关系复杂，有单位内部人员，外部人员，第三方运维人员，临时介入的应用管理员等。要方便有效地统一管理这些设备和用户，就需要有一个强大的运维审计平台.

运维安全审计系统是新一代运维审计系统，它采用软硬件一体化设计，通过B/S方式(https)进行管理，其主要功能为：能够将网络中设备和数据库等实施统一认证；具有与身份认证系统无缝结合的接口；支持对多种远程维护方式的支持，如字符终端方式(SSH、Telnet)、图形方式(RDP)、文件传输(FTP、SFTP)以及多种主流数据库的访问操作；实现对操作网络中设备和数据库等过程的全程监控与审计，支持账户开通申请与审批的流程管理，以及对违规操作行为的实时阻断。运维安全系统部署如图17.23所示。

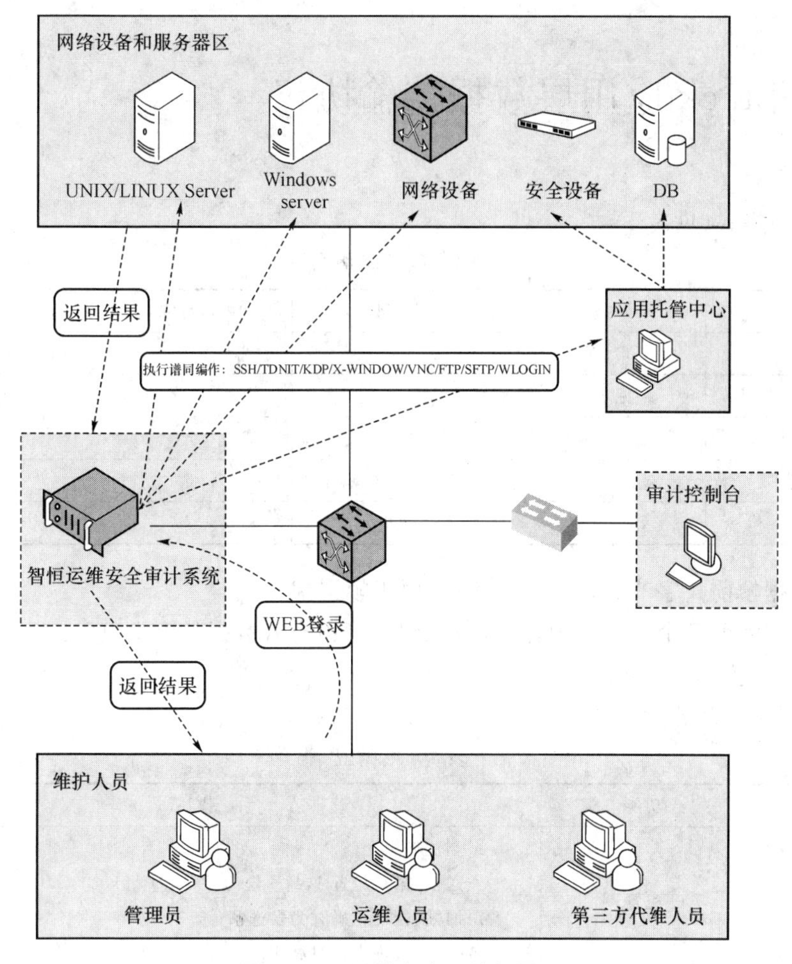

图 17.23 运维安全系统部署图

运维安全审计系统支持多种部署方式，可以充分满足不同网络对审计系统的需求。运维安全审计系统部署支持 Active-Active 双机模式，避免产生单点故障而影响正常的维护通道。SAS 的部署应与网络访问控制列表、医院管理制度相结合，以便取得更好的审计效果。基于 B/S 的单点登录系统，用户通过一次登录系统后，就可以无需认证的访问被授权的多种基于 B/S 和 C/S 的应用系统。单点登录为具有多帐号的用户提供了方便快捷的访问途经，使用户无需记忆多种登录用户 ID 和口令。集中帐号管理包含对所有服务器、网络设备帐号的集中管理。帐号和资源的集中管理是集中授权、认证和审计的基础。集中帐号管理可以完成对帐号整个生命周期的监控和管理，而且还降低了管理大量用户帐号的难度和工作量。同时，为用户提供统一的认证接口。采用统一的认证接口不但便于对用户认证的管理，而且能够采用更加安全的认证模式，提高认证的安全性和可靠性。系统还提供统一的界面，对用户、角色及行为和资源进行授权，以达到对权限的细粒度控制，最大限度保护用户资源的安全。通过集中访问授权和访问控制可以对用户通过 B/S、C/S 对服务器主机、网络设备的访问进行审计和阻断。操作审计管理主要审计操作人员的帐号使用(登录、资源访问)情况、资源使用情况等。在各服务器主机、网络设备的访问日志记录都采用统一的帐号、资源进行标识后，操作审计能更好地对帐号的完整使用过程进行追踪。

附录　Z-Stack 应用层数据传输协议

（1）数据帧格式(见表 1)

表 1　数据帧格式

类型	内容	字节数	起始位	备注
帧头	"♯LY!"	4	0	
帧类型	见表二	1	4	
有效数据长度	0～10	1	5	
设备 ID 号	0～8	1	6	
数据包	?	有效数据长度	7	

* 发送数据帧前 4 字节必须是"♯LY!",用于帧识别。

* 发送数据帧前 7 个字节必须存在,数据包长度由有效数据长度来决定。当不足时默认后面的数据为 0,当超过时截短。

（2）帧类型(见表 2)

表 2　帧类型

优先级	功能	描述
1	空置	最高优先级。 发送帧:第 0 位置 1,高 4 位为 0 (0x01, 0x03, 0x07, 0x0F)。 返回帧:处理正确时为发送帧; 处理出错时高 4 位不为 0 (见表 3);
2	终端设备更新地址信息(程序使用)	第二优先级。 发送帧:第 1 位置 1, 低 1 位和高 4 位为 0 (0x02, 0x06, 0x0E)。 返回帧:处理正确时为发送帧; 处理出错时高 4 位不为 0 (见表 3);
3	查询终端设备数据	第三优先级。 发送帧:第 2 位置 1, 低 2 位和高 4 位为 0 (0x04, 0x0C)。 返回帧:处理正确时为发送帧; 处理出错时高 4 位不为 0 (见表 3);
4	控制终端设备	第四优先级。 发送帧:第 3 位置 1, 低 3 位和高 4 位为 0 (0x08)。 返回帧:处理正确时为发送帧; 处理出错时高 4 位不为 0 (见表 3);

* 帧类型除了第三和第四优先级可被用户用来发送数据以外,第一优先级空置,暂未使用,用于以后功能扩展。第二优先级仅被程序使用,用来维护终端设备的地址信息,但我们可收到该数据包。

* 当类型选择为第三优先级操作时,默认执行查询数据功能,此时有效数据长度必须为 0。

* 当类型选择为第四优先级操作时,发送数据用于控制设备,不同设备有不同的控制数据定义,见表 4。

(3) 帧处理数据出错返回帧类型(见表3)

表3　帧处理数据出错返回帧类型

帧类型高4位	描述
0x1	帧头出错
0x2	帧类型出错
0x3	帧长度出错
0x4	寻址出错
0x5	设备不在线
0x6	数据或数据长度出错

(4) 设备控制数据(见表4)

表4　设备控制数据

设备(ID)	长度(字节)	内容
LED(1)	1	8位分别控制8个LED灯,高电平亮,低电平灭
PLC(2)	1	低2位控制两路输出开关,高电平开、低电平关。第2、3两位显示两路输入状态,高不导通,低导通。 "S":启动实时查询数据功能 "P":关闭查询功能
RFID(3)	1	"S":启动实时查询数据功能,收到4字节读卡的ID号,没有卡时为0 "P":关闭查询功能
温湿度(4)	1	"S":启动实时查询数据功能,收到2字节数值,第1个表示温度值,单位摄氏度;第2个为湿度值,单位百分比 "P":关闭查询功能
光强检测(5)	1	"S":启动实时查询数据功能,收到1字节数值,为1,2或3。分别表示三种亮度等级暗,正常或亮 "P":关闭查询功能
空气质量检测(6)	1	"S":启动实时查询数据功能,收到1字节数值,1为正常,0为差 "P":关闭查询功能
亮度调制(7)	1	0～7表示7种不同的亮度等级,0时灯灭
门磁报警(8)	1	"S":启动实时查询数据功能,收到1字节数值,1为正常,0为差 "P":关闭查询功能

参考文献

[1] Edward A. Lee. Cyber-Physical Systems-Are Computing Foundations Adequate? Position Paper for NSF Workshop on Cyber-Physical Systems:Research Motivation,Techniques and Roadmap,October,2006,Austin,TX

[2] Borzoo Bonakdarpour. Challenges in Transformation of Existing Real-Time Embedded Systems to Cyber-Physical Systems. ACM SIGBED Review,January 2008,5(1):11

[3] Wu H,Wang Y,Dang H,Lin F. Analytic,simulation,and empirical evaluation of delay/fault-tolerant mobile sensor networks. IEEE Trans. on Wireless Communications,2007,6(9):3287 - 3296

[4] Zhu JQ,Liu M,Gong HG. Event Delivery in Publish/Subscribe System for Delay Tolerant Sensor Networks. Journal of Software,August 2010,21(8):1954 - 1967

[5] Linghe Kong,Dawei Jiang,Min-You Wu. Optimizing the Spatio-Temporal Distribution of Cyber-Physical Systems for Environment Abstraction. 2010 IEEE 30th International Conference on Distributed Computing Systems:179 - 188

[6] Guoliang Xing,Chenyang Lu,Rpbert Pless. Efficient Coverage Maintenance Based on Probabilistic Distributed Detection. IEEE TRANSACTIONS ON MOBILE COMPUTING,2010,9(9):1346 - 1360

[7] Tao D,Ma HD,Liu L. A Virtual Potention Field Based Coverage-Enhancing Algorithm for Directional Sensor Networks. Journal of software. 2007,18(5):1152 - 1163

[8] Ye F,Zhong G,Lu S. Energy efficient robust sensing coverage in large sensor networks. Journal of software. 2006,17(3):422 - 433

[9] Tian D,Georganas N. D. A node scheduling scheme for energy conservation in large wireless sensor nerwork. Wireless Communications and Mobile Computing. 2003,3(2):271 - 290

[10] Luo Junhai,Xue Liu,Ye Danxia,Research on multicast routing protocols for mobile ad-hoc networks. Computer Networks,2008,52(5):988 - 997

[11] Luo Junhai,Fan Mingyu,Ye Danxia,Black hole attack prevention based on authentication mechanism. 11th IEEE Singapore International Conference on Communication Systems,ICCS 2008:173 - 177

[12] Ghosh A. Estimating coverage holes and enhancing coverage in mixed sensor networks. 29th Annual IEEE International Conference on Local Computer Networks,2004:68 - 76

[13] FAN Zhi-gang,GUO Wen-sheng,SANG Nan. Algorithm of sensor nodes placement based on cellular grid.. Transducer and Microsystem Technologies. 2008,27(4):15 - 18

[14] Juang P,Oki H,Wang Y. Energy-Efficient computing for wildlife tracking:design tradeoffs and early experiences with ZebraNet. ACM SIGOPS Operating System Review,2002,36(5):96 - 107

[15] Huang LS,Zhang B. Research of coverage and connectivity with sensor random deployment. Computer Applications,2006,26(11):2567 - 2569

[16] Shi Ke,Dong Yan. Replication in Intermittently Connected Mobile Ad Hoc Networks. Journal of Software, 2010,21(10):2677 - 2689

[17] YUAN Hong-Liang,SHI Dian-Xi,WAN Huai-Min,,ZOU Peng. Research on Routing Algorithm Based on Subscription Covering in Content Based Publish/ Subscribe. CHINESE JOURNAL OF COMPUTERS, 2006,29(10):1804 - 1812

[18] M. Abdulla,R. Simon. The impact of the mobility model on delay tolerant networking performance analysis. in Proceedings of the 40th Annual Simulation Symposium,2007:177 - 184

[19] Jinqi Zhu, Jiannong Cao, Ming Liu. A mobility prediction-based adaptive data gathering protocol for delay tolerant mobile sensor network. Global Telecommunications Conference, 2008. IEEE GLOBECOM: 1 - 5

[20] Junhai Luo, Yijun Cai. A data forwarding scheme based on delaunay triangulation for cyber-physical systems. Mathematical Problems in Engineering, 2013

[21] Luo Junhai, Ye Danxia, Fan Mingyu, A survey of multicast routing protocols for mobile ad-hoc networks. Communications Surveys & Tutorials, IEEE, 200911(1): 78 - 91

[22] 王东亮. 基于 Zigbee 的 WSN 研究与应用. 长春:吉林大学,2008

[23] 邢锐. 基于 ARM 处理器的 ZigBee 网关设计. 长春:长春理工大学,2011

[24] 张顺扬. ZigBee 无线传感器网络研究及仿真. 广州:广东工业大学,2008

[25] 奥尔斯. 物联网创新实验系统-IOV-T-2530. 2011. 4. 2

[26] 奥尔斯. 物联网创新实验系统——嵌入式网关. 2011. 4. 14

[27] 张毅坤. 单片微型计算机原理及应用. 西安:西安电子科技大学出版社,1998

[28] 田泽. 嵌入式系统开发与应用. 北京:北京航天航空大学出版社,2005

[29] 杨彦辉. 基于 ZigBee 的无线 IP 网关技术研究. 北京:北京邮电大学,2010

[30] 查爽. 基于 ZigBee 技术的无线传感器网络网关研究与实现. 大连:大连理工大学,2007

[31] 吴功宜. 智慧的物联网——感知中国和世界的技术. 北京:机械工业出版社,2010

[32] 李兵. 基于 ZigBee 的无线嵌入式设备的设计与实现. 北京:北京邮电大学. 2007

[33] Kumar. S, Budin, E. M. Prevention and management of product recalls in the processed food industry: a case study based on an explorer's perspective. Technovation, 2006, 26(5/6): 739 - 750

[34] Neil Vass, M. D. tracking weakest links in cold chain. 2006

[35] Diogo M. , Souza-Monteiro, Julie A. Caswell. The Economics of Implementing Traceability in Beef Supply Chains: Trends in Major Producing and Trading Countries. PERI Working paper, University of Massachusetts Amherst, 2004

[36] Aruoma, O. I. The impact of food regulation on the food supply chain [J]. Toxicology, 2006(221): 119 - 127

[37] Junhai Luo, Xue Liu, Yi Zhang et al. Fuzzy trust recommendation based on collaborative filtering for mobile ad-hoc networks. LCN 2008, The 33rd IEEE Conference on Local Computer Networks: 305 - 311

[38] Junhai Luo, Xue Liu, Mingyu Fan. A trust model based on fuzzy recommendation similarity for mobile ad-hoc networks. Computer Networks, 2008(53): 2396 - 2407

[39] 梅方权. 智慧地球与感知中国——物联网的发展分析. 农业网络信息,2009(12):5 - 7

[40] 李虹. 物联网生产力的变革. 北京:人民邮电出版社,2010

[41] 宁焕生,王炳辉. RFID 重大工程与国家物联网. 北京:机械工业出版社,2009

[42] 周洪波. 物联网:技术、应用、标准和商业模式. 北京:电子工业出版社,2010

[43] Gary M. Gaukler, RFID in Supply Chain Management[D]. Stanford University, 2005

[44] Lian X, Chen L. Probabilistic ranked queries in uncertain databases. EDBT 2008, 11th International Conference on Extending Database Technology: 511 - 522

[45] Wenfei Fan. Dependencies revisited for improving data quality. PODS '08 Proceedings of the 27th ACM SIGMOD-SIGACT-SIGART symposium on Principles of database systems: 159 - 170

[46] Landt J. The History of REID. Potentials, IEEE, 2005, 24(4): 8 - 11

[47] Zogg JM. GPS Basics. U-Box ag, 2002

[48] 何立民. 从嵌入式系统视角看物联网技术. 单片机与嵌入式系统应用,2010(10):5 - 8

[49] 柏斯维. 物联网的世界将是嵌入式系统的天下. http://www. ic37. com/htm _ news/2010-11/222605 _ 749644. htm